理工系の基礎物理学

横沢正芳
伊藤郁夫
酒井政道
　共編著

青木正人
秋本晃一
高橋　学
寺尾貴道
山本隆夫
　共著

培風館

執筆者一覧

横沢 正芳（放送大学特任教授）　　　　　　　〈編者：1, 2, 8章〉
伊藤 郁夫（成蹊大学理工学部教授）　　　　　〈編者：2章〉
酒井 政道（埼玉大学大学院理工学研究科教授）　〈編者：7章〉

青木 正人（岐阜大学工学部教授）　　　　　　〈3章〉
秋本 晃一（日本女子大学理学部教授）　　　　〈2章〉
高橋 　学（群馬大学大学院理工学府教授）　　〈6章〉
寺尾 貴道（岐阜大学工学部教授）　　　　　　〈5章〉
山本 隆夫（群馬大学大学院理工学府教授）　　〈4章〉

本書の無断複写は，著作権法上での例外を除き，禁じられています。
本書を複写される場合は，その都度当社の許諾を得てください。

はじめに

　私たちの周りには，便利なものがたくさんある．箸や茶碗，スプーンなどの食器は，実に使いやすく，すてきなものがたくさん造られている．これらの食器は，その用途に合わせて素材が選ばれる．熱いごはんを盛る茶碗は，熱が比較的伝わらない陶磁器が使われる．陶磁器は，鉄や銀製のスプーンと比べ，熱をすばやく運ぶ自由な電子が少ないのである．このように私たちは，自然の素材の特性を活かした，便利なものを生活に取り込んでいる．自然は，多種多様な機能としくみを有するが，物理学は，複雑な自然現象に潜むより基礎的な性質を暴き出し，その基本法則を打ち立てる上で欠かせない学問である．私たちは，自然と交わる中で生きている．自動車や航空機などの運輸，医療や通信，情報，生命，環境など多くの分野で私たちは自然科学との交わりを深めている．物理学の基本的概念や方法論は，これらの分野で活動する上で役に立つ便利なものである．

　本書は，広い分野の理工系学生が，大学の初年次に学ぶ基礎物理学の教科書または参考書である．高度な専門科学を学ぶには，その基礎概念を正確に理解することが肝要である．ここでは，物理学の基礎概念を厳密に把握するよう，図を多用するなど工夫をこらし丹念に説いている．物理の概念やしくみがわかったところで，数学的な記号を使った表現として，方程式などの数式が示されるよう心がけられている．また，学生諸君が独自に読める本となるよう，自然界の物理現象や産業界で使われている機器を紹介し，それらの基本的な物理のしくみを説いている．自然界の多様な現象や，身近な生活にある物理について，触れ考える問題も多数掲載されている．これらの問題にとりくみ，基本的な物理概念を把握していただきたい．

　本書は，多くの大学の教員が，豊富な授業経験を活かして書かれた本である．物理概念を説明する視点も多岐にわたり，取りあげた物理現象も多種・多様となった．多くの著者が執筆したことから生まれた，バラエティーに富んだ楽しい物理学の本である．

　最後に，長期にわたり熱意をもって，多くの大学の教員に，理工系の初年次生を対象に基礎物理学の教科書作成の必要性を説かれ，本書出版の原動力となられた，培風館の斉藤　淳氏に深く感謝申し上げる．

2016年4月

著　者

目　次

第 1 章　物理学とは　　1
- **1.1**　自然とのかかわり　1
- **1.2**　生命および産業とのかかわり　2
- **1.3**　等号の意味および物理量の単位と次元　3
- **1.4**　測定と有効数字　5
- 演習問題　5

第 2 章　力　　学　　6
- **2.1**　質点の運動　6
- **2.2**　運動法則　18
- **2.3**　運動法則の応用　30
- **2.4**　運動量，角運動量，エネルギー　36
- **2.5**　質点系の運動　45
- **2.6**　剛体の運動　50
- 演習問題　18, 29, 35, 44, 49, 56

第 3 章　温度と熱　　57
- **3.1**　温　度　57
- **3.2**　気体分子運動論　60
- **3.3**　熱容量と比熱　63
- **3.4**　マクスウェルの速度分布関数　66
- **3.5**　熱力学の第 1 法則　69
- **3.6**　カルノーサイクル　74
- **3.7**　熱力学の第 2 法則　79
- **3.8**　エントロピー　81
- 演習問題　84

第 4 章　振動と波動　　85
- **4.1**　強制振動と共振　85
- **4.2**　波　動　89
- **4.3**　ホイヘンスの原理と波の反射・屈折　95
- **4.4**　波の干渉　98
- 演習問題　103

第 5 章 電　場　104

- **5.1** 電気力と電場　105
- **5.2** ガウスの法則　111
- **5.3** 電　位　115
- **5.4** コンデンサー　119
- **5.5** 電場のエネルギー　122
- 演習問題　123

第 6 章 磁　場　125

- **6.1** 磁石・電流・静磁場　125
- **6.2** 磁場から受ける力　127
- **6.3** 静磁場の作られ方　133
- **6.4** アンペールの法則　140
- **6.5** 電磁誘導　143
- **6.6** インダクタンス　145
- 演習問題　148

第 7 章 電流回路　149

- **7.1** はじめに　149
- **7.2** 電流とその性質　150
- **7.3** オームの法則と起電力　152
- **7.4** 定常電流中の電場と電荷密度　157
- **7.5** 準定常電流　160
- **7.6** 交流回路　162
- 演習問題　166

第 8 章 電磁波　167

- **8.1** 変位電流　167
- **8.2** マクスウェル方程式　169
- **8.3** 電磁波の伝播　172
- **8.4** 電磁波のエネルギーと運動量　175
- 演習問題　177

演習問題解答　179

索　引　188

1 物理学とは

1.1 自然とのかかわり

2010年6月13日，小惑星探査機『はやぶさ』は7年間余の宇宙の旅を経て地球に帰還した。この間，エンジンなどいくつかのトラブルをくぐり抜けての帰還であった。物理学の優れた特徴の一つに未来予測をできることがあげられる。今，エンジンの推力をいくつにすると何年後の何時にどの位置に到達するか計算できるので，エンジン・トラブルに遭遇しながらも対応できたのである。この正確無比の未来予測の物理法則を発見したのはアイザック・ニュートンである。ニュートンは，自らの発見の成果を"私がより遠くを見ることができたのだとしたら，それは巨人たちの肩に乗っていたからです"と評した。ニュートンは，微分積分を発見することによりこの正確無比な未来予測の物理法則を確立させた大巨人であるが，この法則の発見には，確かに，巨人であるヨハネス・ケプラーとガリレオ・ガリレイの存在は欠かせないものであった。

図1.1　はやぶさ（JAXA）

これらの物理法則の発見は，極めて精密な観測と実験からもたらされた。優秀な数学教師であったケプラーは，膨大な火星観測のデータを使い，当時知られていたニコラウス・コペルニクスの太陽を中心とする惑星系模型と観測データの提供者であるティコ・ブラーエが提唱する修正天動説模型を詳細に検証しその矛盾点を明にした。詳細な検証は，当時としては群を抜いて高精度な天体測定装置を駆使する観測技師達の信頼を得ることになり，正確な観測データの割り出しに結びついていった。この中で，ケプラーは，火星や地球の公転軌道はどんな円の組み合わせ模型を用いても観測データを説明することができないことを突き止めた。ここで，矛盾とした火星軌道の誤差は天体観測の角度にしてわずか 8′ であった。ケプラーは，4年間に70回もの計算を繰り返して計算結果を確かめ，8′ の誤差の問題に挑んだ。誤差 8′ を意味のある差と見なし，その誤差が発生する原因を考え抜いた末にこれまでに**絶対的真理**と想定されていた天体の円運動からの脱却を果たした。惑星の公転軌道は楕円であることを発見したのである。それはティコ・ブラーエ等が観測したデータへの全幅の信頼があったからこそ成し遂げられた執念の成果であった。高精度な天体観測デー

アイザック・ニュートン (Isaac Newton, 1642年～1727年，イギリス)

ヨハネス・ケプラー (Johannes Kepler, 1571年～1630年，ドイツ)

ガリレオ・ガリレイ (Galileo Galilei, 1564年～1642年，イタリア)

ニコラウス・コペルニクス (Nicolaus Copernicus, 1473年～1543年，ポーランド)

ティコ・ブラーエ (Tycho Brahe, 1546～1601年，スウェーデン)

タを提供したティコ・ブラーエは，国王直近の貴族でありながらも若い頃から天文学に傾倒した。彼は，幸運にも国王から拝領された島（ヴェン島）に最先端の技術を施した天文台を築き，天体の詳細な情報を蓄積した。このことが，ケプラーのデータに基づく**実証的近代物理学**の最初の成功をもたらしたのである。

　物理学は，時として，日頃見慣れている景色の見方について問いただすことがある。1632 年，ガリレオは，望遠鏡による天体観測から地動説がゆるぎない真実であることを確信し，地球が高速で動いていながらも日頃の生活では地球は静止していると感ずるしくみ，すなわち，**相対論**を発案し発表した。私たちが現在，飛行機に乗っているとき，安定飛行状態に入るとその動きを感じないのと同じように，当時としても，船上でのできごと，マストの上から鉄球を落下させたとき，船が停泊しているか等速で航行しているかにかかわらず，鉄球はマストの根元に落下することなどの例を数多くあげ，等速で動いている状態ではその物体に乗っている者は物体の動きを感じないとガリレオは説いた。ガリレオは，また，優れた実験家としても知られている。腕の良い職人を雇い，ガリレオが発案する実験器具を精密に造らせた。空気温度計などガリレオが発明した物理量の測定機器は 60 を超えるともいわれている。ガリレオは，小さな鉄の球が斜面を転がり落ちる時間を，水時計から滴り落ちる水滴の重さを天秤計で測ることにより精密に求め，落下の法則，すなわち，落下する物体のたどる距離は落下時間の 2 乗に比例することを発見した。ケプラーによる惑星運動の調和則とガリレオによる落下運動の 2 乗則は，やがてニュートンによる万有引力の法則の発見へと導いたのである。

　このように，近代物理学が 17 世紀に創られたようすからも，物理学とは自然とのドラマチックな謎を秘めた語らいの物語であるともいえる。

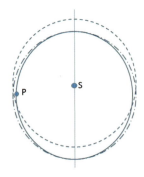

図 1.2　ケプラー：惑星軌道の解析

1.2　生命および産業とのかかわり

　生物学と物理学は，これまで各々の独自の発展をしてきたが，近年これらの 2 つの学問が近接する領域が生まれている。DNA など生物の分子レベルの構造が明らかとなり，分子モーターにより細胞が変形し細胞内物質が輸送されるしくみが調べられるようになった。光合成の反応では，太陽光などの光エネルギーを吸収した電子が次々に化学反応を引き起こし，物質代謝に必要な物質を合成するしくみが，電気回路内の電子のエネルギー準位モデルを使って調べられている。脳波や心電図など電気的信号の読み取りにより臓器の働きが調べられ，また，筋肉を動かす電気信号と連動する介護スーツも開発されている。医療現場には超音波エコー，MRI，CT など音波や電磁波を使って人の臓器などの構造を調べる機器が登場している。生物や生体との語らいに物理学で培われたことばが使われるようになったのである。

MRI（magnetic resonance imaging）
CT（computed tomography）

　物理学の法則が発見されたからといって，それが直に生活に役立つことにな

るわけではないが，新しい機器・製品が開発されるときにはそれらの基本となる新たな物理法則の発見を伴うことが多い。自動車などの動力機関にはガソリンなどが燃焼した熱エネルギーをピストンの運動エネルギーに変換するエンジンが付いている。動力機関としてピストンが使われるようになったのは17世紀末からである。このとき，ピストンを動かす動力源は大気圧であった。大気を動力源として使うアイディアは，1643年発表のエヴァンジェリスタ・トリチェリの実験から生まれた（図1.3）。トリチェリは，一方の端が閉じたガラス管に水銀を満たし，水銀を満たした皿にこれを立てると，ガラス管の水銀柱の高さは約76 cmとなることを発見した。この水銀柱の高さは，海辺と高地ではわずかに変わることも見いだし，水銀柱を押し上げる力は大気の圧力によるものであると結論付けた。この力は大きく，半径40 cmの円盤には約5トンの重りが乗ったと同等の力を発揮する。トーマス・ニューコメンは，1712年にこのしくみを組み込んだ8馬力の大気圧機関（図1.4）を製造し，鉱山採鉱現場で80 mの深さから水を汲み上げた。ピストンの円筒の下部に最初，蒸気を送り込みピストンを持ち上げた後に，下部を水などにより冷却すると，大気圧は5トンの重りに匹敵する力をピストン上部の蓋に加え強くピストンを下方に押し下げる。このニューコメンの機関は，人畜に代わって機械が動力を発揮する初の実用的動力機関であった。大気圧が発見されてから約70年後に人に役立つ製品が登場したのである。やがて，この動力機関は，ジェームズ・ワットによって蒸気機関として改良され，18世紀末にイギリスから始まる産業革命の担い手となった。

人々の生活に役立つ製品の改良は新しい技術の開発によりなされる。このように，技術はより人の役に立つことを目的に自然の事物を改変する行為である。これに対し，物理学などの科学は，自然の秘密を解き明かすことを目的に為す行為で，目的や方法論は技術と異なるが，これらの両者がからみ合ったときに大きく人々の生活を変える製品が登場するのである。

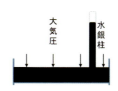

図 1.3 トリチェリの実験

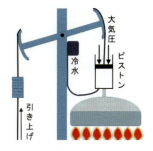

図 1.4 ニューコメンの大気圧機関

エヴァンジェリスタ・トリチェリ（Evangelista Torricelli，1608年～1647年，イタリア）

トーマス・ニューコメン（Thomas Newcomen，1664年～1729年，イギリス）

ジェームズ・ワット（James Watt，1736年～1819年，イギリス）

1.3　等号の意味および物理量の単位と次元

物理の法則の多くは数式を用いて表される。このとき登場する等号"＝"はどんな意味があるのだろうか。たとえば，数式，3 + 2 = 5，にある等号と同じであろうか。ここでの等号は，左辺の量と右辺の量が"等値"であることから等号が使われている。これに対し，ニュートンの第二法則，$m\vec{a} = \vec{F}$，で使われる等号は何を意味するのだろうか。ここでmは物体の質量，$\vec{a}$は物体の加速度，$\vec{F}$は物体に加えられる力を表す。明らかに，左辺"質量×加速度"と右辺"力"は物体にかかわる異なる性質の量を表すので，"等値"を意味するものではない。この式では，左辺量と右辺量が"等しい関係にある"ことを表すために等号が使われているのである。いくつかの変数$\{m, \vec{a}, \vec{F}\}$の間に成

り立つ関係式を方程式という。そこで，$m\vec{a} = \vec{F}$，は運動方程式とも呼ばれる。物理学は，自然界の種々の物理量間に成り立つ方程式群によって表される。

質量や加速度，力などの物理量の大きさを表すには，これらの物理量を測る基準となる単位が必要である。単位は使いやすくて便利な物理量の表現道具であるから，地域や慣習により種々の単位が使われてもよい。しかし，18世紀末から始まった産業革命は，単位の地域差を解消することを要請した。工場で大量に生産される製品は国境を超えて流通することとなり，国際的に統一された単位系（略称 **SI 単位系**）が必要となったのである。1875年，17カ国の代表がパリに集まり各国で統一した単位を使うことを批准し条約（メートル条約）を締結した。このとき，長さ，時間，質量の単位は，メートル，秒，kg を使うこととされたのである。力学に表れる加速度や力などの単位はこの3つの単位からすべて定まる。この条約に，日本は1885年に加盟した。2015年1月現在では，55カ国が加盟している。SI では，1秒の定義を「基底状態にあるセシウム133原子が超微細構造準位間の遷移により放射する電磁波が9 192 631 770回の周期運動する間の時間」とし，1メートルを，「真空中で光が 1/299 792 458 秒間に伝播する長さ」としている。質量だけはプラチナとイリジウムからなる人工の合金塊"キログラム原器"の重さにより1 kg を定めている。自然界の基本的しくみを明かにすることが物理学の目的であるが，その基準となる単位に一部人工物が使われているのである。この問題を解決するためにメートル条約に加盟する会議（CGPM；国際度量衡総会）では，自然の普遍定数による1キログラムの定義を検討している。また，電磁気的現象に表れる1アンペア（A）の定義は「真空中に1メートルの間隔で平行に配置された無限に小さい円形断面積を有する無限に長い二本の直線状導体のそれぞれを流れ，これらの導体の長さ1メートルにつき 2×10^{-7} ニュートンの力を及ぼし合う一定の電流である」とされている。

単位と密接な関係がある概念に次元がある。直線上の位置は基準点からの距離 (x) で決まり，平面上の位置は x-y 座標の2つ値 (x, y) で決まり，空間における位置は x-y-z 座標の3つ値 (x, y, z) で決まる。この直線，平面，空間を1次元，2次元，3次元とよび，[L]，[L^2]，[L^3] と表す。この次元の概念を拡張する。力学に現れるすべての物理量は，長さの単位 (m)，質量の単位 (kg)，時間の単位 (s) の3つで表せる。たとえば，速度，加速度の単位は，ms^{-1}，ms^{-2} である。そこである物理量 P の単位が，m^n kg^m s^l であるとき，[L^n M^m T^l] をこの物理量 P の**次元**という。ここで，L は length（長さ），M は mass（質量），T は time（時間）の頭文字である。速度，加速度の次元は，[LT^{-1}]，[LT^{-2}] である。次元は，(1) 等号で結びつく物理量は全て同じ次元でなければならず，また，(2) 同じ次元の物理量間でのみ加減演算が成り立つことを要請する。この2つの要請を基準に，物理の関係式を吟味・検討する方法を**次元解析**と呼ぶ。

SI 単位系 (International System of Units)

図 1.5 日本国キログラム原器
（産業技術総合研究所）

CGPM (conférence générale des poids et mesures)

1.4 測定と有効数字

実際の物体の長さや体積，重さや温度などの値は測定によって得られることから必ずこれらの値には測定誤差が付随する。これらの物体を使って得られる実験や，製造製品には測定誤差が入り込むので，それらの結果や成果については絶えず精度や信頼性の評価が問題となる。たとえば，物差を使って長方形の板の面積を求める場合を考える。このとき，物差が金属製かプラスチック製かの素材に応じて刻まれた目盛りに精度の違いが存在する。また，板に物差を当て目盛りを読み取る際に発生する読み取り誤差も発生する。

今，ある物差で測定した寸法誤差が $\pm 0.1\,\mathrm{cm}$ であったとしよう。板の長さの測定値が $35.7\,\mathrm{cm}$ であったとき，その長さは $35.6\,\mathrm{cm}$ と $35.8\,\mathrm{cm}$ の間にあるといえる。この場合，測定値 (35.7) は 3 桁の**有効数字**を有するという。板の横幅の測定値が $12.5\,\mathrm{cm}$ であった。これらから，板の面積はどのように評価できるであろうか。数字としては $12.5 \times 35.7 = 446.25$ の値となる。しかし，掛け合わせる数字の 3 桁目の数値に寸法誤差の影響が入り込むので，積で信頼できる数値は頭から 3 桁目までである。乗除の計算値の有効数字は，使われた数値の中で最も少ない有効数字の桁となる。

[例題 1.1] 月や地球の表面での物体の落下運動は，そこでの重力加速度 (g) の大きさによって決まる。地上での落体の落下距離 (y) は経過時間 (t) の 2 乗に比例することをガリレオは実験により発見した。しかし，次元解析によってもこの時間の 2 乗則は求められることを示せ。

解： 無次元の定数 k を使って，距離 (y) と時間 (t)，重力加速度 (g) の関係を次のように想定する。
$$y = kg^m t^n$$
両辺の次元を比較し，べき乗の指数 m, n を決定する。
$$[y] = [\mathrm{L}] = [kg^m t^n] = [\mathrm{L}]^m [\mathrm{T}]^{-2m+n} \quad \therefore \quad m = 1,\ n = 2$$
これより，$y = kgt^2$ と表され，時間の 2 乗則が得られる。

[例題 1.2]　2 つの物体の質量を測定したところ，$m_1 = 45.2 \pm 0.1\,\mathrm{kg}$，$m_2 = 25 \pm 1\,\mathrm{kg}$ であった。両物体の総質量 $m_1 + m_2$ はいくらとなるか。

解：　m_2 の測定値は $\pm 1\,\mathrm{kg}$ の誤差があるので，合計質量の値の精度は $1\,\mathrm{kg}$ までである。$m_1 + m_2 = 70 \pm 1\,\mathrm{kg}$ と表され，最も精度の低い項が加減の精度となる。

演習問題

1. 一定の速さ v で半径 r の円上を運動する粒子の加速度 a は，r と v のべき乗で表される。どのような関係式となるか示せ。
2. 直方体の辺の測定値の有効数字が 3 桁で，$a = (32.2 \pm 0.1)\,\mathrm{cm}$，$b = (37.7 \pm 0.1)\,\mathrm{cm}$，$c = (78.4 \pm 0.2)\,\mathrm{cm}$ であるとき，直方体の体積を示せ。

2
力　学

　自然現象の中でもっともありふれていて，容易に観察できるものは物体の動きであろう．ボールを持って静かに放せば真下に落ちるが，シュートで放たれたバスケットボールはゆるやかな弧を描いてゴールに向かっていく．ひもに結びつけた振り子は規則正しく往ったり来たりを繰り返す．物体は様々な経路に沿って速さを変えながら動く．この章では，こうした現象が，力と運動についての基本的な法則にもとづいて理解できることを学ぶ．

(a) バスケットボールの軌道[1]　　(b) 振り子　　(c) 惑星探査機はやぶさ（JAXA）

図 2.1

2.1　質点の運動

　しばらくの間は物体の位置だけに注目することにし，物体を一つの点で表す．これを**質点**と呼ぶ．質点の「質」は質量を持っているという意味である．実際にはバスケットボールは大きさがあって回転しているし，振り子の球の大きさが往復時間に影響するかも知れない．また，探査機が地球や太陽に対してどのような姿勢をとっているかの情報も大切である．こうした物体の大きさを考慮することは，第 2.5 節以降で扱う．

2.1.1　質点と軌道

　物体が時刻と共に位置を変えていくことを**運動**という．物体を点とみなせば，運動した跡をたどっていくと曲線が描かれる．これを**軌道**という．ボールを静かに放せば真下に落ちるので軌道は直線だが，シュートで放たれたボール

なら放物線に近いものになる。振り子の軌道は円周（の一部）だが，地球を周回する人工衛星の軌道は楕円である。

2.1.2 直線上の運動

まっすぐなレールに沿って滑る物体のように軌道が直線の場合を考えよう。この直線軌道に沿ってものさしを置くと，その目盛りによって物体の位置を表すことができる。数学的には，軌道に沿って座標軸をとり，その座標 x で物体の位置を表すことにあたる。時刻 t と共に物体は動くので，その座標 x も変化する。このことを $x = x(t)$ のように書く。右辺の $x(t)$ は時刻 t の関数を表していて，物体が動いていく様子を観察すればその関数形を知ることができる。いくつか例で考えよう。

例1 水平方向に伸びたまっすぐなレールの上に物体を置き，勢いをつけてこれを押し出せばレールに沿った直線上を滑っていく（図 2.2(a)）。この方向に座標軸をとり，物体を質点と見なしてその位置を座標 x で表すことにする。動き始めてからストップウォッチを押して時刻 t を計測し，物体の座標を観測したところ

$$x(t) = x_0 + v_0 t \quad (2.1)$$

(a) レール上を滑る物体

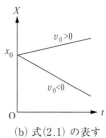
(b) 式(2.1) の表す $x(t)$ のグラフ

図 2.2

という関数で表されることがわかったとしよう。ここで，x_0 や v_0 は単位のついた数値で，物体がレール上を滑る様子を観測すれば決められる量である。式 (2.1) の両辺で $t = 0$ とおけば $x(0) = x_0 + v_0 \cdot 0 = x_0$ なので，x_0 は $t = 0$ での質点の座標，つまりストップウォッチを押した時刻での物体の位置を表している。また，$v_0 > 0$ であれば x は時間と共に一定の割合で増えるから，直線上を正方向に進んでいくことを表している。反対に $v_0 < 0$ のとき座標は一定の割合で減少する。これは直線を負の方向に進んでいく場合にあたる。

関数 $x(t)$ は，図 2.2(b) のように横軸を時刻 t，縦軸を座標 x とした x-t グラフで表すことができる。(2.1) は一次関数なので，グラフは直線になる。

例2 小さなボールが高さ h のところから落下する（図 2.3(a)）。落下し始めた位置を原点として鉛直下向きに座標軸をとり，ボールの座標を x とする。落下し始めた瞬間から時間を測り始めて，この運動が

$$x(t) = v_0 t + \frac{a}{2} t^2 \quad (2.2)$$

という関数で表されることがわかったとしよう。ただし，v_0, a は単位のついた数値で，いずれも正の定数であったとする。関数 $x(t)$ は時刻 t までの落下距離を表しており，時刻の経過とともに x の値は増加する。この場合の x-t グラフは図 2.3(b) のようになる。(2.2) は二次関数なのでグラフは放物線である。

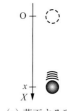
(a) 落下する球

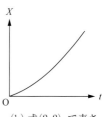
(b) 式(2.2) で表される $x(t)$ のグラフ

図 2.3

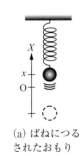

(a) ばねにつるされたおもり

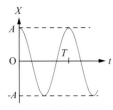

(b) 式(2.3)で表される $x(t)$ のグラフ

図 2.4

例3 ばねを鉛直につるして下端におもりをとりつけ，おもりを鉛直下向きに引っ張っておいてから放すと，上下に往復運動をする（図 2.4(a)）。このように規則的に繰り返す運動を**振動**という。つりあいの高さを原点 O として鉛直上向きに座標軸をとり，おもりの座標を x とする。最高点に来たときストップウォッチを押し，時間を測り始めたところ，その運動が

$$x(t) = A\cos\omega t \tag{2.3}$$

という三角関数で表されることがわかったとしよう。ただし，A と ω は単位のついた定数で，いずれも正であるとする。A はおもりが上下に振れる幅を表していて**振幅**という。また，三角関数の角度 ωt をこの振動運動の位相という。時間が

$$T = \frac{2\pi}{\omega} \tag{2.4}$$

だけ経過して位相が $\omega T = 2\pi$ 増えても三角関数の値は同じだから，おもりは時間 (2.4) のたびごとに同じ運動を繰り返す。T を**周期**という。定数 $\omega = 2\pi/T$ は，単位時間に位相が 2π の何倍だけ変化するかを表しており**角振動数**という。式(2.3)のように決まった角振動数の三角関数で表される振動を**単振動**あるいは**調和振動**という。この場合の x-t グラフは図 2.4(b)のようになる。グラフは上下に幅 A で変動し，T ごとに同じ値をとる曲線である。

2.1.3 変位と速度

物体は時刻とともに軌道上を動いていく。時間 Δt の間に軌道上の点 P から点 Q まで移動したとしよう。図 2.5 に示すように，P から Q に向けて引いた矢印 $\overrightarrow{PQ}$ を**変位ベクトル**という。矢印の長さは PQ 間の距離を表し，また物体は矢印の向きに移動したことを表している。原点から P，Q それぞれに向けてひいた矢印 $\vec{r}_P$, $\vec{r}_Q$ によって

$$\overrightarrow{PQ} = \vec{r}_Q - \vec{r}_P \tag{2.5}$$

と表すこともできる。

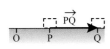

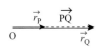

図 2.5 変位ベクトル

2.1.2項の例 1, 2, 3 で考えた x 軸に沿っての運動では，$\overrightarrow{PQ}$ を表すのに 2 点 P, Q の座標の差 Δx を使えばよい。これを単に**変位**と呼ぶことにする。

$$\text{変位：} \quad \Delta x = x_Q - x_P \tag{2.6}$$

時刻 t のとき P にあり，$t + \Delta t$ で Q にあったとすれば

$$\text{変位：} \quad \Delta x = x(t + \Delta t) - x(t) \tag{2.7}$$

と書くこともできる。$\Delta x > 0$ であれば正方向に，$\Delta x < 0$ なら負の方向に動いたことを表す。Δt の間，つねに同じ向きに動いているのであれば，Δx の大きさは動いた距離に等しい。

2.1.2項の例 1 のように，物体がレールの上を滑るときは，P と Q をどこにとっても，その間，同じように動く。これに対し，例 2 でとりあげた落下するボールの場合では，落下するにつれて落下距離は増えるから，動き方は一様で

はない．しかし，経過時間 Δt を短くとることにすれば，その間の変位ではほぼ一様な動き方をすると見なすことができる．もし，一様と見なせないようであれば，さらに Δt を短くして考えることにすればよい．それでもまだ足りなければ，さらに Δt を短くして，…というようにしていくと，Δt はどんどん 0 に近くなるが，対応する変位の間では運動は一様なものに近くなっていく．現実には時間間隔の測定には限度があるし，また，あまりに P と Q が近いと区別がつかないので，Δt をきわめて小さくして変位を観測するのは仮想的にしかできないことである．しかし，このよう短い時間での変位を考えることによって，運動を正確に表現する手段が得られる．

経過時間 Δt が短ければ変位 Δx も 0 に近い量だが，これらの比

$$\frac{\Delta x}{\Delta t} \tag{2.8}$$

は小さいとは限らない．(2.8) は距離÷時間なので速さを表す．ただし，x 軸の負の向きに進んでいるときは $\Delta x < 0$ だから (2.8) は負となる．したがって，(2.8) は速さだけでなく，その符号によって運動の向きも表している．

位置を表す関数 $x(t)$ がわかっているとき，短い時間に対して比 (2.8) を考えることは

$$\lim_{\Delta t \to 0} \frac{\Delta x}{\Delta t} = \lim_{\Delta t \to 0} \frac{x(t + \Delta t) - x(t)}{\Delta t} \tag{2.9}$$

という極限値を計算することにあたる．(2.9) を**速度**といい，v と書くことにする．数学的には関数 $x(t)$ の微分を計算していることになる．

$$\text{速度}: \quad v = \frac{dx}{dt} \tag{2.10}$$

関数 $x(t)$ のグラフでは，速度は時刻 t での接線の傾きで表される．速度の単位は $\mathrm{ms^{-1}}$ である．

各時刻での速度が求められたら，v が時刻 t の関数としてわかったことになる．これを $v = v(t)$ と書くことにしよう．

2.1.4 加速度

P から Q へ変位したあと，さらに時間が Δt だけ経過して，物体が軌道上の別の点 R まで移動したとする．2.1.2 項の例 2 でとりあげた落下するボールの運動では，PQ 間の変位に比べて QR 間の変位は増える．したがって，時刻 t での速度 $v(t)$ とそこから少し経過した時刻 $t + \Delta t$ での速度 $v(t + \Delta t)$ は同じではない．これらの差を Δv とする．

$$\Delta v = v(t + \Delta t) - v(t) \tag{2.11}$$

これと経過時間との比

$$\frac{\Delta v}{\Delta t} \tag{2.12}$$

は速度の変化率を表している．ここで，(2.9) と同様に Δt を短くした

$$\lim_{\Delta t \to 0} \frac{\Delta v}{\Delta t} = \lim_{\Delta t \to 0} \frac{v(t + \Delta t) - v(t)}{\Delta t} \tag{2.13}$$

を加速度といい a と書くことにする。式 (2.13) は関数 $v(t)$ の微分係数だから

$$\text{加速度：}\quad a = \frac{dv}{dt} \tag{2.14}$$

横軸に t，縦軸に v をとって v-t グラフを描くと，そのグラフの接線の傾きが加速度を表している。

あるいは速度 v は (2.10) のように $x(t)$ を 1 回微分したものなので，加速度は $x(t)$ の 2 回微分

$$\text{加速度：}\quad a = \frac{d^2 x}{dt^2} \tag{2.15}$$

と書くこともできる。

物体が正の方向に動いていて速くなるときには，a は文字通り，加速の度合いを表している。これに対して，減速するとき，たとえば電車がブレーキをかけて減速するときには $a < 0$ であり，その大きさ $|a|$ は減速の度合いを表している。しかし，そのような場合でも (2.14) を加速度という。

[例題 2.1] レール上を滑る物体の運動 (2.1) の速度と加速度を求めよ。
解： 速度を求めるには (2.1) の $x(t)$ を t で微分して

$$v(t) = \frac{d}{dt}(x_0 + v_0 t) = v_0 \tag{2.16}$$

これは定数だから，速度は時刻によらないで一定の値となる。このことは，図 2.3(a) の $x(t)$ のグラフの傾きが一定であることからもわかる。速度が一定なので，このような運動を**等速度運動**あるいは**等速直線運動**という。横軸に t，縦軸に v をとって v-t グラフを描くと図 2.6 のように t 軸に平行な直線となる。

加速度を求めるには，式 (2.16) の $v(t)$ を t で微分すればよい。$v(t)$ が定数なので，微分しても 0 である。よって $a = 0$ となる。これは図 2.6 の v のグラフの傾きが常に 0 であることからもわかる。速度が一定のとき加速度は 0 である。

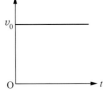

図 2.6 等速度運動 (2.16) の v-t グラフ

[例題 2.2] 真下に落下するボールの運動 (2.2) の速度と加速度を求めよ。
解： 速度は (2.2) の $x(t)$ を微分して

$$v(t) = \frac{d}{dt}\left(v_0 t + \frac{a}{2} t^2\right) = v_0 + at \tag{2.17}$$

これは t の一次関数であり，(2.16) と異なって時刻と共に変化する。両辺で $t = 0$ とおくと $v(0) = v_0$ だから，v_0 は最初の時刻での速度を表している。これを**初速度**という。$a > 0$ としているので，そのあと時刻の経過とともに v は増加する。このときの v-t グラフは図 2.7 のようになる。

加速度は (2.17) で求めた $v(t)$ の微分を計算して

$$a(t) = \frac{d}{dt}(v_0 + at) = a \tag{2.18}$$

したがって定数となる。このことは，図 2.7 の v のグラフが直線で傾きが一定であることからもわかる。加速度が一定の運動を**等加速度運動**という。

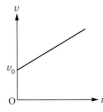

図 2.7 等加速度運動 (2.17) の v-t グラフ

[例題 2.3] ばねに結びつけられたおもりの運動 (2.3) の速度と加速度を求めよ。
解： 速度は (2.3) の $x(t)$ を微分して

$$v(t) = \frac{d}{dt}(A\cos\omega t) = -\omega A \sin\omega t \tag{2.19}$$

$\cos\omega t$ と $\sin\omega t$ は同じ周期の三角関数だから，$v(t)$ は $x(t)$ と同じ周期で変化することがわかる。式 (2.19) で $t=0$ とおくと，$\sin(\omega \cdot 0)=0$ だから，おもりの初速度は 0 である。このことは図 2.4(b) で $t=0$ のときにグラフの傾きが 0 になっていることからもわかる。この時刻には最高点にあるから，そのとき一瞬静止していることになる。また，1/2 周期経過したとき $(t = T/2)$ にもグラフの傾きが 0 になるので速度は 0 である。この時刻におもりは最下点に到達するので，やはり一瞬静止する。これらの間の時刻で $\sin\omega t = \pm 1$ のとき，したがって $x=0$ のとき，おもりはもっとも速くなり，v の大きさの最大値は $v_0 = A\omega$ になる。

加速度は (2.19) で求めた $v(t)$ の微分を計算して

$$a(t) = \frac{d}{dt}(-\omega A \sin\omega t) = -\omega^2 A \cos\omega t \tag{2.20}$$

したがって，加速度もやはり同じ周期の単振動となる。式 (2.20) の最右辺で $A\cos\omega t$ は座標 x のことだから，$a = -\omega^2 x$ が成り立つ。最高点 $(x=A)$ または最下点 $(x=-A)$ にあるときには，加速度の大きさは $A\omega^2$ で最大である。また，速さが最大のとき $(\sin\omega t = \pm 1)$ には $x=0$ なので加速度は 0 になることがわかる。

2.1.5 速度の積分

位置を表す関数 $x(t)$ がわかれば，速度は (2.10) のように微分を計算して求められる。この逆はどうだろう。たとえば，電車の運転席の速度計を見ていると，電車の速度が時刻とともにどのように変わっていくのかがわかる。これを記録して，動き始めの時刻 t_0 から停車した時刻 t_1 まで図 2.8 のように変化することがわかったとき，これをもとに，電車の位置 $x(t)$ がわかるだろうか？

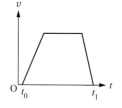

図 2.8 電車の速度の変化

変位を足し合わせて求める

時刻 t での位置を知るには，最初の時刻 t_0 での位置からどれだけ変位したかがわかればよい。距離は速度と時間の積で計算できるから，短い時間 Δt での変位は

$$\Delta x = v(t)\Delta t \tag{2.21}$$

と書ける。図 2.9 のように，時刻 t で幅 Δt，高さ v の柱を考えると，この柱の面積は $v\Delta t$ であり，式 (2.21) によれば経過時間 Δt での変位 Δx を表している。最初の時刻 t_0 からの変位は (2.21) を次々に加えていくことで得られる。これは図 2.9 で，時刻 t_0 から t_1 までの区間で $v(t)$ のグラフが横軸 (t 軸) と囲む面積 $S[t_0, t_1]$ を求めることにあたる。

$$x(t_1) - x(t_0) = S[t_0, t_1] \tag{2.22}$$

このように，グラフの囲む面積を計算すれば，二つの時刻の間での変位がわかる。微小な幅 Δt の柱の面積を足し合わせて有限な区間の面積を求めること

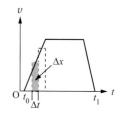

図 2.9 速度のグラフが囲む図形を細い柱に分けて面積を求める。

は，数学の定積分を計算することにあたる。

不定積分によって求める

速度を表す関数 $v(t)$ は位置を表す関数 $x(t)$ を微分して得られたから，逆に $v(t)$ から $x(t)$ を求めるには微分の逆演算である積分の計算をしたらどうだろう。式 (2.10) の両辺を不定積分すると

$$\int v(t)dt = \int \frac{dx}{dt} dt \tag{2.23}$$

右辺は $x(t)$ を微分したものの不定積分なので $x(t)$ に戻る。左辺では $v(t)$ の不定積分を計算する必要があるが，それを $X(t)$ とすれば

$$X(t) + C = x(t) \tag{2.24}$$

が得られる。ここで C は積分定数である。C の値を決めるためには，どこかの時刻 $t = t_0$ での $x(t)$ の値がわかっていればよい。この値を初期値という。簡単のため，$t_0 = 0$ として初期値が $x(0) = x_0$ という条件（これを初期条件という）を与えれば，式 (2.24) で $t = 0$ とおいて

$$X(0) + C = x_0 \quad \text{あるいは} \quad C = x_0 - X(0) \tag{2.25}$$

これを (2.24) の左辺の C に代入すると

$$x(t) = x_0 + X(t) - X(0) \tag{2.26}$$

となる。このように，速度を表す関数 $v(t)$ がわかっているときは，これを不定積分し，さらに初期条件によって最初の時刻での位置を与えることで，関数 $x(t)$ を知ることができる。

数学で定積分を求めるときに，不定積分を計算すればよい。その理由は，ここで述べた，変位を求めるのに速度 $v(t)$ のグラフの囲む面積を計算する（定積分），あるいは $v(t)$ の不定積分を計算する，の 2 通りの方法があることと同じである。

2.1.6 投射体の運動

ここまで物体が直線上を動く場合を考えてきたが，次に軌道が曲線となる例を考えよう。たとえば，バスケットボールをゴールに向かって投げたとすると，放物線に近い形の軌道を描く。この節ではそうした投射体の運動を調べることにする。横方向にカーブすることはないとすれば，軌道は一つの平面内にあるから，水平方向に x 軸，鉛直方向に y 軸をとって，ボールの位置を座標 (x, y) で表すことができる。これらの座標は時刻と共に変化するから

$$x = x(t), \quad y = y(t) \tag{2.27}$$

と書こう。$x(t)$ や $y(t)$ は時刻 t の関数である。実際にボールを投げ，その動きを観測して

$$x(t) = u_0 t, \quad y(t) = h + v_0 t - \frac{a}{2} t^2 \tag{2.28}$$

であることがわかったとしよう。それぞれの式の右辺にある h, u_0, v_0, a は単位のついた数値である。ここでは，いずれも正の値であるとしよう。ボールの飛ぶ様子を真上方向からカメラで撮影すれば，モニターには直線上を $x = x(t)$ で表される運動が映し出される。また，真正面の方向から撮影すれば，$y = y(t)$ で表される運動の動画となるだろう。実際の運動はこれら二方向への運動を重ね合わせたものであり，時刻とともにその位置をたどっていくと図2.10のような軌道が得られる。この図で描かれているのは，実際にボールが動いていく軌道なので，2.1.2項で描いた直線上の運動の x-t グラフとは異なり，時刻 t にあたる座標軸は描かれていないことに注意しよう。

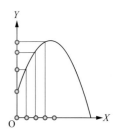

図 2.10 ボールの運動は鉛直方向と水平方向の運動を合成して得られる。

軌道の図形を表すのに，$x = x(t)$ と $y = y(t)$ から時刻 t を消去して得られる x と y についての方程式を使うことにしよう。(2.28) の場合には，まず $x = x(t)$ を t について解くと $t = x/u_0$ だから，これを $y = y(t)$ の t に代入すれば

$$y = h + v_0\left(\frac{x}{u_0}\right) - \frac{a}{2}\left(\frac{x}{u_0}\right)^2 \tag{2.29}$$

となる。式 (2.29) は x の二次関数で x^2 の係数が負だから，グラフは上に凸の放物線である。したがって，ボールの軌道は図2.10のような曲線になることがわかる。

軌道上を運動して，時刻 t のとき P にあったボールが時間 Δt だけ経過したあと点 Q に到達したとする (図2.11)。このとき，P から Q への変位ベクトル $\overrightarrow{PQ}$ は始点 P と終点 Q 以外で軌道の曲線とは一致しない。

しかし，短い時間で考えることにすればその不一致は小さいから，変位ベクトルは近似的に軌道に沿った運動の様子を表しているといえよう。変位した先の点 Q から，さらにその後点 R までの変位ベクトルをひく…，というように続けていくと，短い変位ベクトルをつないだ折れ線ができるが，これは軌道の曲線を近似したものになっている。経過時間を短くすればするほど，折れ線と曲線との差は少なくなっていく。一つ一つの変位ベクトルの長さは短くなるが，折れ線の長さと曲線に沿って動いた距離とはほぼ等しくなる。また，それぞれの変位ベクトルは各点でひいた軌道の接線方向を向いている。

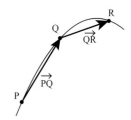

図 2.11 軌道の曲線と点 P から Q への変位ベクトル。さらにそのあと点 R へ変位する。

変位ベクトル $\overrightarrow{PQ}$ を $\Delta\vec{r}$ と書くと，原点から点 P, Q にひいた位置ベクトルをそれぞれ $\vec{r}_P, \vec{r}_Q$ とすれば

$$\text{変位ベクトル：} \quad \Delta\vec{r} = \vec{r}_Q - \vec{r}_P \tag{2.30}$$

と表わせる。位置ベクトルの成分はそれぞれの点の座標だから，変位ベクトルの成分は2点 P, Q の x 座標と y 座標の差 $\Delta x, \Delta y$ である。

$$\text{変位ベクトルの成分：} \quad \Delta\vec{r} = (\Delta x, \Delta y) \tag{2.31}$$

$\Delta\vec{r}$ と経過時間 Δt の比をとって Δt を短くしたものを**速度ベクトル**という。

$$\text{速度ベクトル：} \quad \vec{v} = \lim_{\Delta t \to 0} \frac{\Delta\vec{r}}{\Delta t} \tag{2.32}$$

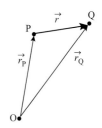

図 2.12 変位ベクトルは位置ベクトルの差で表せる。

短い時間で考えた変位ベクトルと同じ向きと考えてよいから，速度ベクトルは軌道の接線方向を向いている。$\vec{v}$ を成分を使って

$$\vec{v} = (v_x, v_y) \tag{2.33}$$

と表すことにすると，v_x と v_y は $\Delta \vec{r}$ の成分 (2.31) と Δt の比をとって Δt を 0 に近づけたものである。直線運動のときと同じに考えて，v_x は関数 $x(t)$ の微分，v_y は関数 $y(t)$ の微分を計算すればよい。

$$v_x = \frac{dx}{dt}, \quad v_y = \frac{dy}{dt} \tag{2.34}$$

シュートされたバスケットボールの例では，式 (2.28) の $x(t)$ と $y(t)$ の微分を計算すると

$$\begin{aligned} v_x &= \frac{d}{dt}(u_0 t) = u_0 \\ v_y &= \frac{d}{dt}\left(v_0 t - \frac{a}{2} t^2\right) = v_0 - at \end{aligned} \tag{2.35}$$

したがって，$\vec{v}(t) = (u_0, v_0 - at)$ と書ける。これを見ると v_x は一定なので，水平方向には等速度運動をする。これは式 (2.28) の $x(t)$ からも読み取れることである。一方，v_y は時刻の一次関数で，鉛直方向の速度は減っていく。式 (2.35) で $t = 0$ とおけば

$$v_x(0) = u_0, \quad v_y(0) = v_0 \tag{2.36}$$

となる。ボールは時刻 $t = 0$ に速度ベクトル $\vec{v}_0 = (u_0, v_0)$ で投げられたことがわかる。これを初速度ベクトルという。

軌道を進むにしたがって速度ベクトルの向きや大きさは変化する。P での速度ベクトルと Q での速度ベクトルは

$$\Delta \vec{v} = \vec{v}(t + \Delta t) - \vec{v}(t) \tag{2.37}$$

だけ差がある。(2.37) と経過時間 Δt の比をとって Δt を短くしたものを**加速度ベクトル**という。成分を $\vec{a} = (a_x, a_y)$ で表すことにすれば，a_x, a_y は対応する $\vec{v}$ の成分を微分することで計算できる。

$$a_x = \frac{dv_x}{dt}, \quad a_y = \frac{dv_y}{dt} \tag{2.38}$$

バスケットボールの例では (2.35) を微分して

$$\begin{aligned} a_x &= \frac{d}{dt} u_0 = 0 \\ a_y &= \frac{d}{dt}(v_0 - at) = -a \end{aligned} \tag{2.39}$$

ボールの加速度ベクトルは $\vec{a} = (0, -a)$ となり，時刻によらないでつねに $-y$ 方向，つまり鉛直下向きで，大きさも一定であることがわかる。この場合も直線上の運動のときにならって**等加速度運動**という。

2.1.7 等速円運動

糸におもりを結び，反対端を固定した上でおもりを水平面内で運動させたとしよう。糸がたるまなければおもりは円軌道を描く。この運動を表すのに，円周上のある点から測った角度 θ を使うのが便利である。円周上を動く様子を観測して角度が

$$\theta(t) = \omega t \tag{2.40}$$

のように t に比例することがわかったとしよう。比例係数 ω は単位 (s^{-1}) のついた数値である。式 (2.40) の θ が物体の座標であれば，その微分は速度であるが，この場合には θ は角度だから，その速度という意味で $d\theta/dt$ のことを**角速度**という。式 (2.40) から

$$\text{角速度：} \quad \frac{d\theta}{dt} = \omega \tag{2.41}$$

したがって，この例では角速度は一定である。すると，円周上のある点から測った角度は一定の割合で増えていくので，物体は円周上を一定の速さで動くことになる。この運動のことを**等速円運動**という。

円周上を進む向きは二通りある。図の反時計回りを正と定め，その向きに動くとき角速度は正，反対向き（時計回り）に動くときは負と約束しておく。円を一周（角度 2π）するのに要する時間 $2\pi/|\omega|$ を円運動の**周期**という。また，単位時間に動いた角度を中心角とする円弧の長さは円の半径を A として $A|\omega|$ で，これは物体が円周上を動く速さである（図 2.13(a)）。

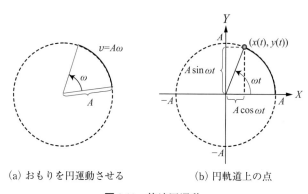

(a) おもりを円運動させる　　(b) 円軌道上の点

図 2.13 等速円運動

円軌道上の点の座標 (x, y) は，図 2.13(b) からわかるように三角比を使って

$$\begin{aligned} x(t) &= A\cos\omega t \\ y(t) &= A\sin\omega t \end{aligned} \tag{2.42}$$

と表すことができる。関数 $x(t)$ あるいは $y(t)$ だけを見ると，$\sin$ と $\cos$ の違いはあるものの，2.1.2 項例 3 の単振動の式 (2.3) と同様の形をしていることがわかる。

三角関数の位相 ωt は $t = 0$ から時刻 t まで円周に沿って動いた角度を表す。とくに，時刻が $t = 0$ のとき

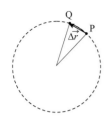

図 2.14 円軌道上をPからQへ移動したときの変位ベクトル

$$x(0) = A\cos\omega\cdot 0 = A$$
$$y(0) = A\sin\omega\cdot 0 = 0 \tag{2.43}$$

であるから，質点は $t=0$ のときに x 軸上の点 $(A,0)$ にある。

円軌道上のPからQへ移動したとき，その変位ベクトル $\Delta\vec{r}$ の矢印を描けば，PQ を結んだ円の弦にあたるから，実際の軌道である円弧とは一致しない。しかし，経過時間 Δt が短ければ，円弧と弦はほとんど差がないので，$\Delta\vec{r}$ は近似的に円弧に沿った運動を表している（図 2.14）。式 (2.32) と同様に，$\Delta\vec{r}$ と経過時間 Δt の比をとって Δt を短くしたものは速度ベクトル $\vec{v}$ で，円の接線方向を向き，その大きさは円運動の速さに等しい。成分 (v_x, v_y) は座標を表す関数 $x(t) = A\cos\omega t$, $y(t) = A\sin\omega t$ の微分を計算して得られる。結果は

$$v_x = \frac{d}{dt}(A\cos\omega t) = -A\omega\sin\omega t$$
$$v_y = \frac{d}{dt}(A\sin\omega t) = A\omega\cos\omega t \tag{2.44}$$

である。したがって，速さは $\sqrt{v_x^2 + v_y^2} = A|\omega|$ で一定である。

物体が円軌道上を動くにつれて，接線方向が変わるから，速度ベクトル $\vec{v}$ の向きも変化する（図 2.15）。このような場合には，速さが変わらなくても加速度ベクトルは 0 ではない。その成分は，速度ベクトルの成分の微分を計算して

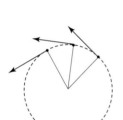

図 2.15 円軌道上を進むと速度ベクトルの向きが変化する

$$a_x = \frac{d}{dt}(-A\omega\sin\omega t) = -\omega^2 A\cos\omega t$$
$$a_y = \frac{d}{dt}(A\omega\cos\omega t) = -\omega^2 A\sin\omega t \tag{2.45}$$

と書ける。加速度ベクトルはつねに円周の中心に向いていて，大きさは $\sqrt{a_x^2 + a_y^2} = A\omega^2$ であることがわかる。このように，等速円運動では速さは一定だが，速度ベクトルの向きが変化するため，加速度ベクトルは 0 ではない。加速度という言葉が，速さが増すという意味での「加速」とは異なった意味で使われていることに注意しよう。

2.1.8 ベクトル

変位，速度，加速度はいずれも大きさと向きをもつベクトル量である。また，次の節で扱う力もベクトルで表される。力学の分野のみでなく，電磁気の分野でもベクトルを扱うので，ここでベクトルに関する知識をまとめておこう。

これまで学んだ変位ベクトル，速度ベクトル，加速度ベクトルは，いずれも，定数倍ができる，和をつくることができる（合成ができる），という共通の性質をもっている。たとえば，変位ベクトルは 2 点を結ぶ矢印だが，定数倍は方向を変えずに伸ばすこと，和は続けて変位を行なったものである。一般のベクトルの定数倍，和は次のように定義される。

定数倍　　$k\vec{A}$ … $k>0$ のときは $\vec{A}$ の方向に長さを k 倍にする。$k<0$ のときは $\vec{A}$ を向きを逆にして長さを $|k|$ 倍にする（図 2.16）。

和（合成）　　$\vec{A}+\vec{B}$ … $\vec{A}$ の終点に $\vec{B}$ の始点をとり，$\vec{A}$ の始点から $\vec{B}$ の終点に矢印を描く。あるいは，$\vec{A}$ と $\vec{B}$ の始点を一致させて描き，共通の始点から，二つの矢印で作られる平行四辺形の対角点に向けて矢印を描く（図 2.17）。

ベクトルの差 $\vec{A}-\vec{B}$ は $\vec{B}$ を -1 倍して $\vec{A}$ と合成したものと見なすことができる。したがって，ベクトルの差をあらためて定義する必要はない。しかし，後の便利のために図形的に差をつくる規則を書いておこう。

差　　$\vec{A}-\vec{B}$ … $\vec{A}$ と $\vec{B}$ を始点をそろえて描いておき，$\vec{B}$ の終点から $\vec{A}$ の終点に矢印を描く（図 2.18）。

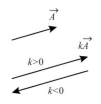

図 2.16 ベクトルの定数倍

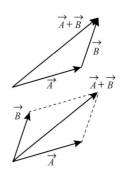

図 2.17 ベクトルの和（合成）

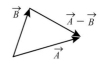

図 2.18 ベクトルの差

次に，ベクトルの積を定義しよう。2 つのベクトル $\vec{A}$ と $\vec{B}$ を始点をそろえて描いたとき，これらの間の角度を θ とする。

内積
$$\vec{A}\cdot\vec{B}=|\vec{A}||\vec{B}|\cos\theta \tag{2.46}$$

$\vec{A}$ に対して $\vec{B}$ を射影した長さ $|\vec{B}|\cos\theta$ （図 2.19）と $\vec{A}$ の長さ $|\vec{A}|$ との積。とくに，$\theta=\pi/2$ のとき $\vec{A}$ と $\vec{B}$ は直交して内積は 0 である。また，自分自身との内積は長さの 2 乗である：
$$\vec{A}\cdot\vec{A}=|\vec{A}|^2 \tag{2.47}$$

空間内に方向をもつベクトルに対しては，さらに外積（あるいはベクトル積ともいう）をつくることができる。

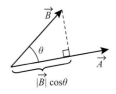

図 2.19 ベクトルの内積

外積　　$\vec{A}\times\vec{B}$ … $\vec{A}$ と $\vec{B}$ のつくる平面に対して垂直なベクトル。向きは $\vec{A}$ から $\vec{B}$ へ右ネジを回したときにネジの進む向き（ペットボトルのキャップを回してその進む向きと言ってもよい），長さは $|\vec{A}||\vec{B}|\sin\theta$ である（図 2.20）。この長さは $\vec{A}$ と $\vec{B}$ が作る平行四辺形の面積に等しい。とくに平行または反平行な二つのベクトルの外積は 0 である。積の順序を入れ替えると，長さは変わらないが向きが反対になる：
$$\vec{A}\times\vec{B}=-\vec{B}\times\vec{A} \tag{2.48}$$

以上はベクトル演算の図形的な意味である。ベクトルを成分で表せば，これらの演算は以下のようになる。なお，ベクトルはいずれも空間内に方向をもち，$\vec{A}=(a,b,c)$ と $\vec{B}=(a',b',c')$ のように 3 成分で表されるものとする。

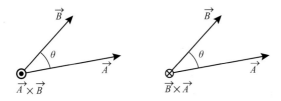

図 2.20 ベクトルの外積。⊙は紙面から手前に出てくる向き，⊗は紙面の中に入っていく向きを表す。

1) 定数倍：
$$k\vec{A} = (ka, kb, kc) \tag{2.49}$$
2) 和：
$$\vec{A} + \vec{B} = (a + a', b + b', c + c') \tag{2.50}$$
3) 内積：
$$\vec{A} \cdot \vec{B} = aa' + bb' + cc' \tag{2.51}$$
ベクトルの長さ $|\vec{A}| = \sqrt{\vec{A} \cdot \vec{A}} = \sqrt{a^2 + b^2 + c^2}$

4) 外積：
$$\vec{A} \times \vec{B} = (bc' - cb', ca' - ac', ab' - ba') \tag{2.52}$$
内積は普通の数だが，外積はベクトルなので3つの成分で表される。

演習問題 2.1

1. ウサギとカメの競争が直線上で行われたとして，その様子を位置と時刻のグラフを描いて説明せよ。
2. 直線レールの上を 20 m/s の速さで走行していた電車が，駅の手前 500 m のところでブレーキをかけ始めてそのあと一定の割合で減速して駅に停車した。停車する直前に駅から 50 m のところにある踏切を通過するのはブレーキをかけ始めてから何秒後か。
3. ばねの一端を固定して鉛直につるし，この下端におもりをとりつけて，鉛直方向に行ったり来たりの上下往復運動をさせる。鉛直上向きに x 軸をとったときのおもりの位置が時刻 t の関数として
$$x(t) = A\cos\omega t$$
ただし $A = 0.10$ m, $\omega = 2\pi$ s^{-1} で表されることがわかったとする。
    1) $x(t), v(t)$ および $a(t)$ のグラフを描け。
    2) 上昇していて速さが増えているのは時刻がどの範囲にあるときか。下降していて減速しているのは時刻がどの範囲にあるときか。
4. 静止衛星は地上から約 36000 km の上空を周期 24 時間で等速円運動をしている。飛行するにつれて速さは変わらないが，速度ベクトルの向きは変化していく。これを調べるために，速度ベクトルの矢印の始点をすべて一致させて描いたとすると，長さは一定だから矢印の終点は一つの円周上にある。時刻の経過と共に矢印の終点を追いかけていくと，等速円運動をすることがわかる。静止衛星の速度ベクトルの終点が描く円軌道と周期を求めよ。

2.2 運動法則

物体の運動の表し方はわかったので，次のステップは，なぜそのような運動をするのか，ということである。それは力と運動の法則にもとづいて理解できることを，簡単な例をとりあげて学ぶことにしよう。その前に，実際の問題で扱うことになる力について知識を整理しておくことにする。

2.2.1 力の表し方

　重い荷物を抱えて持ったり，空気の入ったボールを押しつぶしたり，あるいはボールを投げるときには力が必要である。これらの場合はいずれも人が力を及ぼしているので，感覚として理解できる。しかし，直接抱えあげる代わりに荷物をひもに結んでつるすこともできるし，ボールを変形させるには重い物をのせてもよい。投げる代わりにバットで打ってもよい。これらの場合には，感覚として力が作用していることはわからない。それでも，物体に生じる結果から，人が力を及ぼすのと同じように力が作用していると判断することができる。

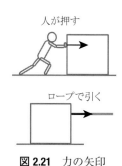

図 2.21　力の矢印

力の矢印　力は作用する方向に矢印を描いて表す。矢印の長さは力の大きさに比例するように決める。図 2.21 のように人が押しているのか，ロープが引っ張っているのか，あるいはその他の原因によるのかは，力を受ける物体にとって違いはない。そこで，力はその方向と大きさを矢印で表すことにする。

力の合成　2つ以上の力が作用しているときには，それをベクトルの和の規則にしたがって合成した1つの矢印で表すことができる。これを**合力**という。図 2.22(a) では，$\vec{F_1}$ と $\vec{F_2}$ の合力を $\vec{F_1} + \vec{F_2}$ と書いた。2つの力が同時に作用しても，それらの合力だけが作用しても，物体に生じる結果は同じである。

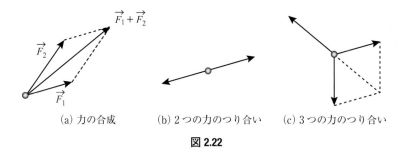

(a) 力の合成　　(b) 2つの力のつり合い　　(c) 3つの力のつり合い

図 2.22

力のつり合い　2つ以上の力が作用していても，それらの合力が 0 のときはこれらの力はつり合っているといい，何も作用していないのと同じである。図 2.22(b) と (c) は力がつり合っている例である。

力の分解　どんな力も，合成の逆の手順によって2つ以上の力（これらを成分と呼ぶ）に分解することができる。分解の仕方は無限通りある。また，分解

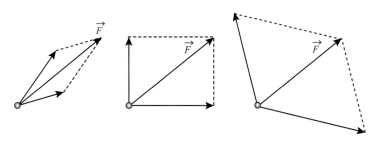

図 2.23　力の分解：1つの力 $\vec{F}$ を2つの力に分解する仕方は無限通りある

の結果得られた成分の力は，実際に他の物体から作用しているとは限らない。

2.2.2 力の分類

実際の力学の問題では，物体に作用する力をすべて考える必要がある。これらの力を何らかの考え方に基づいて分類しておくと整理しやすい。わかりやすい分類の仕方として，力を及ぼすものが物体に接触しているか，そうでないか，に注目してみよう。

接触しているときに作用する力

図 2.24 床に置いた物体には床の変形に伴う弾性力が作用する

a) **弾性力**： 変形している板やばねと接触している物体は，それらの変形がもとに戻ろうとするために力を受ける。このような力を**弾性力**という。たとえば，図 2.24 のように床に荷物を置くと床がわずかにたわむため，荷物には接触している床から弾性力が作用する。床がたわむのは荷物が床を押しているからであり，床からの弾性力はその反作用と考えることができる。床面に対して垂直なときはこれを**垂直抗力**という。また，ひもやばねを吊して先端におもりを結ぶ（接触している）と，おもりはひもやばねが伸びてその変形がもとに戻ろうとする弾性力を受ける。この場合には**張力**という。

図 2.25 床の上で滑る物体に作用する摩擦力

b) **摩擦力（抵抗力）**： 床の上に置かれている物体が動くときには床から，空気中を動くときには空気から，いずれもその動きを妨げる向きに力を受ける。（図 2.25）これを**摩擦力**もしくは**抵抗力**という。

接触していなくても作用する力

a) **万有引力**： 質量をもつ物体の間には互いに引力が作用する。力の大きさは質量の積に比例し物体間の距離の 2 乗に反比例する。これを万有引力という。二つの物体の質量を M, m，距離を r と書くと

$$\text{万有引力の法則：} \quad F = G\frac{Mm}{r^2} \quad (2.53)$$

と表わせる。比例定数 G を**万有引力定数**という。これは測定によって次の値であることがわかっている。

$$\text{万有引力定数：} \quad G = 6.67408(31) \times 10^{-11}\,\text{m}^3\text{kg}^{-1}\text{s}^{-2}$$

( ) 内は不確かさを表している。惑星の運行に関するケプラーの 3 法則をもとに，ニュートンは太陽からの万有引力が (2.53) にしたがうことを導いた。

b) **重力**： 地上にある物体が受ける重力は，主に地球からの万有引力によるものである。地球の存在を意識することは少ないので，むしろ地球上は重力が作用する「環境」と考えた方が実感に近い。このような環境のことを「**場**」という。地球上には「重力の場」があり，この場に置かれた物体には質量 m に比例した鉛直下向きの力が作用する。この力を $F = mg$ と書いて g を**重力加速度**という。式 (2.53) と比べて

$$g = G\frac{M_{\mathrm{E}}}{R_{\mathrm{E}}^2} \tag{2.54}$$

となる。ここで，M_{E} は地球の質量，R_{E} は地球の半径を表している。右辺に数値を代入して計算すると，よく知られている $g = 9.8\,\mathrm{ms}^{-2}$ より少し大きくなる。これは，地球が自転していることによる遠心力 (2.3.6 項参照) も考慮する必要があるためである。

$M_{\mathrm{E}} = 5.97 \times 10^{27}\,\mathrm{kg}$，
$R_{\mathrm{E}} = 6371\,\mathrm{km}$

c) 静電気力： 電荷をもつ物体同士の間には互いに静電気力が作用する (5 章参照)。力の大きさは万有引力と同じく距離の 2 乗に反比例する。また電荷の積に比例し，互いに異符号であれば引力，同符号のときは反発力である。電荷が静電気力を受けるのは，他の電荷によって作られた静電気力を受ける「環境」あるいは「場」に置かれたため，と考えることができる。このような場を「静電場」と呼ぶ。

d) 磁気力： 磁石同士，電流同士，電流と磁石の間に作用する力はいずれも磁気によるものである (6 章参照)。この場合にも電場と同じように，他の磁石や電流によって作られた磁気力を受ける「環境」あるいは「場」に磁石または電流が置かれたため，力を受けると考えることができる。このような場は「磁場」という。

(a)　　　　　　　　(b)　　　　　　　　(c)

図 2.26 いろいろな力の作用。(a) 地球の重力によって周回する国際宇宙ステーション (JAXA)，(b) 静電気力によって曲げられる水[2]，(c) 磁気力によって浮上するリニアモーターカー[3]

接触していることで作用する弾性力や抵抗力も，原子や分子などミクロな階層で作用する電気力や磁気力がもとになっている。万有引力や電気力，磁気力はその意味でより基本的な力と言える。

2.2.3　運動の法則

2.1 節では物体の運動の表し方を調べ，2.2.1 項と 2.2.2 項で力について述べた。いよいよこの項では，力と運動についての三つの法則について学ぶことにしよう。それはニュートンがプリンキピアという本の中で述べたものがもとになっている。

第 1 法則： 物体は力の作用によって状態を変えられない限り，静止の状態または等速直線運動を続ける

このうち「静止の状態…を続ける」という箇所は，日常の経験に基づいても納得できる。床に置かれた荷物は押すか引っ張るかしないと動き出さないし，ボールは腕の力で押し出すかバットやラケットに当てて力を加えないと飛んでいかない。

これに対して，「等速直線運動を続ける」の部分は納得できるだろうか。日常の経験では，床に置かれていた物体を押して動き始めた後，押すのをやめればすぐに止まってしまうように思える。動き続けるためにはむしろ力を加え続ける必要があるのではないだろうか。しかし，それは押したり引っ張ったりする力だけに注目しているからである。物体は床と接触しているから摩擦力を受ける。動いていた物体が止まってしまうのはそうした摩擦力のせいである。摩擦が少ない滑らかな床面を滑らせると長い距離を止まらないで動いていくことは日常の中でも経験することである。

物体が静止の状態または等速直線運動を続ける性質のことを**慣性**という。そこで，第1法則を**慣性の法則**ともいう。質量が大きな物体ほど慣性は大きい。

第1法則は観測の仕方によっては成り立たないこともある。たとえば，走っている電車に乗っていて，強いブレーキがかかると，どこからも力を受けないのに静止していることができないで前方に身体が放り出される（図2.27）。この様子を車内に固定したモニターカメラで写したとすれば，それまで電車の中で立って静止していた人が急に動き出したように見えるから，第1法則は成り立たないことになる。

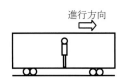

図 2.27 走っている電車がブレーキをかけると進行方向に放り出される。

同じ現象を地上に固定したカメラから撮影して観察したとしよう。最初，車内に乗っている人は電車と同じ速さで動いている。電車がブレーキをかけると，電車の速度は急に減少するが，乗っている人は直接ブレーキがかかるわけではないので，同じ速度で運動を続ける。これは第1法則が成り立つからである。

このように第1法則が成り立つかどうかは観測の仕方による。電車に固定したカメラで観測したとき第1法則が成り立たない理由は，電車にブレーキがかかったことにより，カメラが加速度運動をするためである。この問題は次の章であらためて取り上げることにし，以下では，加速度運動をしていないカメラを通して物体の運動を観測する，したがって第1法則が成り立つことを前提にして考えることにする。

第2法則：物体の運動量の変化は，物体に作用する力に比例し，その力の及ぼす方向に生じる。

質量 m と速度 $\vec{v}$ の積を**運動量**という。第2法則を式で表せば，短い時間 Δt での運動量の変化は，力を $\vec{F}$ として

$$m\vec{v}(t + \Delta t) - m\vec{v}(t) = \vec{F}\Delta t \tag{2.55}$$

となる。左辺は質量 m と速度変化の積であり，Δt が短ければ，速度変化は小さな量と考えられる。そこで，右辺も Δt に比例するとした。式(2.55)の両辺

の量の単位を比べてわかるように，力 $\vec{F}$ の単位は $\mathrm{kg\,m\,s^{-2}}$ である．これを N と書いてニュートンという．

第 2 法則は運動の変化の原因が力であることを述べている．力とはそのように定義される量ともいえる．つり合っている物体に作用している場合も含めて，力はそれ自体を直接観察できるものではない．とくに動いている物体については，力が作用しているかどうか，またどのような大きさ，どのような向きの力が作用しているかは，その運動の変化の観察を通じてしか判断できない．

第 2 法則を表す式 (2.55) の両辺を Δt で割って

$$m\frac{\vec{v}(t+\Delta t)-\vec{v}(t)}{\Delta t}=\vec{F} \tag{2.56}$$

と書くと，左辺の m をのぞいた分数式は，Δt が短ければ物体の加速度 $\vec{a}$ のことだから

$$m\vec{a}=\vec{F} \tag{2.57}$$

が成り立つ．式 (2.57) は $m, \vec{a}, \vec{F}$ の三つの量の間の関係を示したもので，**運動方程式**とよばれる．この方程式は力学のもっとも基本的な方程式であり，幅広い応用があるので，第 3 法則を述べたあと，次の項以降でさらに詳しく調べることにする．

第 3 法則：二つの物体相互の作用はつねに逆向きで大きさは互いに等しい．

物体 1 と物体 2 が力を及ぼし合っているとする．そのうち 1 が 2 に及ぼす力 $\vec{F}_{12}$ を作用と呼べば，2 が 1 に及ぼす力 $\vec{F}_{21}$ をその**反作用**という．2 が 1 に及ぼす力 $\vec{F}_{21}$ を作用と呼んでもかまわない．そのときは 1 が 2 に及ぼす力 $\vec{F}_{12}$ が反作用となる．どちらが先に力を及ぼすという順序はなく，2 つの物体があってはじめて互いの間に力が作用するのである．第 3 法則によれば，これらの間に

$$\vec{F}_{12}=-\vec{F}_{21} \tag{2.58}$$

が成り立つ．これを**作用反作用の法則**という．この関係を力のベクトルを描いて表すと図 2.28 のようになる．第 3 法則は 2 つの物体の間に作用する力の関係を述べていて，これらとは別の物体から力が作用していれば，その物体との間の力についても同様に第 3 法則が成り立つ．

図 2.29(a) のように，天井からひもでつるされておもりが静止しているとしよう．このとき，重力とひもの張力はつり合っている．しかし，これらは作用と反作用ではない．重力は地球からの万有引力による作用だから，その反作用は物体が地球に及ぼす万有引力である．物体に比べて地球の質量がとても大きいため，反作用の結果生じる地球の運動の変化はごく小さいので，通常それに気づくことはない．また，ひもの張力の反作用はおもりがひもを引っ張る力である．

この場合に重力 W と張力 T の大きさが同じで反対向きなのは，おもりが静止して力がつり合っているからである．天井からつるすのをやめて，ひもの上

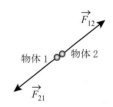

図 2.28 作用と反作用

(a) 重力の反作用は張力ではない

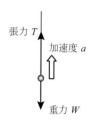

(b) 加速度運動をしている場合，張力と重力は大きさが同じではない

図 2.29

端を持っておもりを加速度 a で上昇させれば，運動方程式は（鉛直上向きを正として）$ma = T - W$ と書ける．加速度 a が 0（等速運動）でない限り，T と W とは同じにならない．もし，作用反作用の関係にあれば，運動しているかどうかにかかわらず大きさが同じになるはずだから，このことからも，ひもの張力と重力とは作用反作用の関係にはないことがわかる．

2.2.4　運動方程式の意味その1：加速度 $\vec{a}$ から $\vec{F}$ を知る

物体が運動する様子を観測して，その加速度がわかったとしよう．また物体の質量もわかっているものとする．このときは，運動方程式(2.57)で $m, \vec{a}$ が既知ということになるので，運動方程式は力 $\vec{F}$ を未知数とする方程式と考えることができる．

落下運動と重力

ボールが鉛直方向に落下するとき(2.1.4項の例題2.2)や，シュートしたバスケットボールの運動(2.1.4項)では，加速度ベクトル $\vec{a}$ は鉛直下向きで一定であることがわかった．すると運動方程式により，ボールにはつねに一定で鉛直下向きに $m\vec{a}$ に等しい力が作用していることになる．実際に落下するボールやバスケットボールの運動を観察すると，加速度 $\vec{a}$ の大きさはいずれの場合にもほぼ $g = 9.8\,\mathrm{ms}^{-2}$ である．したがって，ボールには運動の様子にかかわらず，鉛直下向きの力 mg が作用していることがわかる．

床を滑る物体と摩擦力

水平な面の上で物体を滑らせるとやがて止まってしまう．速度が一定の割合で減少したとすれば，加速度（この場合には減速）は一定で進行方向と反対向きである．これを $\vec{a}$ とすると，運動方程式から $m\vec{a}$ に等しい力が作用していることになる．この力は $\vec{a}$ の向き，したがって進行方向と反対向きであり，物体に接触している床から作用する摩擦力である．

等速円運動と向心力

2.1.7項で調べたように，円周上を一定の速さで運動している物体の加速度は 0 でない．加速度ベクトル $\vec{a}$ は円の中心を向いているので，運動方程式から $m\vec{a}$ に等しい力が円の中心に向かって作用しているはずである．これを向心力という．向心力というのは力の種類の名前ではないので2.2.2項の力の分類にはあげていない．実際に円運動をする物体には，2.2.2項であげた力のどれかまたはそれらの合力が作用して向心力となっている．たとえば，ひもに結んだおもりが水平面内で等速円運動をしているときには，おもりはひもによって中心に引っ張られており，その張力が向心力となっている．また，円軌道を描いて地球を周回する人工衛星には地球からの万有引力（重力）が作用して，こ

れが向心力を与える。

2.2.5　運動方程式の意味その2：力 $\vec{F}$ から加速度 $\vec{a}$ を知る

こんどは (2.57) で m と $\vec{F}$ が既知とすれば，加速度 $\vec{a}$ を未知数とする方程式と考えることができる。すると，物体の運動を観測しなくても，作用している力がわかれば，運動方程式 (2.57) によって，その加速度を知ることができる。

斜面を滑り降りるときの加速度

物体が斜面に沿った直線上を滑り降りるとき，鉛直下向きの重力 $\vec{W}$，斜面からの垂直抗力 $\vec{N}$，斜面からの摩擦力 $\vec{f}$，の3種類の力が作用する（図 2.30 (a)）。

運動方程式の $\vec{F}$ としてはこれらの合力を考える必要がある。重力 $\vec{W}$ を斜面に沿った方向成分 $\vec{W}_\parallel$ と垂直な方向成分 $\vec{W}_\perp$ に分解して考えよう（図 2.30 (b)）。すると，垂直抗力 $\vec{N}$ は $\vec{W}_\perp$ と大きさが同じであることがわかる。それは，斜面に垂直な方向には動かないので，その方向成分では力がつり合っているはずだからである。垂直抗力の大きさは重力のようにあらかじめ決まっておらず，物体の運動の様子から運動方程式によって決まる。これは 2.2.4 項で考えた「加速度から力を知る」ことにあたる。

一方，斜面に沿った力としては，重力の斜面に沿った方向成分 $\vec{W}_\parallel$ と斜面からの摩擦力 $\vec{f}$ との合力である。運動方程式より加速度は

$$a = \frac{W_\parallel - f}{m}$$

である。ただし，斜面に沿って滑り降りる向きを正とした。

(a) 斜面を滑り降りる物体に働く力

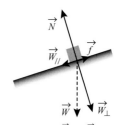

(b) 重力 $\vec{W}$ を $\vec{W}_\parallel$ と $\vec{W}_\perp$ に分解する

図 2.30

等速円運動

地球のまわりで等速円運動をする人工衛星の向心力は地球からの万有引力（重力）によるもので，その大きさは人工衛星の質量と地球からの距離（軌道半径）によって決まる。軌道の半径を r，角速度を ω とすると，2.1.7 項で調べたように，加速度の大きさは $a = r\omega^2$ である。運動方程式を書くと

$$mr\omega^2 = G\frac{M_\mathrm{E} m}{r^2} \tag{2.59}$$

ここで，右辺は人工衛星に働く地球からの万有引力 (2.53) である。よって，$r^3\omega^2 = GM_\mathrm{E}$ でなければならない。角速度を周期 T で表して，$r^3/T^2 = GM_\mathrm{E}/4\pi^2$ と書いてもよい。これは惑星についてのケプラーの第3法則が地球を周回する人工衛星についても成り立つことを示している。G と M_E はどの人工衛星にも共通の定数だから，半径 r と周期 T はどちらかが決まればもう一方も決まることになる。

たとえば，気象観測衛星や放送衛星の周期は $T \simeq 24$ 時間であるから，

(2.59) に数値を入れて計算すると，軌道半径は $r = 42{,}000$ km でなければならないことがわかる。

振り子

糸でつるしたおもりを鉛直な面内で振らせたときには，糸の張力と鉛直下向きの重力が作用する（図 2.31(a)）。運動方程式で $\vec{F}$ としてはこれらの合力を考える必要がある。図 2.31(b) のように，重力 $\vec{W}$ を軌道に沿った方向成分 $\vec{W}_{/\!/}$ とそれに垂直な方向成分 $\vec{W}_\perp$ に分解すれば，$\vec{W}_\perp$ と糸の張力との合力は円軌道の中心に向かう向心力となる。糸の張力はあらかじめ大きさが決まっていないが，振り子の加速度がわかると，2.2.4 項で考えたように「加速度によって力を知る」ことができる。

一方，軌道に沿った方向成分 $\vec{W}_{/\!/}$ はおもりの速さの変化をもたらす。糸が鉛直線から開く向きにおもりが運動しているときには，$\vec{W}_{/\!/}$ による加速度は進行方向と反対向きなので減速し，逆に閉じる向きに動いているときには加速することになる。こうして最も振れたときが最も遅く（速度 0），糸が鉛直になるときに最も速くなることがわかる。

(a) 振り子に作用する力

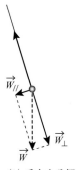

(b) 重力を分解して考える

図 2.31

2.2.6 運動方程式の意味その 3：運動方程式は運動を決める

加速度ベクトル $\vec{a}$ は速度ベクトルを表す関数 $\vec{v}$ を微分したものである。したがって，運動方程式は関数 $\vec{v}(t)$ についての方程式とみることもできる。ただし代数的な方程式ではなく，微分演算を含んでいるので**微分方程式**という。質点の速度を表す関数 $\vec{v}(t)$ は，そのような方程式を満たす「解」でなければならない。

自由落下運動

物体の落下を，空気の抵抗力を考えないで重力の作用だけによるものとしたとき**自由落下運動**という。速度を表す関数 $v(t)$ は運動方程式

$$m\frac{dv}{dt} = mg \tag{2.60}$$

を満たすものでなければならない。ただし，鉛直下向きを正とした。そのような関数 $v(t)$ を見つけるのに，両辺を m で約してから t で不定積分すれば

$$\int \frac{dv}{dt}\,dt = \int g\,dt \tag{2.61}$$

左辺は関数 $v(t)$ の導関数の不定積分なので $v(t)$ である。一方，右辺は定数 g を不定積分して $gt + C$ となる。ここで，C は積分定数を表す。よって

$$v(t) = gt + C \tag{2.62}$$

が得られた。この一次関数は C がどのような値であっても，もとの方程式 (2.60) を満たしている。また，導き方からわかるように，これ以外に方程式

を満たすものはない。

しかし，C が不定のままでは，実際に運動を表しているとはいえない。C を決めるために，(2.62)の両辺で $t = 0$ とおくと

$$v(0) = g \cdot 0 + C, \quad \therefore \quad C = v(0) \tag{2.63}$$

したがって，C は初速度がわかればそれに等しいことがわかる。たとえば，$t = 0$ に速さ v_0 で投げ下したとすれば $v(0) = v_0$ であり，不定だった積分定数が $C = v_0$ と決まる。これを式(2.62)に代入すると

$$v(t) = gt + v_0 \tag{2.64}$$

が得られる。この一次関数はもとの方程式(2.60)の解であるが，とくに「$t = 0$ のとき速さ v_0 で投げ下ろした」という条件（これを**初期条件**という）のもとに得られた解であり**特解**という。これに対して，初期条件を使わないで積分定数 C が残ったままの解(2.62)を**一般解**という。

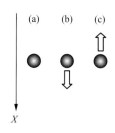

図 2.32 初速度の違い
(a) $v(0) = 0$,
(b) $v(0) > 0$,
(c) $v(0) < 0$

[例題 2.4] 自由落下運動で，「静止状態から放す」という初期条件を満たす解はどのように書けるか。また，「速さ v_0 で上向きに投げ上げる」という初期条件を満たす解はどのように書けるか。

解： それぞれの初期条件を式で表せば $v(0) = 0$，$v(0) = -v_0$ なので，これを満たすように (2.62) の C を決めると，対応する特解はそれぞれ

静止状態から放す　：　$C = 0$　→　$v(t) = gt$
上向きに投げ上げる：　$C = -v_0$　→　$v(t) = gt - v_0$

となる。

運動方程式(2.60)はボールが投げられたあとの「速度の変化」を与えるものであって，速度そのものを決める方程式ではないことに注意しよう。たとえば，初速度 $v(0)$ はボールをもった腕をどのような速さで振るかで決まるものである。その過程では重力だけでなく，腕の力も加わっていて，もしボールの運動方程式を書いたら(2.60)よりもはるかに複雑なものになるだろう。そうした複雑さはすべて初速度 $v(0)$ の値に反映していて，ボールがいったん手から放たれれば，そのあとはどんな $v(0)$ であっても同じ運動方程式(2.60)にしたがう。初速度は運動方程式とは別に決めるべきものである。

こうして運動方程式と初期条件から速度 $v(t)$ が決まれば，2.1.5項で調べたように，これを積分をすることで位置を表す関数 $x(t)$ を求めることができる。たとえば，v_0 で投げ下ろしたとき，式(2.64)を

$$\frac{dx}{dt} = gt + v_0 \tag{2.65}$$

と書いておき，両辺を t で積分すれば

$$\int \frac{dx}{dt} dt = \int (gt + v_0) dt \tag{2.66}$$

左辺は関数 $x(t)$ の導関数を積分したものだから $x(t)$ である。右辺は一次関数

の積分だから，これを計算して

$$x(t) = \frac{1}{2}gt^2 + v_0 t + C' \tag{2.67}$$

ここで C' は積分定数である。最初の位置を $x(0) = 0$ とすれば (2.67) の両辺で $t = 0$ とおいて

$$0 = \frac{1}{2}g \cdot 0^2 + v_0 \cdot 0 + C' \tag{2.68}$$

したがって，$C' = 0$ であればよい。これを (2.67) に代入すると

$$x(t) = \frac{1}{2}gt^2 + v_0 t \tag{2.69}$$

このようにして，運動方程式をもとにして，与えられた初期条件の下で質点の速度と位置を表す関数を決める手順を運動を求めるという。運動が求められれば，すべての時刻における速度と位置がわかる。したがって，未来の時刻での物体の速度と位置が「予言」できるといってもよい。

投射体の運動

バスケットボールのシュートのように，水平に対し斜めの方向にボールを投げ上げるときも，運動方程式をもとして運動を求めることができる。やはり，重力だけが作用しているものとしよう。自由落下運動と違って，ボールは図 2.33 のように平面内で軌道を描くので，運動方程式をベクトルの形で表す必要がある。

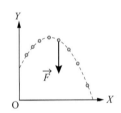

図 2.33 投射体の運動。力のベクトルは鉛直下向き。

$$m\frac{d\vec{v}}{dt} = \vec{F} \tag{2.70}$$

右辺の $\vec{F}$ としては重力だけを考えているから，鉛直下向きに大きさ mg である。ボールが飛んで行く前方に x 軸をとり，また鉛直上向きに y 軸を取ることにする。$\vec{F}$ を成分で表示すれば

$$\vec{F} = (0, -mg) \tag{2.71}$$

速度ベクトルの成分を $\vec{v} = (v_x, v_y)$ として，運動方程式(2.70)を成分で書けば

$$\left(m\frac{dv_x}{dt}, m\frac{dv_y}{dt}\right) = (0, -mg) \tag{2.72}$$

となる。式(2.72)は成分ごとに左辺と右辺が等しいことを意味するから

$$\begin{aligned} m\frac{dv_x}{dt} &= 0 \\ m\frac{dv_y}{dt} &= -mg \end{aligned} \tag{2.73}$$

と書いてもよい。式(2.73) は $v_x(t)$ と $v_y(t)$ を未知(関) 数とする方程式だが，未知数が分離しているので，それぞれの方程式を別々に解くことができる。

x 方向成分については，v_x の導関数が 0 なので一般解は $v_x(t) = C$ (C は積分定数) だが，初期条件を $v_x(0) = u_0$ とすれば特解は $v_x(t) = u_0$(定数) となる。したがって，x 方向の速度は一定である。また，y 方向成分については自

由落下運動の運動方程式 (2.60) と同じ形をしている．ただし，この場合には鉛直上向きを正としたために，右辺の符号が反対になっている．この違いに注意して，初期条件を $v_y(0) = v_0$ とすれば，特解は $v_y(t) = -gt + v_0$ となることがわかる．

以上のことから，運動方程式を満たす速度ベクトルは

$$\vec{v}(t) = (u_0, v_0 - gt) \tag{2.74}$$

で与えられる．両辺で $t = 0$ とおいた $\vec{v}(0) = (u_0, v_0)$ はボールの初速度ベクトルを表しており，その大きさ（速さ）は $\sqrt{u_0^2 + v_0^2}$ である．水平に対して投げ上げた角度 θ_0 は，$v_0/u_0 = \tan\theta_0$ によって決まる．とくに，$\theta_0 = \pi/2$ のときは真上に投げ上げた場合，$\theta_0 = -\pi/2$ のときは真下に投げた場合であり，自由落下運動は投射体の運動の特別な場合と考えることができる．

このように，異なった運動だと思われたものも，運動方程式でみると同じであり，ただ異なった初期条件の下で解いたものにすぎないことがわかる．これはいろいろな運動が第 2 法則によって統一的に記述されることの一例である．運動法則は非常に適用範囲の広い，まさに法則という名にふさわしい内容を含んでいる．

演習問題 2.2

1. 物体がロープで引っ張られながら一定の速さで斜面を上っている．これに作用する力としては，まず物体と接触している台から斜面に垂直な抗力と平行な方向の摩擦力，そしてロープからの張力がある．また離れていても作用する力は重力である．これらの力を合成した力が作用する結果として，物体は斜面を上っていく．これらの力の矢印を大きさの関係に気を付けながら描け．
2. 自動車に乗るときはシートベルト着用が義務づけられている．これはどのような効果があるのか，運動の第 1 法則にもとづいて説明せよ．
3. 机の上に二冊の本が重ねて静止している．このとき，関係する力をすべて挙げて，それらのうちで作用と反作用の関係にあるものを示せ．
4. 鉛直上向きに 3 m/s で上昇している気球に乗っている人がボールを手に持ち，気球が地上から高度 20 m に達したときに放した．空気の抵抗力は考えないものとしてボールの運動方程式を初期条件のもとに解き，地上に到達するまでの時間を求めよ．
5. テニスコートの端の線上（ベースラインという），1 m の高さのところで，水平と 60° の角度に速さ 16 m/s でボールを打ちあげた．空気の抵抗力は考えないものとして，水平方向と鉛直方向の運動方程式を初期条件の下で解け．ボールは相手のコート内に落下するだろうか？（テニスコートの両端間の距離は 23.77 m で，その中間に高さ 0.91 m のネットがある．）

2.3 運動法則の応用

2.2節では運動法則について述べ，第2法則が運動の変化を決めていること，また，その考え方に基づき，一定の重力だけを受けている等加速度運動の場合に，運動方程式を解いて運動を求めることができることを学んだ．この章では，重力以外の力が作用する例をいくつかとりあげて，運動法則が意味することをもう少し詳しく見てみよう．

2.3.1 抵抗力を受ける物体の運動

物体が空中で運動するときは，空気の抵抗力を受ける．抵抗力は運動の向きと反対なので，落下する物体の運動は，厳密には等加速度運動ではない（図2.34）．

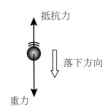

図 2.34 空気の抵抗力を受けて落下する物体

たとえば，霧吹きで細かくした水滴のように小さな物体が空気中を落下するときには，空気の抵抗力は速さに比例すると考えてよい．物体に働く力としては鉛直下向きの重力のほかに抵抗力 $F = -bv$ が加わる．ここで b は正の定数，またマイナスの符号は必ず速度と反対向きに作用することを表している．

鉛直下向きを正として座標軸をとって運動方程式を書くと

$$m\frac{dv}{dt} = mg - bv \qquad (2.75)$$

となる．式(2.60)と比べると，右辺第2項が抵抗力として加わっている分だけ違っている．静止状態から落下し始めると，はじめのうちは v が小さく，抵抗力も小さいので，重力によって加速されて速度が増える．しかし，速くなるにともなって抵抗力も大きくなるので，徐々に増え方はゆるやかになっていく．やがて重力による加速と抵抗力による減速とがつり合って，それ以上は速度が変わらなくなることが予想される．このような速度は式(2.75)の右辺を0とおいて

$$v_\infty = \frac{mg}{b} \qquad (2.76)$$

のときである．運動方程式(2.75)によれば，速度が一定値 v_∞ に近くなるにつれて，加速度の値は0に近くなり，したがって v は増加しなくなることがわかる．このような速度 v_∞ を終端速度という．速度の変化のようすをグラフにすれば図2.35のようになると予想できる．

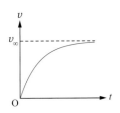

図 2.35 速度に比例する抵抗力を受けて落下する物体の速度

2.3.2 ばねにつながれたおもりの運動

ばねを水平面上に置いて一方の端を固定し，反対端に質量 m のおもりをとりつける．ばねの方向におもりを引っ張っておいて放したらどのような運動をするだろうか．

ばねの変形が小さいときには，弾性力の大きさは変形に比例する．ばねが伸

びる方向を正として，ばねの変形を x とすれば，力は $F = -kx$ と書ける。ここで，k は正の定数でばね定数と呼ばれる。マイナスの符号はばねが伸びたとき ($x > 0$) には縮む方向に力が作用し，逆に縮んだとき ($x < 0$) には伸びる方向に力が作用することを表している。

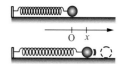

図 2.36 ばねの力を受けて単振動する物体

ばねを伸ばすか，押し縮めるかして放したとすると，その瞬間からおもりには弾性力だけが働いて，運動方程式

$$m\frac{dv}{dt} = -kx \tag{2.77}$$

にしたがって速度が変化する。この運動方程式 (2.77) には，(2.60) や (2.75) と違って，速度を表す関数 $v(t)$ だけでなく位置を表す関数 $x(t)$ も含まれている。$v(t)$ は $x(t)$ を微分したものだから，(2.77) の左辺で v を dx/dt で置き換えると

$$\frac{d^2 x}{dt^2} = -\omega^2 x \tag{2.78}$$

ただし，$\omega = \sqrt{k/m}$ とおいた。(2.78) は関数 $x(t)$ に対する微分方程式である。2.1.2 項の例 3 同様に，おもりは往ったり来たりの往復運動をするはずだが，そのことを方程式の解によって確かめてみよう。

運動方程式 (2.78) を満たす関数を見つけるのに，簡単な場合として $\omega = 1$ のときを考えてみよう。$x(t)$ は 2 回微分して符号が反対になる関数だから，それは三角関数 $\sin t$ または $\cos t$ である。右辺の定数 ω^2 まで含めて考えると，位相を ω 倍した $\sin \omega t$ または $\cos \omega t$ が (2.78) を満たすことがわかる。しかし三角関数の値は次元のない量なので，座標を表すためには長さの次元を持つ定数を A, B として $A \cos \omega t, B \sin \omega t$ とすればよい。二つの三角関数のどちらも解なので，これらの和をとって，一般解は

$$x(t) = A \cos \omega t + B \sin \omega t \tag{2.79}$$

で与えられる。とくに $B = 0$ とおくと，2.1.2 項の例 3 で調べた単振動 (2.3) である。(2.79) はそれよりも一般的な単振動を表しており，(2.78) の解として得られるので，方程式 (2.78) を**単振動の運動方程式**という。

この場合には，すでに $x(t)$ がわかってしまったから，速度 $v(t)$ の式はこれを微分して求めることができる。

$$v(t) = \frac{dx}{dt} = -\omega A \sin \omega t + \omega B \cos \omega t \tag{2.80}$$

定数 A と B の値は $t = 0$ での位置と速度を与えること（初期条件）によって定めることができる。等加速度運動のとき運動方程式を積分して得られた一般解の積分定数を初期条件で定めたことにあたる。したがって，定数 A, B は積分定数であり，初期条件で定めた解は特解である。たとえば，(2.3) のように $B = 0$ とした解は $x(0) = A$, $v(0) = 0$ を満たすから，つり合いの位置から A のところで，おもりを静かに ($v = 0$) 放したときの運動を表している。

2.3.3 単振り子

単振動の運動方程式 (2.78) はばねによる力を受けて運動する物体に対して書いたものだが、これと同じ形の微分方程式はいろいろな分野でも現れる。これについては、第 4 章で調べるが、そのとき x は必ずしも座標を表すものとは限らないし、ω を決めるのは質量とばね定数とは限らない。しかし、どんな場合でも、物理量の変動を表す関数 $x(t)$ が (2.78) の形の方程式にしたがうことがわかれば、それは角振動数 ω の単振動であるといえる。逆に単振動をするものがあれば、その時間変化を決める法則は単振動の運動方程式の形に表せるはずである。

例として振り子を考えよう。とくにおもりの大きさを考えない振り子を**単振り子**という。おもりは規則的に往ったり来たりの往復運動をする。振幅が小さければ、この運動は単振動とみなせる。この場合、おもりはばねに結びつけられているわけではないのに、2.3.2 項の場合と同じように単振動となるのである。その理由を運動方程式にもとづいて理解することができる。

おもりは糸につながれていて支点 O を中心とする円軌道を運動する。鉛直線からの振れの角度を θ とすると角速度は $\omega = d\theta/dt$ と書ける。振れるにしたがって振れの速さは変化するから ω は一定ではない。時間的な変化の様子は運動方程式によって決まる。糸の長さを R とすれば速度は $R\omega = Rd\theta/dt$ だから、加速度は $Rd\omega/dt = Rd^2\theta/dt^2$ と表せる。

円に接する方向の力の成分を求めよう。図 2.37 に示したように、糸はつねに中心を向いているので、糸の張力は接線方向の成分をもたない。これに対して、重力はつねに鉛直下向きで、接線方向成分は $mg\sin\theta$ と書ける。ただし、振れる向きとつねに反対向きなので符号をマイナスとしなければならない。以上のことから運動方程式は

$$m\frac{Rd^2\theta}{dt^2} = -mg\sin\theta \tag{2.81}$$

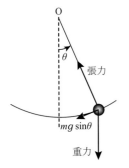

図 2.37 振り子

となる。振れの角度 θ が小さいときは、右辺で $\sin\theta \fallingdotseq \theta$ と近似できる。両辺で m を約し、さらに $\Omega = \sqrt{g/R}$ とおくと (2.81) は

$$\frac{d^2\theta}{dt^2} = -\Omega^2\theta \tag{2.82}$$

と書ける。(2.78) と比べると、振れの角度 θ は Ω を角振動数とする単振動の運動方程式にしたがうことがわかる。一般解は (2.79) にならって

$$\theta(t) = A\cos\Omega t + B\sin\Omega t \tag{2.83}$$

であり、角度 θ は単振動をして、その周期は

$$T = \frac{2\pi}{\Omega} = 2\pi\sqrt{\frac{R}{g}} \tag{2.84}$$

で与えられる。これが単振り子の周期である。

2.3.4 座標系と相対速度

物体の運動はどのような立場で観測するかによって異なって見える。たとえば，時速60 kmで走っている自動車も，これと同じ速さで並走している電車からみれば止まって見える。それどころか時速100 kmで同じ方向に走っている電車からみれば，後方へ動いていくように見える。したがって，運動を表すときにはどのような立場で観測しているのかを明らかにする必要がある。

物体の位置は座標で表されるので，観測するときに座標の原点と座標軸の方向を指定するが，これを組にして**座標系**という。物理現象の見え方は，座標系によって違う。

図2.38のように，原点の位置が異なる二つの座標系をKとK'と呼ぶことにしよう。座標系Kの原点Oから物体の位置Pに引いた位置ベクトルを$\vec{r}$，座標系K'の原点Rに引いた位置ベクトルを$\vec{R}$とする。すると，図からわかるように，RからPへ引いた位置ベクトル$\vec{r}'$は

$$\vec{r}' = \vec{r} - \vec{R} \tag{2.85}$$

で与えられる。

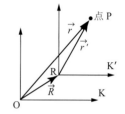

図 2.38 異なる座標系

座標系Kに対してK'は止まっているとは限らない。式(2.85)の両辺を時刻tで微分すると，位置ベクトルの微分が速度であることから

$$\vec{v}' = \vec{v} - \vec{V} \tag{2.86}$$

が得られる。ここで，$\vec{v}, \vec{v}'$はそれぞれ座標系K, K'で物体を観測したときの速度である。また，$\vec{V}$は座標系Kで観測したRの速度で，二つの座標系の**相対速度**という。

(2.86)からわかるように，同じ物体でも座標系間の相対速度の分だけ速度が違って観測される。走っている電車に乗っている人（座標系K'）から見た自動車は，地上で止まっている人（座標系K）から見たときと，相対速度の分だけ違った速度に見えるということを示している。

2.3.5 相対加速度と慣性力

さらに2つの座標系の相対速度が変化する場合には，物体の加速度ベクトルも座標系によって異なって見える。式(2.86)の両辺を時刻tで微分し，速度の微分が加速度であることを使うと

$$\vec{a}' = \vec{a} - \vec{A} \tag{2.87}$$

ここで$\vec{A}$は座標系Kから見たK'の原点Rの加速度ベクトルで，**相対加速度**という。

2.2.3項で第1法則（慣性の法則）は物体の運動を観測する座標系によって成り立っていたりそうでなかったりすることを述べた。もう一度，電車がブレーキをかけたときに乗客が前方に放り出される現象を調べてみよう。地上で静止している人（座標系K）から見て減速する電車の加速度が$\vec{A}$であったとす

る．減速しているので，この加速度は進行方向と反対向きである．一方，電車の乗客は一定の速度で運動しつづけるから，その加速度は $\vec{a} = 0$ である．電車に固定した座標系 K′ で観測すると，K との相対加速度は $\vec{A}$ だから，乗客の加速度は (2.87) で $\vec{a} = 0$ とおいて $\vec{a}' = -\vec{A}$ となる．したがって，K′ では，乗客は電車の進行方向に加速するように観測されることになる．

第 1 法則が成り立つ座標系のことを**慣性座標系**（以下では**慣性系**）という．慣性の法則はどんな座標系でも成り立つわけではなく慣性系でのみ成り立つ．慣性系に対して加速度運動をしている座標系では第 1 法則は成り立たない．ブレーキをかけている電車に固定した座標系は慣性系ではない（以下では**非慣性系**という）ので，第 1 法則は成り立たないのである．

ところで，第 2 法則は，第 1 法則が成り立つような慣性系で観測することを前提にしている．それでは非慣性系では運動方程式は役に立たないのだろうか．加速度の関係 (2.87) の両辺に物体の質量 m をかけると

$$m\vec{a}' = m\vec{a} - m\vec{A} \qquad (2.88)$$

右辺の第 1 項は慣性系 K での運動方程式から力 $\vec{F}$ で，これは座標系に関係なく，たとえ非慣性系 K′ でも作用している．したがって

$$m\vec{a}' = \vec{F} - m\vec{A} \qquad (2.89)$$

と書ける．左辺は非慣性系 K′ での質量と加速度の積だから，式 (2.89) を K′ での運動方程式と考えれば，右辺はこれに作用する力を表している．このとき，力 $\vec{F}$ に加えて第 2 項にあたる $-m\vec{A}$ が付け加わることになる．これを**慣性力**とよんで，第 1 項のような通常の力と同等に扱うことにすれば，慣性系での運動方程式を非慣性系にも拡張することができる．

ブレーキをかけた電車に固定した非慣性系で観測したときは，乗客には電車の加速度と反対向きの慣性力が作用する．ブレーキをかけたときに前方に身体が放り出されるのはこの慣性力によるものとすれば，運動法則にしたがった説明ができる．

2.3.6 円運動をしている座標系での慣性力

円運動をしている物体は加速度運動をしているから，その物体に固定した座標系 K′ では第 1 法則は成り立たない．しかしその場合でも慣性力を考えれば，この座標系でも運動方程式が成り立つと解釈することができる．たとえば，図 2.39(a) のようにひもに結びつけられたおもりが円運動をしているとき，慣性系ではひもの張力が作用して向心力 $mr\omega^2$ を与えている．一方，おもりと共に動く非慣性系ではおもりは静止している．しかしひも張力を受けていることは，どの座標系で見てもひもがたるまずに張られていることから明らかである．すると，おもりは力を受けているにもかかわらず静止していることになり，そのままでは第 1 法則は成り立たない．このときに，ひもの張力と大きさが同じで，中心に向かうのと反対向きに慣性力が作用しているとすれば，合力

(a) 等速円運動：ひもの張力が作用して向心力を与える

(b) 物体とともに動く座標系では遠心力が作用してひもの張力とつり合っている

図 2.39

が 0 になるので物体が静止していても第 1 法則に反しない（図 2.39(b)）。このときの慣性力を**遠心力**という。ひもの張力の大きさは $mr\omega^2$ で，これは遠心力の大きさに等しい。

遠心力は，円運動をしている非慣性系で物体が静止していても作用する慣性力だが，動いている物体にはこれに加えて別の種類の慣性力が働く。たとえば図 2.40 のように，水平な円板をその中心軸のまわりで一定の角速度で回転させ，中心から円板の端に向けて球を転がしたとしよう。摩擦がなければ球はまっすぐ転がっていくはずであるが，これを円板とともに回転する非慣性系では，球が進むにつれて軌道が曲がって観測される。円板は加速度運動をしており，慣性系での直線運動も加速度運動として観測されるからである。これを，その加速度に比例する慣性力が作用するものと考えればやはり運動方程式によって扱うことができる。この慣性力は**コリオリの力**と呼ばれる。

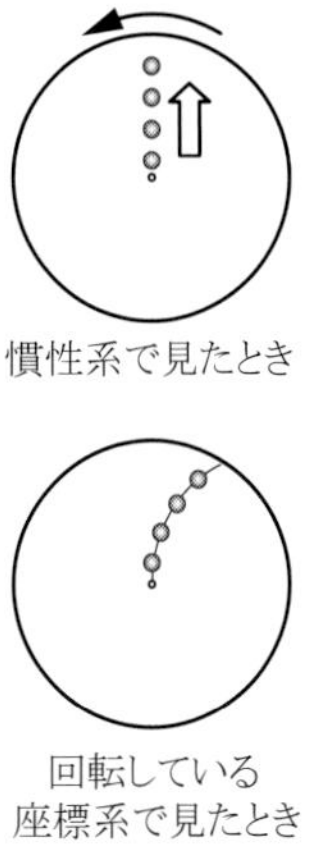

自転する地球を地軸の北方向から見れば反時計回りに等速円運動をしている。地軸から赤道に向けて運動する物体を地球とともに円運動しながら観測すると，その軌道を時計回りの向きに曲げようとするコリオリ力が作用する。逆に赤道の方から地軸へ向けて運動する物体には反時計回りに軌道を曲げようとする力が作用する。フーコーの振り子はこのコリオリ力によって振り子の振動面が地球の自転と共に回転することを利用したもので，地球が自転していることを直接確かめることのできる装置である。また，地球の大気循環に対してコリオリ力が作用することにより，貿易風や偏西風など風の偏りが生じる。

慣性系で見たとき

回転している
座標系で見たとき

図 2.40 回転する系では動く物体に作用する慣性力のために，直線運動の軌道が曲がる

演習問題 2.3

1. 速度に比例する抵抗力を受けて，物体が空気中を落下するとしよう。もし，終端速度より大きな初速度で下向きに動き始めたとしたら，その後の運動はどのようになるか。
2. ばねに結んだおもりの単振動 (2.79) で「$t = 0$ で $x = x_0, v = v_0$」という初期条件を満たすように，A と B を決めよ。
3. 電車が加速しているとき，天井から糸でつるしたおもりの糸が鉛直線と 15° の角度でつり合った。電車の加速度 a はいくらか。また，ブレーキをかけて大きさ $2a$ の加速度で減速するときは，糸は鉛直とどれだけの角度でつり合うか。
4. 地球のまわりを周回する宇宙ステーションの中では物体が船内で浮かぶ。あたかも重力がないように見えるので無重力状態と呼ばれているが，実際には地球による重力は 0 ではない。たとえば ISS（国際宇宙ステーション）は地表から 200～300 km の高度で地球を周回しているが，この高さでは地表に比べて重力は 6～9% 程度小さいだけである。したがって，無重力どころか地表とそれほど変わらない大きさの重力がある。それにもかかわらず，まるで重力が存在しないかのように浮かんでしまう理由を説明せよ。

2.4 運動量，角運動量，エネルギー

運動の第2法則によれば，力の作用は運動量の変化をもたらす。運動量は運動の勢いを表す量で，力が長い時間作用すれば，それだけ運動量の変化も大きい。この節では，運動量のほかにも，回転運動の勢いを表す角運動量，仕事をする能力を意味するエネルギーについて，力の作用との関係を調べることにする。

2.4.1 運動量と力積

運動量の変化と力の作用の関係については，2.2.3項ですでに述べたが，ここでもう一度あらためて取り上げる。例として，重力を受けて落下する物体の速度変化を考えよう。鉛直下向きを正とすれば，落下する物体の速度は 2.2.6 項で求めたように

$$v(t) = v(0) + gt \tag{2.90}$$

のように変化する。これを

$$v(t) - v(0) = gt$$

と書けば，速度変化は時間に比例して大きくなることがわかる。両辺に物体の質量 m をかけると

$$mv(t) - mv(0) = mgt \tag{2.91}$$

左辺は運動量 $p = mv$ の変化である。右辺は重力 mg と時間 t の積で，これを**力積**という。したがって，運動量変化は力積に等しい。落下運動だけでなく，より一般の場合についても運動の第2法則 (2.55) から

$$\vec{p}(t + \Delta t) - \vec{p}(t) = \vec{F} \Delta t \tag{2.92}$$

が成り立つ。

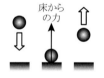

図 2.41 床との衝突

式 (2.92) によれば，力が小さくても長い時間作用すれば大きな速度変化を引き起こす。反対に力の作用する時間が短いときは，速度を変化させるのに大きな力が必要である。短い時間だけ作用する力を**撃力**という。たとえば，ボールを床に落として跳ね返るとき，床に接触している間に床からの力積を受けて運動量が変化する。床から離れているときには，重力および空気の抵抗力が作用するが，床との接触時間が短ければ，これらの力にくらべてはるかに大きい撃力を床から受けるので，衝突している間は撃力による運動の変化を考えればよい。

式 (2.92) の両辺を Δt でわって，Δt を小さくしたものは，運動方程式 (2.57) である。あるいは運動量を使って表せば次式となる。

$$\frac{d\vec{p}}{dt} = \vec{F} \tag{2.93}$$

運動量は慣性の大きさである質量 m と速度 $\vec{v}$ の積であり，運動の勢いを表わす量である。力はその運動の勢いを変化させる働きがある。

2.4.2 角運動量と力のモーメント

回転運動の勢いを表す角運動量

円運動をしている物体の運動量 $p = mv$ と軌道の半径 r の積を，中心 O のまわりの角運動量という。

$$\text{角運動量：} \quad L = pr = mvr \tag{2.94}$$

角運動量は回転運動の勢いを表す量で，同じ運動量であっても半径の大きな円周上を運動しているほど角運動量が大きい。式(2.94)は角速度を ω として

$$L = mr^2\omega \tag{2.95}$$

と書くこともできる。図 2.42(a)に示した円軌道を反時計回りに運動しているときの角速度は $\omega > 0$，時計回り向きのときは $\omega < 0$ だから，角運動量(2.95)も同様に，反時計回り向きのときは $L > 0$，時計回り向きのときは $L < 0$ と約束しよう。

円運動の速さ $v = r\omega$ は単位時間に動く円弧の長さだから，これと円の半径との積 $vr = r^2\omega$ は円弧が作る扇形の面積 $S = r^2\omega/2$ の 2 倍に等しい。S を面積速度といい，角運動量は S を使って $L = 2mS$ と表せる。角運動量にはこのような図形的な意味もある。

(a) 等速円運動。図は $\omega > 0$ なので $L > 0$

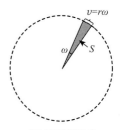

(b) 面積速度 S

図 2.42

力のモーメント

円運動をしている物体には，円の中心に向かう力が作用しているが，これは速度の向きを変化させるだけで，速さの変化には関係しない。速さが変わるのは円軌道の接線方向にも力が作用するときである。これを $F_\perp$ と書くと，運動量の変化は $F_\perp$ の力積に等しい。角運動量変化は運動量変化と円の半径との積だから，結局 $N = rF_\perp$ と時間の積に等しい。N を力のモーメントあるいはトルクという。あるいは，図 2.43 のように円の中心 O から物体を見た視線方向と $\vec{F}$ の間の角度を ϕ とすれば $F_\perp = F\sin\phi$ なので，力のモーメントは

$$N = rF\sin\phi \tag{2.96}$$

と書ける。角運動量の変化は N と Δt の積に等しいので

$$L(t + \Delta t) - L(t) = N\Delta t \tag{2.97}$$

式(2.97)の両辺を Δt でわって $\Delta t \to 0$ とすれば

$$\frac{dL}{dt} = N \tag{2.98}$$

これを第 2 法則の運動方程式(2.93)と比べると

$$\text{運動量 } p \quad \Leftrightarrow \quad \text{角運動量 } L$$
$$\text{力 } F \quad \Leftrightarrow \quad \text{力のモーメント } N$$

という対応になっていることがわかる。

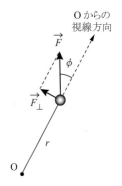

図 2.43 力のモーメント

[例題 2.5] 糸の長さが R の振り子が振れているとき，角運動量の変化率を求めよ．
解： 図 2.37 で示したように，おもりには糸の張力と重力が作用している．このうち張力はつねに支点 O へ向いているのでモーメントは 0 である．鉛直線からの振れの角度を θ とすると，図 2.37 からわかるように，O からおもりを見た視線方向と重力の方向との間の角度は $-\theta$ に等しい．したがって，重力のモーメントは $N = -Rmg\sin\theta$ と書ける．ここでマイナスの符号は，力のモーメントが O のまわりで物体を振れとは反対向きに運動させるように作用することを表している．$\theta > 0$ ならおもりの角運動量は減少するので，図の反時計回り方向に振れつつある（θ が増えつつある）ときは減速することになる．角運動量は $L = mR^2\omega$ だから式 (2.98) より

$$\frac{dL}{dt} = m\frac{d(R^2\omega)}{dt} = -Rmg\sin\theta \tag{2.99}$$

$\omega = d\theta/dt$ と書き直せば，(2.81) が導けたことになる．

一般の角運動量

ここまで円運動をする物体について考えてきたが，どのような軌道を描いて運動している場合でも，(2.94) で v として速度ベクトル $\vec{v}$ の視線方向に垂直な成分 $v_\perp$ で置き換えたものを角運動量という．O から物体を見た視線方向と $\vec{v}$ の間の角度を ϕ とすれば，図 2.44 から $v_\perp = v\sin\phi$ だから

$$L = mrv_\perp = rmv\sin\phi = rp\sin\phi \tag{2.100}$$

式 (2.100) は，力のモーメントの式 (2.96) で力 $\vec{F}$ を運動量 $\vec{p}$ でおきかえたものになっている．したがって，角運動量とは「運動量のモーメント」といってもよい．

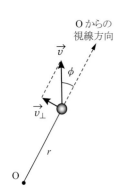

図 2.44 一般の運動での角運動量

運動量が一定に保たれるのは力が 0 のときであるのに対し，角運動量が一定に保たれるのは力のモーメント $N = Fr\sin\phi$ が 0 の場合で，それは $F = 0$，$r = 0$ のほか，$\sin\phi = 0$ のときである．これは $\vec{r}$ と $\vec{F}$ が同じ向き（$\phi = 0$）または反対向き（$\phi = \pi$）のときで，力の作用線が原点を通る場合にあたる．そのような性質の力を中心力という．振り子のおもりに作用する糸の張力はつねに糸の支点を向いているので中心力である．また，万有引力や静電気のクーロン力も力を及ぼしている物体の位置を原点とすれば中心力である．中心力だけを受けて運動するときは力のモーメントが 0 なので，角運動量は一定の値に保たれる．太陽のまわりを公転する惑星には太陽から万有引力が働いていて，これは中心力であるから，太陽のまわりの角運動量は変わらない．あるいは面積速度が一定と言ってもよい．このことはケプラーの第 2 法則として知られている．

2.4.3 運動エネルギーと仕事

仕事・エネルギーの定理

物体に力が作用して長い距離にわたって動くと，それだけ速度の変化も大きい．このときの影響は力と動いた距離の積で与えられる．ただし，物体はいつ

でも力の作用する向きに動くとは限らないので，移動する方向に沿った力の成分 $F_{//}$ と距離の積

$$W = F_{//} s \tag{2.101}$$

を考え，これを力のした仕事という。あるいは物体から見たときには，力によってされた仕事という。仕事の単位は Nm = kg m^2 s^{-2} で，これを J と書いてジュールという。

質量 m の物体が速度 v で運動しているとき

$$K = \frac{1}{2} m v^2 \tag{2.102}$$

を運動エネルギーという。運動量と違ってどのような向きに運動していても速さが同じなら運動エネルギーは同じである。運動エネルギーの単位は kg(ms^{-1})^2 = J で，これは仕事と同じである。物体の運動エネルギーの変化はこの間に力がした仕事，あるいは物体から見ると，力によってされた仕事に等しい。これを仕事・エネルギーの定理という。最初の速さを v_0，力によって仕事 W をされたあとの速さを v とすれば次の式で表される。

$$\text{仕事・エネルギーの定理：} \quad \frac{1}{2} m v^2 - \frac{1}{2} m v_0^2 = W \tag{2.103}$$

いくつかの例によって，この定理を確かめよう。

落下するボール

ボールが下向きに初速 v_0 で落下し始めて，時刻 t に地上へ到達したとしよう。空気の抵抗の影響は考えないことにすれば，速度を表す関数は式(2.64)から $v = v_0 + gt$ で与えられる。これを変形して

$$v - v_0 = gt$$
$$v + v_0 = 2v_0 + gt \tag{2.104}$$

が成り立つ。これら2つの式の辺同士を掛け合わせて，さらに両辺に $m/2$ をかけると，左辺の積は (2.103) の左辺になっていることがわかる。また右辺の積は

$$gt \times (2v_0 + gt) \times \frac{m}{2} = mg\left(v_0 t + \frac{g}{2} t^2\right) \tag{2.105}$$

と書ける。落下した高度差を h とすれば式(2.105)の右辺の ( ) 内は(2.69)で求めたように h に等しい。以上のことから

$$\frac{1}{2} m v^2 - \frac{1}{2} m v_0^2 = mgh \tag{2.106}$$

が得られる。式(2.106)の右辺は重力 mg と物体が動いた距離 h との積だから，(2.101) より，重力のした仕事 W，あるいは物体から見ると重力によってされた仕事である。よって，仕事・エネルギーの定理が成り立っている。

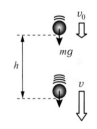

図 2.45 落下するボールのエネルギー・仕事の定理

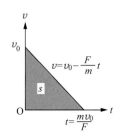

図 2.46 摩擦力で減速するときの v-t グラフ

摩擦力で減速する物体の運動

水平な床の上を速度 v_0 で滑り始めた物体は，床からの摩擦力 F によりやがて止まる。この場合に v-t グラフを描くと，最初 v_0 から加速度 $a = -(F/m)$ に等しい割合で減少し，時刻 $t = mv_0/F$ に速度が 0 になる。この間に動いた距離 s は $[0, t]$ の間で $v(t)$ のグラフが囲む図形 (三角形) の面積に等しい。三角形の底辺が $t = mv_0/F$，高さが v_0 だから面積は

$$s = \frac{1}{2} t \times v_0 = \frac{1}{2} mv_0^2 \frac{1}{F}$$

これを

$$\frac{1}{2} m \cdot 0^2 - \frac{1}{2} mv_0^2 = -Fs \qquad (2.107)$$

と書くと，左辺は初速度 v_0 で動き出してから静止するまでの運動エネルギーの変化を表している。仕事・エネルギーの定理によればこれは摩擦力によってされた仕事に等しい。ところで，摩擦力は移動方向と反対向きに作用するので，移動方向の成分は $F_{/\!/} = -F$ である。したがって，仕事 (2.101) は $W = -Fs$ であり，確かに (2.107) は仕事・エネルギーの定理を表していることがわかる。

等速円運動

物体に作用する力はつねに軌道の中心を向いている。このとき物体は円の接線方向に移動していると考えられるから，移動方向に沿った力の成分 $F_{/\!/}$ は 0 である。したがって，仕事 (2.101) は 0 となり，仕事・エネルギー定理によれば運動エネルギーは変化しない。確かに等速円運動では速さが一定なので運動エネルギーも一定である。

力が一定ではないときの仕事

式 (2.101) は距離 s の変位の間に力が変わらないことを仮定している。力が変わる場合には，次のようにして考える。まず，2.1.6 項で述べたように，物体の軌道を短い変位ベクトル $\Delta \vec{r}$ を結んだ折れ線で近似する。$\Delta \vec{r}$ が短ければ，その間では力はほぼ一定と考えられるので，対応する仕事は (2.101) にしたがって $\Delta W = F_{/\!/} \Delta r$ としてよい。ただし，変位が短いので仕事もそれに比例して小さいから ΔW と書いた。あるいは $F_{/\!/}$ は $\vec{F}$ の $\vec{r}$ 方向への射影の長さであるから，ベクトルの内積・を使って

$$\Delta W = \vec{F} \cdot \Delta \vec{r} \qquad (2.108)$$

と表しておこう。

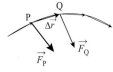

図 2.47 力が場所によって変化するときの仕事。短い変位に対して仕事を求め，これを足し合わせる。

この仕事をすべての短い変位に対して計算し，最後にその和をとれば軌道を動く間に力のした仕事が求められる。

$$W = \sum_{\Delta \vec{r}} \Delta W = \sum_{\Delta \vec{r}} \vec{F} \cdot \Delta \vec{r} \qquad (2.109)$$

右辺の総和記号は「すべての変位にわたって和をとる」という意味である。このようにすれば，どんな場合でも仕事を求めることができる。あるいは $|\Delta \vec{r}| \to 0$ の極限をとることをはっきりさせるために

$$W = \int \vec{F} \cdot d\vec{r} \tag{2.110}$$

のように積分記号を使って書くこともできる。このような表し方は，第5章以下でも用いられる。

[例題 2.6] ばねの力による仕事

図 2.48 のようにばね定数 k のばねに結び付けられた質量 m のおもりが，ばねが自然長のときの位置 O を中心にして振幅 A の単振動をしている。このときの仕事・エネルギー定理を説明せよ。

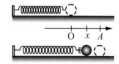

図 2.48 ばねの単振動

解： おもりが O $(x=0)$ にあるときの速度は 2.1.4 項の例題 2.3 で求めたように $v_0 = A\omega = A\sqrt{k/m}$ だから，運動エネルギーは $m(A\omega)^2/2 = kA^2/2$ である。そのあと正方向に動いてばねの伸びが A になると，速度は 0 になり運動エネルギーは 0 である。この間の運動エネルギーの変化は

$$\frac{1}{2}m \cdot 0^2 - \frac{1}{2}mv_0^2 = -\frac{1}{2}kA^2 \tag{2.111}$$

である。

次に仕事を求めよう。自然長から $x(<A)$ だけ伸びた位置でばねの弾性力は $-kx$ と表せるから，そこから短い変位 $\Delta x (>0$ とする$)$ での仕事は $\Delta W = -kx\Delta x$ である。力と変位の向きが反対なので仕事は負となることに注意しよう。この仕事 ΔW を $x=0$ から $x=A$ まで加えあわせて

$$W = \sum_{\Delta x} \Delta W = -\sum_{\Delta x} kx\Delta x$$

最右辺の和を求めるのに，横軸に x をとり $y = kx$ のグラフを描いて考えよう。図 2.49 のように x のところで高さが kx で幅 Δx の柱を考えるとその面積は $kx\Delta x$ である。したがって，$kx\Delta x$ の和はこの柱の面積を $x=0$ から $x=A$ の範囲で加え合わせたもので，それは $[0, A]$ の区間でグラフ kx の囲む面積 S に等しい。Δx を短くとれば，積分におきかえることができて

$$S = \sum_{\Delta x} kx\Delta x \ \to \ \int_0^A kx\,dx = \frac{1}{2}kA^2 \tag{2.112}$$

としてもよい。よって

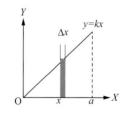

図 2.49 $\sum kx\Delta x$ は $y=kx$ のグラフが囲む面む面積に等しい。

$$W = -S = -\frac{1}{2}kA^2 \tag{2.113}$$

となる。(2.111) と比べるとこれは運動エネルギーの変化に等しく，したがって仕事・エネルギーの定理が成り立つことがわかる。

2.4.4 ポテンシャルエネルギー

質量 m の物体に重力 mg とつり合う力 f を上向きに加えながら，図 2.50 のようにしてゆっくりと真上に高さ h だけ持ち上げたとしよう。このとき，力 f は大きさ mg で変位と同じ向きだから，物体に対して仕事

$$W_f = mgh \tag{2.114}$$

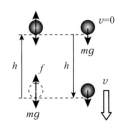

図 2.50 物体を真上に持ち上げ，そのあと放すと落下する。

をする。物体はゆっくり持ち上げられたので運動エネルギーは変わらない。しかし，高さ h だけ持ち上げられた状態は，最初の高さにあるときとは違った状態と考えられる。それは，高さ h のところで力 f を 0 にすると物体は落下し，最初の高さまで到達したときには運動エネルギーをもつからである。仕事・エネルギーの定理から，その運動エネルギーは落下する間に重力によってされた仕事 mgh に等しい。また，これは持ち上げるときに力 f がした仕事 W_f に等しい。そこで，高さ h まで持ち上げられたときには，物体のポテンシャルエネルギーと呼ばれる量が W_f だけ増え，落下することでそれが運動エネルギーに変わったと考えることにする。ポテンシャル (potential) とは日本語で「潜在的」ということで，運動しているときのように明確なエネルギーをもっているわけではないが，それに変化しうるという意味である。

ポテンシャルエネルギーは，高度差を持ち上げるときの仕事で定義されるが，地上から投げ上げてその高さに到達し，そのあと落下して地上まで到達したときの運動エネルギーはやはり mgh に等しい。したがって，どのような方法でその高さに到達したかに関係なく，h だけ高いところにあるときは，mgh のポテンシャルエネルギーをもつ，ということにする。

2.4.5 力学的エネルギーの保存則

物体が点 A から鉛直に高度差 h の点 B まで落下したとき，それぞれの位置での速度を v_A, v_B とすれば，仕事・エネルギーの定理は

$$\frac{1}{2}mv_B^2 - \frac{1}{2}mv_A^2 = mgh \tag{2.115}$$

と書ける。A, B の高さをそれぞれ h_A, h_B とすると，高度差は $h = h_A - h_B$ と書ける。高さが 0 のところからそれぞれの位置まで持ち上げたときのポテンシャルエネルギーを $U_A = mgh_A$，$U_B = mgh_B$ とおけば，式 (2.115) の右辺はこれらの差に等しい。したがって，式 (2.115) は

$$\frac{1}{2}mv_B^2 - \frac{1}{2}mv_A^2 = U_A - U_B \tag{2.116}$$

と表すことができる。ここで，U に定数 U_0 を付け加えても同様に成り立つ。したがって，ポテンシャルエネルギーは任意の定数を加えても構わない。

式 (2.116) は仕事・エネルギーの定理 (2.115) を書き直しただけのように見えるが，仕事が物体の動いていく過程を追いかけていってわかる量であるのに対し，(2.116) では運動の初めと終わりの位置と速度で決まる量で表されているという違いがある。

このことは，(2.116) を次のように書き直すとよりはっきりする。

$$\frac{1}{2}mv_B^2 + U_B = \frac{1}{2}mv_A^2 + U_A \tag{2.117}$$

右辺は A の位置，左辺は B の位置での，運動エネルギーとポテンシャルエネルギーの和の形になっている。この和を**力学的エネルギー**という。(2.117) に

よれば，重力だけを受けて運動するとき，物体の力学的エネルギーは変化せず一定に保たれる。これを**力学的エネルギーの保存則**という。一般に，ある物理量が時間によらず一定の値に保たれるとき「保存される」といい，それが法則の形で述べられるとき**保存則**という。

物体に重力以外の力が作用しているときは，力学的エネルギーは一定とは限らない。たとえば，重力とつりあうようにゆっくりと持ち上げるとき，運動エネルギーは一定だが，ポテンシャルエネルギーが増加するから，力学的エネルギーは増加する。また，2.3.1項で考えたような速度に比例する抵抗力が作用して終端速度で落下するとき，速度が一定なので運動エネルギーは一定だが，ポテンシャルエネルギーは減少する。抵抗力と変位の向きが反対なので，負の仕事をされるからである。したがって，この物体の力学的エネルギーは減少する。

一方で，力が作用してもそれが仕事をしないのであれば，力学的エネルギー保存則は成り立つ。たとえば，滑らかな斜面上を滑る物体には面からの抗力が作用するが，これは移動方向と垂直なので仕事をしない。また，振り子も糸の張力は運動方向と直交していて仕事をしない。これらの場合には，自由落下運動の場合と同様に力学的エネルギー保存則が成り立つ。

2.4.6 保存力場と力学的エネルギー

2.2.1項の「いろいろな力」で述べたように，重力，つまり地球からの万有引力を受けたり電荷をもった粒子が静電気力を受けるのは，力が作用する「環境」に物体が置かれているからである。この環境のことを「**力の場**」という。

万有引力や静電気力の場の中では，物体はその位置によって決まる力を受ける。一定の重力のときと同様に，場による力とつり合うよう外から力 f を作用させながら移動させたときの仕事 W_f は，移動の始点Pと終点Qによって決まり，これをポテンシャルエネルギーということにする。QではPにあるときに比べて W_f だけ物体のポテンシャルエネルギーが（$W_f>0$ なら）増える。ポテンシャルエネルギーは位置に応じて決まるので**位置エネルギー**ともいう。

このようにして，定めたポテンシャルエネルギーと運動エネルギーの和は，場の力だけが作用して運動するときはつねに一定の値であり，したがって力学的エネルギー保存則が成り立つ。位置に応じてポテンシャルエネルギーを定めることができる力の場のことを**保存力場**という。それは，保存力場については，力学的エネルギーの保存則が成り立つからである。

仕事 W_f の値はPからQへ移動させた経路にはよらない。もし，違っていれば，Qで f を0にして物体を場の力で運動させたあとで獲得する運動エネルギーが，移動のさせ方によって違った値になってしまうからである。

万有引力のポテンシャルエネルギー

太陽と距離 r の位置Pから無限に離れた位置Qまで万有引力とつり合うように力 f を加えながら惑星探査機を移動させたとしよう。途中，距離が x の位置から短い変位 Δx をする間の仕事は

$$\Delta W_f = \frac{GMm}{x^2}\Delta x$$

と書ける．無限に離れた Q まで移動する間の仕事は，ΔW_f を $x = r$ から $x \to \infty$ まで足し合わせたものになる：

$$W_f = \sum_{\Delta x} \Delta W_f = \sum_{\Delta x} \frac{GMm}{x^2} \Delta x$$

Δx を小さくする極限では，和を積分に直して

$$W_f = \int_r^\infty \frac{GMm}{x^2} dx$$

積分を計算すれば

$$W_f = GMm \left[-\frac{1}{x} \right]_r^\infty = G\frac{Mm}{r}$$

P, Q でのポテンシャルエネルギーをそれぞれ $U(r), U(\infty)$ と書けば，移動によって W_f だけ増えたから

$$U(\infty) - U(r) = G\frac{Mm}{r}$$

ポテンシャルエネルギーは定数を加えてもよいので，$U(\infty) = 0$ としてよい．以上のことから，無限に離れた遠くの位置と比べたポテンシャルエネルギーは

$$U(r) = -G\frac{Mm}{r} \tag{2.118}$$

で与えられる．

演習問題 2.4

1. テニスの試合で使えるボールは，1.6 m の高さから床に落として，跳ね返る高さが 1.1 m から 1.2 m の範囲になければならない．1.1 m の高さまで跳ね返るボールの床に接触している時間が 0.01 秒であるとしたら，床からどれだけの大きさの力を受けたことになるか．テニスボールの質量は 60 g とする．
2. カーリングのストーンを 5.5 m/s の速さで滑らせたところ，摩擦を受けながら徐々に減速した．氷面との摩擦力は垂直抗力の 0.06 倍である．ストーンは何 m 先で止まるか．エネルギーと仕事の関係をもとに説明せよ．
3. 惑星探査機は太陽による万有引力の場の中で引力を受けて飛行する．太陽からの距離が R の惑星まで飛行できるには，地球の位置にあるとき探査機にどれだけの初速度を与えればよいか．
4. 滑らかで摩擦のない水平な板に小さな穴 O をあけ，そこにひもを通して質量

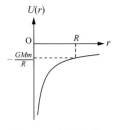

図 2.51 演習問題 3

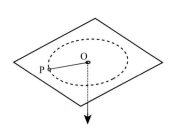

図 2.52 演習問題 4

500 g のおもり P を結ぶ．穴から通したひもの反対端を下向きの力で引っ張りながら，P を板の上で半径 (OP) = 50 cm で等速円運動をさせたところ，その角速度は 6.0 s^{-1} となった．ひもの下端を引っ張る力を少しずつ大きくして OP を短くしたところ，やがて P は O を中心として 1 秒間に 3 回転するようになった．そのときの OP の長さを求めよ．

2.5 質点系の運動

物体は多くの粒子から成り，有限の大きさをもつ．一般の物体は形状も質量分布も多様であるからそれらの運動を一般的に論ずるのは困難ではあるが，しかし，おもしろいことに，粒子が多数集まっているがゆえに成り立つ簡潔な運動法則が存在する．物体を多くの質点から成り立つ集団ととらえ，これを**質点系**とよぶ．ここでは，質点系の表現方法とその運動方程式について学ぶ．

2.5.1 粒子間に働く力と運動の変化

ボールや鉄球，矢などを飛ばすにはそれらに力を加えなければならない．たとえば，トスを上げたテニスボールを相手コートに叩きつけるには，ラケット面で強くボールを打たねばならない．このとき，ボールは一瞬のうちにラケットで飛ばされたように見えるが，スピードカメラでこの瞬間を分析すると，ボールがラケットのネット面に接触した瞬間からネットとボールが歪み始め，やがてこれらが最大に歪んだ後にボールが弾け飛び出すようすが分る．ボールには有限の時間の間，ネットから力が加えられるのである．加えられる力のようすをグラフに表すと図 2.53 となる．この力によってボールはどれだけの速さを得たのであろうか．この問題は，質点の運動量と力積 (2.4.1 節) で考えた．ボールの質量を m とし，ニュートンの運動方程式に基づき得られる速さ v を定量的に表そう．運動方程式は，運動量 $\vec{p}$ の変化として

$$d\vec{p} = \vec{F} dt$$

と書ける．これを積分すれば運動量の変化は

$$\vec{p}(t_2) - \vec{p}(t_1) = \int_{t_1}^{t_2} \vec{F}(t) dt \tag{2.119}$$

と表される．右辺は，有限の時間の間 $t_2 - t_1$ にボールに加えられた力の総和

$$\vec{J} = \int_{t_1}^{t_2} \vec{F}(t) dt \tag{2.120}$$

であり，$\vec{J}$ は**力積** (impulse) である．得られるボールの速度 $\vec{v}(t_2)$ は，力積 $\vec{J}$ を使って，$\vec{v}(t_2) = \vec{v}(t_1) + \vec{J}/m$ と表される．一般に 2 つの物体が接触する際におよぼす力 $\vec{F}(t)$ の変化のようすは，物体の性質により異なり多様である．しかし，接触することによって発生する力は，作用反作用の法則により，一方がおよぼす力 $\vec{F}_{12}(t)$ と他方が反発する力 $\vec{F}_{21}(t)$ は大きさが等しく向きが逆となる．

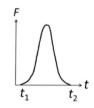

図 2.53 ボールに作用する力の時間変化

$$\vec{F}_{21}(t) = -\vec{F}_{12}(t) \tag{2.121}$$

この例では，ボールがネットにおよぼす力 $\vec{F}_{12}(t)$ とネットがボールに与える力 $\vec{F}_{21}(t)$ は，接触中，常に大きさが等しく向きが逆である．

2.5.2 2つの質点から成る系

質点系の最小単位として2つの質点から成る系を考える．質点1と質点2が互いに近づいて力をおよぼし合い，最初にもっていた運動量やエネルギーを変化させる．これらの変化を発生させる接触を**衝突** (collision) という．衝突の間，2つの質点が互いにおよぼす力の間には常に，作用反作用の関係 (2.121) が成り立つ．衝突により，2つの質点の運動量の変化は，

$$\vec{p}_1(t_2) - \vec{p}_1(t_1) = \int_{t_1}^{t_2} \vec{F}_{21}(t)\,dt, \quad \vec{p}_2(t_2) - \vec{p}_2(t_1) = \int_{t_1}^{t_2} \vec{F}_{12}(t)\,dt$$

と表され，式(2.121)を使って，

$$\vec{p}_1(t_1) + \vec{p}_2(t_1) = \vec{p}_1(t_2) + \vec{p}_2(t_2) \tag{2.122}$$

が得られる．衝突の前後で2つの質点の運動量の総和が保存されることがわかる．

ところが，運動エネルギーの総和は衝突の前後で必ずしも保存されるとは限らない．保存される場合を**弾性衝突**といい，保存されない場合を**非弾性衝突**という．硬いビリヤードの球の衝突ではほぼ弾性衝突となるが，柔らかいゴムボールの衝突では非弾性衝突となる．非弾性衝突では，運動エネルギーの一部が，物体（粒子）内に発生する熱エネルギーに変換されたり，物体（粒子）を変形する仕事に使われたりする．車の衝突や隕石の地球衝突は非弾性衝突である．しかし，非弾性衝突の場合でも運動量の総和は保存されるのである．

[例題2.7]　弾性正面衝突する2つの質点の運動

質量 m_1，速度 $\vec{v}_1$ をもつ質点1が，質量 m_2 の静止している質点2に弾性正面衝突した後に，2つの質点はどのような運動をするか．

解：　速度 $\vec{v}_1$ の方向を正の向きとする．衝突後の質点1の速度成分を v_1'，質点2の速度成分を v_2' とする．衝突前と衝突後の運動量保存と運動エネルギー保存は，

$$m_1 v_1 = m_1 v_1' + m_2 v_2'$$

$$\frac{1}{2} m_1 v_1^2 = \frac{1}{2} m_1 v_1'^2 + \frac{1}{2} m_2 v_2'^2$$

である．上の2つの連立方程式から解を求めると

$$v_2' = \frac{2}{1+\mu} v_1, \quad v_1' = \frac{1-\mu}{1+\mu} v_1, \quad \mu = \frac{m_2}{m_1}$$

と表される．2つの質点の質量が等しいときには，衝突後，質点1は静止し，質点2は衝突前の質点1の運動量を受け継いでいく．質点1の質量が小さいとき，$\mu > 1$，衝突後，質点1は後退する．

2.5.3 質点系の運動方程式

物体を細かく微小部分に分解していくと小さな粒子集団となることから，大きさのある一般の物体を多数の質点系とみなすことができる。金属や岩石などの固体の物体では，原子や分子が電磁気力で相互に結びついている。また，人や動植物などの柔らかい物体においても，電磁気力で構成粒子が結びけられている。太陽系や銀河は，惑星や星々が重力で結び付けられている多数の質点系とみなすことができる。

図 **2.54** 質点間の相互作用力

電磁気力または重力で結び付けられている質点系において，各質点には周囲の他の質点から力がおよぼされるが，それらの力は相互作用による力である。すなわち，i 番目の質点が j 番目の質点から受ける力を $\vec{F}_{ji}$ とすると，他方，j 番目の質点が i 番目の質点から受ける力は，$\vec{F}_{ij} = -\vec{F}_{ji}$ と表される。このように，質点系内の各質点間で作用する力を**内力**という。一方，地上にある物体には地球から重力がはたらく。質点系の運動を表現するときには，質点系の外からおよぼされる力を**外力**といって，力の属性を区別して扱う。

N 個の質点から成る系を考える。質点の運動を記述するために，質点 1，質点 2，... の質量を $m_1, m_2, \ldots$，その位置を $\vec{r}_1, \vec{r}_2, \ldots$ とし，質点 1，質点 2，... にはたらく外力を $\vec{F}_1, \vec{F}_2, \ldots$ とする。各質点の運動方程式は，

$$m_1 \frac{d^2 \vec{r}_1}{dt^2} = \vec{F}_1 + \vec{F}_{21} + \vec{F}_{31} + \cdots$$

$$m_2 \frac{d^2 \vec{r}_2}{dt^2} = \vec{F}_2 + \vec{F}_{12} + \vec{F}_{32} + \cdots$$

$$\cdots\cdots$$

となる。これら N 本の式を加え合わせると，右辺の内力についての和は，$\vec{F}_{ij} + \vec{F}_{ji} = 0$ の関係から零となり，

$$m_1 \frac{d^2 \vec{r}_1}{dt^2} + m_2 \frac{d^2 \vec{r}_2}{dt^2} + \cdots = \vec{F}_1 + \vec{F}_2 + \cdots \tag{2.123}$$

が得られる。ここで，この質点系の**質量中心**，あるいは**重心**の位置 $\vec{r}_c$ を次のように定義する。

$$\vec{r}_c = \frac{m_1 \vec{r}_1 + m_2 \vec{r}_2 + \cdots}{m_1 + m_2 + \cdots} = \frac{\sum_i m_i \vec{r}_i}{\sum_i m_i} \tag{2.124}$$

すると，式 (2.123) は，

$$M \frac{d^2 \vec{r}_c}{dt^2} = \sum_i \vec{F}_i \tag{2.125}$$

と書ける。ここで，M は質点系の全質量である。

$$M = \sum_i m_i \tag{2.126}$$

外力の和を

$$\vec{F}_{\text{ext}} = \sum_i \vec{F}_i \tag{2.127}$$

と表し，質量中心の速度

$$\vec{v}_c = \frac{d\vec{r}_c}{dt} \tag{2.128}$$

を使って質量中心の運動を記述すると

$$M\frac{d\vec{v}_c}{dt} = \vec{F}_{\text{ext}} \tag{2.129}$$

となる。広がった大きさをもつ質点系の運動は，あたかも質量中心 $\vec{r}_c$ に全質量が集中した質点の如く振舞うことがわかる。

バレリーナの華麗なグランジュッテの舞も，また，走り幅跳びや走り高跳びなどの競技においても，空中姿勢はさまざまであるが，身体の質量中心に注目すれば，それは重力とわずかな空気抵抗力を受けて運動する質点の法則にしたがっている。

質点系の運動量の総和は，

$$\vec{P} = m_1\vec{v}_1 + m_2\vec{v}_2 + \cdots = M\frac{d\vec{r}_c}{dt} \tag{2.130}$$

となり，質量中心 $\vec{r}_c$ に全質量が集中したとみなしたときの質点の運動量に等しい。系に外力がはたらかないときには，

$$\frac{d\vec{P}}{dt} = M\frac{d^2\vec{r}_c}{dt^2} = \vec{F}_{\text{ext}} = 0 \tag{2.131}$$

となり，質点系の運動量の総和 $\vec{P}$ は保存される。

2.5.4 質点系の運動エネルギー

質点系の運動エネルギーは，質量中心が移動する運動とこれに相対的な運動とに分けて考えるとわかりやすい。質量 m_i の質点の位置ベクトル $\vec{r}_i$ を，質量中心の位置ベクトル $\vec{r}_c$ を使って，

$$\vec{r}_i = \vec{r}_c + \vec{r}_i' \tag{2.132}$$

と表す。ここで，$\vec{r}_i'$ は質量中心を基点とする質点 i の位置ベクトルである（図2.55）。質量 m_i を両辺に掛けてすべての質点について和をとると，

$$\sum_i m_i\vec{r}_i = M\vec{r}_c + \sum_i m_i\vec{r}_i' \tag{2.133}$$

となり，左辺も質量中心の定義から $M\vec{r}_c$ となることから

$$\sum_i m_i\vec{r}_i' = 0 \tag{2.134}$$

となることが分かる。これを時間で微分すると，

$$\sum_i m_i\vec{v}_i' = 0 \tag{2.135}$$

となる。これより，質点系の運動エネルギーは，

$$\frac{1}{2}\sum_i m_i\vec{v}_i \cdot \vec{v}_i = \frac{1}{2}\sum_i m_i(\vec{v}_c + \vec{v}_i')\cdot(\vec{v}_c + \vec{v}_i')$$

$$= \frac{1}{2}Mv_c^2 + \frac{1}{2}\sum_i m_i v_i'^2 \tag{2.136}$$

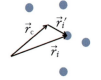

図 2.55 質点系を表す位置ベクトル

となり，質量中心の運動エネルギーと質量中心に相対的な運動のエネルギーの和に分けて表される。

[例題 2.8] 丸太の運動

1. 長さ 2 m，直径 30 cm，質量 60 kg の丸太がある．この丸太は中央で切り離され逆 T 字型に変形することができる（図 2.56）．逆 T 字型丸太の質量中心は何処にあるか．
2. 長さ 2 m の丸太を立てた状態で地面から 45 度の方向に放り上げて飛ばす．丸太の初速度の大きさは 10 m/s である．空中で丸太は逆 T 字型に変形し，地面に着地する（図 2.57）．長さ 2 m の丸太が立った状態で地面に着地する場合に比べて，逆 T 字型に変形したことによって，質量中心はどれだけ遠くに着地するか．ここでは，空気抵抗を無視する．

図 2.56 丸太と逆 T 字型の変形丸太

図 2.57 丸太の放物線運動

解： 1. 逆 T 字の各丸太の質量中心は各々の中央にある．全系の質量中心は，$(50+15)/2 = 32.5$ となり，立て丸太中心から下方 32.5 cm にある．

2. 水平方向に x 軸，鉛直方向に y 軸をとると，重心の運動は
$$x = \frac{v_0}{\sqrt{2}}t, \quad y = 1 + \frac{v_0}{\sqrt{2}}t - \frac{g}{2}t^2$$
と表される．逆 T 字型に変形しても重心の運動は変わらない．地面に着地するのは下端の高さが 0 となるときである．変形しない場合には $y = 1$ m のときだから $t = \sqrt{2}v_0/g$, この間に跳んだ水平距離は $x = v_0^2/g$, 数値を代入すると $x = 10.2$ m となる．一方，T 字型に変形したとき，重心は下端から 0.475 m のところにある．重心の式で $y = 0.475$ m とおいて解くと
$$t = \frac{1}{2g}(\sqrt{2}v_0 + \sqrt{2v_0^2 + 4.2g})$$
水平距離は
$$x' = \frac{v_0}{2\sqrt{2}g}(\sqrt{2}v_0 + \sqrt{2v_0^2 + 4.2g})$$
数値を入れて計算すると $x' = 10.7$ m となり，およそ 50 cm 飛距離が伸びることになる．

演習問題 2.5

1. ボールが地球に向かって落下するとき，その運動量が増加する．このとき，ボールと地球の系の運動量保存則は成り立っているか．
2. ロケットは燃料を燃焼・噴射することにより推進する飛行機である．重力の影響が無視できるほど小さくなり，物体に何の力の影響も及ばない領域を自由空間とよぶ．ロケットが自由空間で飛ぶとき，ロケットと燃焼物から成る系の質量中心は加速を受けることがあるか．ロケットの速さが燃料の噴射速度を超えることはあるか．
3. 質量 M の大きな木製のブロックに，質量 m の弾丸が速さ v で衝突する（図 2.58）．弾丸が突き刺さったブロックは動き，h の高さまで上がる．このときの重力ポテンシャルエネルギーと弾丸の運動エネルギーを比較せよ．

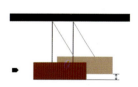

図 2.58 弾道振り子

2.6 剛体の運動

剛体とは硬い物体で，質点間の距離が変化しない質点系である。剛体の形が変わらないことから，その回転運動には簡潔な運動法則が存在する。

2.6.1 剛体の回転運動

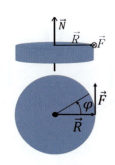

図 2.59 円盤の回転

ひとつの軸の周りに回転する剛体の運動を考えよう。図 2.59 にある，半径 R の円盤の縁に力 $\vec{F}$ を加えると，質量 M の円盤は回転運動を始める。このとき，円盤を回転させる能力は，加える力の大きさ F のみならず半径 R が大きいほど高くなる。このことから，回転軸から力の作用点までの位置ベクトル $\vec{R}$ を使って，回転させる能力を表すトルク $\vec{N}$ を次のように定義する。

$$\vec{N} = \vec{R} \times \vec{F} \tag{2.137}$$

トルク $\vec{N}$ を加えることによって剛体の角運動量 $\vec{L}$ が増加する。剛体は，回転軸から位置ベクトル $\vec{r}_i$ に質量 m_i の粒子が n 個分布する系とする。質点系の角運動量の総和 $\vec{L}$ は次のように表される。

$$\vec{L} = \sum_i \vec{r}_i \times (m_i \vec{v}_i) \tag{2.138}$$

ここで，$\vec{v}_i$ は粒子 i の速度である。トルクが系の多くの点 $\vec{r}_i$ に作用するとき，系の総トルクを

$$\vec{N} = \sum_i \vec{r}_i \times \vec{F}_i \tag{2.139}$$

と表す。すると，質点系の角運動量の変化は

$$\frac{d\vec{L}}{dt} = \vec{N} \tag{2.140}$$

と表される。

系にトルクが加わらないときには，系の角運動量 $\vec{L}$ は保存される。

$$\vec{L} = 一定 \tag{2.141}$$

剛体の回転運動は，各粒子が共通の角速度，$\dot{\varphi} = \omega$ をもち，回転軸からの距離 r_i を変えず，速度の大きさを $v_i = r_i \omega$ と表すことができることから簡潔に表現される。ここで，大きさが ω で，回転方向に右ねじを回したときに右ねじが進む方向に向きにもつ角速度ベクトル $\vec{\omega}$ を導入する。角運動量 $\vec{L}$ の式 (2.138) は

$$\vec{L} = \sum_i m_i r_i^2 \vec{\omega} \tag{2.142}$$

と表される。共通項である角速度ベクトル $\vec{\omega}$ をくくり出し，以下に定義する慣性モーメント I を導入すると，角運動量 $\vec{L}$ は次のように表現される。

$$I = \sum_i m_i r_i^2 \tag{2.143}$$

$$\vec{L} = I\vec{\omega} \tag{2.144}$$

この結果，剛体回転の運動方程式は

$$I \frac{d\vec{\omega}}{dt} = \vec{N} \tag{2.145}$$

となる。これを質点の運動方程式と比べると、質点の質量 m が慣性モーメント I に、速度 $\vec{v}$ が角速度ベクトル $\vec{\omega}$ に、力 $\vec{F}$ がトルク $\vec{N}$ に対応する表現となることがわかる。

剛体回転の運動エネルギー

質点系の運動エネルギーは、質量中心の運動エネルギーと質量中心に相対的な運動のエネルギーとからなる。剛体の質量中心が静止しているときには、剛体の運動エネルギーはその回転運動によるエネルギーとなる。剛体回転の運動エネルギーは、

$$\frac{1}{2}\sum_i m_i v_i^2 = \frac{1}{2}\sum_i m_i r_i^2 \omega^2 = \frac{1}{2}I\omega^2 \qquad (2.146)$$

と表される。ここにおいても、質量の代わりに慣性モーメント I が、速度の代わりに角速度 ω が相対応した表現となる。

[例題 2.9] 慣性モーメントの具体例 (図 2.60)

1. 半径 a、厚さ b、質量 M の一様密度の円板がある。円板の中心を通り、円板に垂直な軸のまわりの慣性モーメントを求めよ。
2. 半径 a、質量 M の一様密度の球がある。球の中心を通る軸のまわりの慣性モーメントを求めよ。

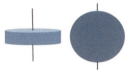

図 2.60 円盤と球の慣性モーメント

解:
1. 円板の密度を ρ とする。
$$\rho = \frac{M}{\pi a^2 b}$$
軸からの距離が r と $r+dr$ 間の質量は、$\rho 2\pi r b\, dr$ であるから、慣性モーメントは
$$I = \int_0^a r^2 \rho 2\pi r b\, dr = \rho \frac{\pi a^2 b}{2} a^2 = \frac{M}{2}a^2$$

2. 球の密度は
$$\rho = \frac{3M}{4\pi a^3}$$
求める慣性モーメントは、直交座標系 (x,y,z) で
$$I = \iiint (x^2+y^2)\rho\, dxdydz$$
と表される。球の対称性から以下が成り立つ。
$$\iiint x^2 \rho\, dxdydz = \iiint y^2 \rho\, dxdydz = \iiint z^2 \rho\, dxdydz$$
$$r^2 = x^2 + y^2 + z^2$$
このことから
$$I = \frac{2}{3}\iiint (x^2+y^2+z^2)\rho\, dxdydz = \frac{2}{3}\int_0^a r^2 \rho 4\pi r^2\, dr = \frac{2}{5}Ma^2$$
を得る。

2.6.2 剛体の簡単な運動

実体振り子

質量を無視できる長さ l の紐の先端に質量 M の質点を結んで振ったときの単振り子の周期は

$$T = 2\pi\sqrt{\frac{l}{g}} \tag{2.147}$$

で与えられる。しかし，現実に存在する振り子は質量をもった剛体でつくられているから，この周期の表現は修正が求められる。金属などの剛体で作られた振り子を**実体振り子**，または**物理振り子**とよぶ。

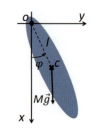

図 2.61 実体振り子

図 2.61 のように，任意の形をした質量 M の実体振り子が軸 O を回転軸として x-y 面内で振動する。軸 O に関する重力トルクの大きさは，

$$N = -g\sum_i m_i y_i = -gM y_c$$

である。質量中心 C と軸 O の距離を l とし，OC の鉛直からの傾きを φ とすると，

$$y_c = l\sin\varphi,$$

ゆえに，重力トルクは

$$N = -Mgl\sin\varphi$$

となる。したがって，剛体回転の運動方程式 (2.145) は，

$$I\frac{d^2\varphi}{dt^2} = -Mgl\sin\varphi \tag{2.148}$$

となる。振れの角度 φ が小さいとき，周期は

$$T = 2\pi\sqrt{\frac{I}{Mgl}} \tag{2.149}$$

と表される。ここには，単振り子の周期 (2.147) にはなかった振り子の質量分布に関する情報が含まれている。この関係式は，実体振り子の質量 M が先端に集中し，慣性モーメントが $I = Ml^2$ と表されるときに，単振り子の周期に移行することを示している。

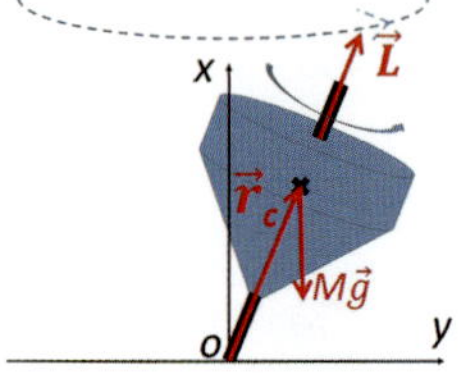

コマの歳差運動

コマは回転軸が傾くと，ゆっくりと軸が円をえがいて首振り運動する。これをコマの**歳差運動**とよぶ (図 2.62)。この運動は，コマにはたらくトルクにより起こされる。図 2.62 に示されたコマにおよぼされる重力トルクの成分は，

$$N_z = g\sum_i m_i y_i = gM y_c, \quad N_y = -g\sum_i m_i z_i = -gM z_c$$

と表される。コマの質量中心の位置ベクトル $\vec{r}_c$ を使って，重力トルクは，

$$\vec{N} = \vec{r}_c \times (M\vec{g}) \tag{2.150}$$

となる。コマの角運動量の変化は

$$\Delta\vec{L} = \vec{N}\,\Delta t$$

となり，$\vec{N}$ の方向に角運動量の向きが変わり，歳差運動が起こされる。

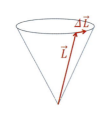

図 2.62 コマの歳差運動

図 2.63 角運動量の変化

剛体の平面運動

金属の球が床面上を転がり移動するときには，この球は質量中心が移動することによる運動エネルギーと共に，球が転がることによる回転運動エネルギーをもつ．質点の運動では，回転運動エネルギーを無視した．そのため，大きさをもつ剛体の運動は，質点の運動とは異なった振る舞いとなる．

金属の球が斜面を転がり降りる運動を考えよう．球は斜面を滑ることなく降り，転がり摩擦は無視できるとする．静止していた質量 M，半径 a の球が，高さ y_0 から傾き θ の斜面を転がり落下する（図2.64）．球が，高さ y を通過するとき，エネルギーの保存則は

$$\frac{1}{2}Mv^2 + \frac{1}{2}I\omega^2 + Mgy = Mgy_0 \tag{2.151}$$

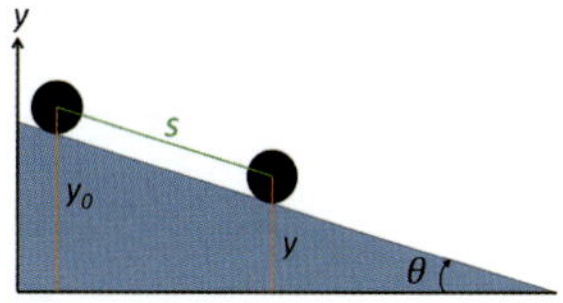

と書ける．球の移動の速さ v と回転角速度 ω には，$a\omega = v$ の関係があるので上式は，

$$\frac{1}{2}\left(M + \frac{I}{a^2}\right)v^2 + Mgy = Mgy_0 \tag{2.152}$$

図 2.64 斜面を転がり落ちる球

となる．斜面に沿った球の移動距離を s とすると，

$$s\sin\theta = y_0 - y.$$

球の移動の速さ v は

$$v = \frac{ds}{dt} = -\frac{1}{\sin\theta}\frac{dy}{dt}$$

となる．他方，式(2.152)を時間について微分すると，

$$\left(M + \frac{I}{a^2}\right)v\frac{dv}{dt} = -Mg\frac{dy}{dt}$$

となることから，v を消去すると，

$$\frac{dv}{dt} = \frac{M}{M + I/a^2}g\sin\theta$$

となる．球の回転運動を無視した質点の運動では，重力のポテンシャルエネルギーはすべて斜面を滑り降りる運動エネルギーになり，その落下加速度は，$g\sin\theta$ であった．球の慣性モーメントは，$I = (2/5)Ma^2$ であるから，球の落下加速度の大きさは

$$\frac{dv}{dt} = \frac{5}{7}g\sin\theta$$

と小さくなる．

剛体が球でなく，円柱の形状のときには，慣性モーメントは，$I = (1/2)Ma^2$ となり，円柱の落下加速度の大きさは

$$\frac{dv}{dt} = \frac{2}{3}g\sin\theta$$

となり，さらに小さくなる．

連成運動と剛体の回転落下運動

1. 連成振動

複数の質点の運動の例として，2つの質点がばねでつながっている運動について考えてみよう。質量 m の2個の小さい物体と自然長 l の3本の軽いばねを図2.65のように連結してなめらかな水平面上に $3l$ だけ隔たった点にその両端を固定する。ばね定数はすべて k とするとき，ばねに沿う方向の運動を考えよう。

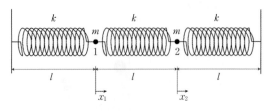

図2.65

図2.65の質点1と質点2についてそれぞれ運動方程式を求める。ばねが振動するとしても質点のつりあいの位置は図2.65のように質点1については左端から距離 l の位置，質点2については右端から距離 l の位置にあることは明らかであろう。そこでそれぞれの質点のつりあいの位置からの変位を x_1, x_2 とする。このときの運動方程式は，

$$m\ddot{x}_1 = -kx_1 + k(x_2 - x_1) \quad (2.153)$$
$$m\ddot{x}_2 = -k(x_2 - x_1) - kx_2 \quad (2.154)$$

となる。式(2.153)と(2.154)は単振動を表す式に似ているが，x_1 と x_2 が分離されていない。そこで，質点1と質点2の質量中心の運動を考えると，質量中心の座標の変位 x_c は，

$$x_c = \frac{1}{2}(x_1 + x_2) \quad (2.155)$$

であるが，式(2.153)と(2.154)の和をとると，

$$m(\ddot{x}_1 + \ddot{x}_2) = -k(x_1 + x_2) \quad (2.156)$$

となることから，質量中心については，

$$m\ddot{x}_c = -kx_c \quad (2.157)$$

となる。式(2.157)は，質量中心が角振動数 $\omega_c = \sqrt{k/m}$ の単振動をすることを示している。そこで，質点1と質点2のそれぞれの運動も，次式のような振動現象であると考える。ただし，その角振動数は未知の ω，また振動現象の初期位相を未知の α とし，質点1と質点2の振動の振幅をそれぞれ未知の A, B とする。

$$x_1 = A\cos(\omega t + \alpha) \quad (2.158)$$
$$x_2 = B\cos(\omega t + \alpha) \quad (2.159)$$

式(2.158)と(2.159)を，式(2.153)と(2.154)に代入すると，$\omega_c = \sqrt{k/m}$ を使って，

$$(\omega^2 - 2\omega_c^2)A + \omega_c^2 B = 0 \quad (2.160)$$

$$\omega_c^2 A + (\omega^2 - 2\omega_c^2)B = 0 \quad (2.161)$$

式(2.160)と(2.161)の解として，$A = B = 0$ がある。これは最初につりあいの位置にあった質点1と質点2がその位置にそのまま存在し続けるという解である。もしそれ以外の解があるためには，式(2.160)と(2.161)から得られる次の行列式が0でなければならない。

$$\begin{vmatrix} \omega^2 - 2\omega_c^2 & \omega_c^2 \\ \omega_c^2 & \omega^2 - 2\omega_c^2 \end{vmatrix} = 0 \quad (2.162)$$

式(2.162)は，式(2.158)と(2.159)で仮定した未知の角振動数 ω は任意ではなく，ある角振動数に限られていることを示している。式(2.162)より，

$$(\omega^2 - 2\omega_c^2)^2 - \omega_c^4 = 0 \quad (2.163)$$

これを因数分解すると，

$$(\omega^2 - \omega_c^2)(\omega^2 - 3\omega_c^2) = 0 \quad (2.164)$$

つまり，$\omega = \omega_c$ または $\omega = \sqrt{3}\omega_c$ であることが必要である。次に ω がそれぞれの値のときの A と B の関係を求める。

(A) $\omega = \omega_c$ のとき

式(2.160)または式(2.161)より，$B = A$，つまり解は，

$$x_1 = a\cos(\omega_c t + \alpha) \quad (2.165)$$
$$x_2 = a\cos(\omega_c t + \alpha) \quad (2.166)$$

の形をしている必要がある。これは質点1と質点2が同じ方向に動く振動を表している。

(B) $\omega = \sqrt{3}\omega_c$ のとき

式(2.160)または式(2.161)より，$B = -A$，つまり解は，

$$x_1 = b\cos(\sqrt{3}\omega_c t + \beta) \quad (2.167)$$
$$x_2 = -b\cos(\sqrt{3}\omega_c t + \beta) \quad (2.168)$$

の形をしている必要がある。これは質点1と質点2が逆の方向に動く振動である。(A)のときよりその角振動数は大きい。

式(2.165)，(2.166)の解に式(2.167)，(2.168)の解を加えたものも式(2.153)，(2.154)の解になっていることから，一般的な解として，

$$x_1 = a\cos(\omega_c t + \alpha) + b\cos(\sqrt{3}\omega_c t + \beta) \quad (2.169)$$

$$x_2 = a\cos(\omega_c t + \alpha) - b\cos(\sqrt{3}\omega_c t + \beta) \quad (2.170)$$

が得られる。a, b, α, β は任意の定数であるが，具体的な値は，$t = 0$ のときのの値(初期値)より決められる。

式(2.169)，(2.170)の解は，2つの角振動数の振動が重なったものであり，この2つの基本的な振動は規準振動(ノーマルモード)と呼ばれる。

分子や固体内の物理現象を，数個から多数の原子

がばねで結ばれるモデルで扱うことが行われている。この連成振動はその基本となる考え方である。

2. 剛体の回転落下運動

代表的な剛体の平面運動として，斜面を下る物体の運動を2.6.2項とは別の視点から考えてみよう。図2.66に示されるように，質量 m，半径 a の内部が一様な球を水平から30°傾いた斜面に置き，静かに手を離す。重力加速度の大きさを g とし，斜面に沿って球が下る向きに x 軸をとって，この球の運動を考えよう。

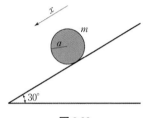

図 2.66

(A) 斜面に摩擦がなく，球が斜面を転がらずに滑り降りる場合

まず，斜面を転がらずに滑り降りる場合について考える。この場合，球の質量中心について x 軸方向の加速度を $\ddot{x}$ とすると，運動方程式は，式(2.171)で与えられる。

$$m\ddot{x} = mg\sin 30° \quad (2.171)$$

これより，$m\ddot{x} = mg/2$ から $\ddot{x} = (1/2)g$ となる。この加速度は質点が斜面を下る場合と同じである。

(B) 球が斜面を滑らずに転がり降りる場合

この場合は，物体の質量中心に関する運動方程式と質量中心まわりの回転運動を考える必要がある。斜面からの摩擦力を F とすると，球の質量中心に関する運動方程式は，式(2.172)で与えられる。

$$m\ddot{x} = mg\sin 30° - F \quad (2.172)$$

また，質量中心まわりの回転の角運動量の時間変化は力のモーメントに等しいので，球の回転の角速度を ω とし，球の質量中心まわりの慣性モーメントを I とすると，式(2.173)が成り立つ。

$$I\dot{\omega} = aF \quad (2.173)$$

しかし，式(2.172)，(2.173)に未知数は $\ddot{x}, \dot{\omega}, F$ と3個ある。必要なもう一つの条件式は球が滑らずに回転するということから得られる。球の質量中心の速度は $\dot{x}$ であるので，球の斜面に接する点の x 軸方向の速度は $\dot{x} - a\omega$ である。滑らないので，この速度が0になる必要がある。つまり $\dot{x} = a\omega$ でなければならない。このことは，球が回転角 θ だけ回転したとき球は x 軸方向に $a\theta$ 下ることに対応している。これらのことから球が滑らないことに対応して，

$$\ddot{x} = a\dot{\omega} \quad (2.174)$$

の関係式が得られる。式(2.173)，(2.174)より $F = I\ddot{x}/a^2$ となり，これを式(2.172)に代入すると，

$$\ddot{x} = \frac{\dfrac{g}{2}}{1 + \dfrac{I}{ma^2}} \quad (2.175)$$

の関係式が得られる。これに球の質量中心まわりの慣性モーメント $I = (2/5)ma^2$ を代入すると，

$$\ddot{x} = \frac{5}{14}g \quad (2.176)$$

となる。

次に球が滑らないための静止摩擦係数 μ の条件について考察する。式(2.172)より

$$F = \frac{1}{2}mg - \frac{5}{14}mg = \frac{1}{7}mg$$

となる。ここで球が斜面から受ける垂直抗力 N は，

$$N = mg\cos 30° = \frac{\sqrt{3}}{2}mg$$

で与えられるので，滑らずに転がる条件，$F \leq \mu N$，より，

$$\mu \geq \frac{2\sqrt{3}}{21}$$

となり，これが球がすべらずに転がり降りるための静止摩擦係数の条件となる。

ところで式(2.176)の球が滑らずに転がり降りる場合の加速度は $(5/14)g$ であり，これは転がらずに滑り降りる場合のと比較すると小さい。つまり斜面を転がり下る場合は滑るときよりゆっくりであることになる。さらに式(2.175)より回転する物体の慣性モーメント I が大きいほどゆっくり下ることになる。このことをエネルギー保存則から考察する。

図2.66の斜面を静止していた球が x 軸方向に距離 l，斜面を下ることを考える。位置エネルギーは距離 l 下ったところを基準とすると高さが $(1/2)l$ なので，$(1/2)mgl$ である。

摩擦のない斜面を球が転がらずに滑る場合，距離 l 下るのに要する時間 T は，$\ddot{x} = (1/2)g$ より $T = 2\sqrt{l/g}$ であり，距離 l 下ったときの速度 v は $\sqrt{gl}$ となる。そのときの運動エネルギー $(1/2)mv^2$ は $(1/2)mgl$ となり，最初の位置の位置エネルギーに等しい。

球が滑らずに転がる場合は，距離 l 下るのに要する時間 T は，$\ddot{x} = (5/14)g$ より $T = \sqrt{28l/5g}$ であり，距離 l 下ったときの速度 v は $\sqrt{140gl}/14$ とな

る。そのときの質量中心の並進運動の運動エネルギー $(1/2)mv^2$ は $(5/14)mgl$ であり，最初の位置エネルギー $(1/2)mgl$ より小さい。しかし，小さくなった分は，球が転がっているので，回転エネルギーに変わったはずである。実際，回転運動の運動エネルギーは $(1/2)I\omega^2$ で計算され，今の場合 $\omega = v/a$ を使うと，$(2/14)mgl$ となり，並進運動と回転運動の運動エネルギーの合計は $(1/2)mgl$ となり最初の位置の位置エネルギーに等しくなる。

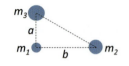

図 2.67 3粒子系の質量中心

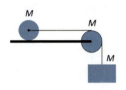

図 2.68 回転運動

演習問題 2.6

1. 辺の長さ a, b をもつ直角三角形の各頂点に質量 m_1, m_2, m_3 の粒子が置かれている（図 2.67）。この系の質量中心はどこにあるか。$a = 2$, $b = 3$, $m_1 = m$, $m_2 = 2m$, $m_3 = 3m$ のとき，この質量中心はどこにくるか。

2. 質量 M，長さ L，太さが一様で均質な直線状の剛体棒がある。質量中心を通り，棒に垂直な軸のまわりの慣性モーメントを求めよ。

3. 水平台に置かれた質量 M，半径 R の円柱状の物体を，質量 M，半径 R の円柱状の滑車を介して，質量 M の重りが引っ張る（図 2.68）。物体は水平面上を滑ることなく転がり，滑車は摩擦抵抗がなく滑らかに回るものとする。物体が移動する加速度の大きさを求めよ。

2章　図の出典元

1) 図 2.1(a)：富山県立富山東高等学校 H16 年度の課題研究
   http://www.tym.ed.jp/sc337/course/kadai16/photos/kadaiken9.jpg
2) 図 2.26(b)：らくらく化学実験
   http://rakuchem.com/taiden_strow.jpg
3) 図 2.26(c)：ウィキペディア/超伝導リニア
   https://upload.wikimedia.org/wikipedia/commons/2/28/JR_MLX01-1_001.jpg

3
温度と熱

本章では熱力学の基本事項を学ぶ．熱力学は熱現象を記述する物理学で，熱エネルギーから力学的仕事への変換を支配する基本法則と理論からなる．熱を利用して力学的仕事をする装置やその変換の過程について考えるうえで必要不可欠な基礎知識を学ぶ．

3.1 温　　度

3.1.1 温度とは何か

気温，体温，湯の温度など，温度は身近な物理量である．温度の概念は私たちが物体に触れたときに感じる温かさや冷たさの感覚に由来する．温度感覚は皮膚に分布する温受容器・冷受容器と呼ばれる細胞が体温との温度差を感知することで生じるが，客観的な数値にできるほど確かなものではない．温度を定量的に定義するには温冷の感覚によらない方法が必要であった．

3.1.2 温度計の発明

ガリレオは気体の体積変化を利用した空気温度計（図 3.1）を発明し，温冷を数量として目に見えるようにした．彼の友人の医師は，夏の最高気温を 360 度，雪を 100 度，雪と塩の混合物を 0 度などとする温度目盛を空気温度計に付け，体温の測定に利用した．

ガラス器具技術者のファーレンハイトは，温度計物質として水銀を採用した精密な液柱温度計を作製し，水の氷点を 32 度，人の体温を 96 度とするファーレンハイト（華氏）温度目盛を作った．天文学者のセルシウスは，水の沸点と氷点の 2 点を定点とし，その間を 100 等分するセルシウス（摂氏）温度目盛を提案した．華氏温度 F [°F] とセ氏温度 C [℃] の関係は次のとおりに定められている．

$$F = \frac{9}{5}C + 32 \tag{3.1}$$

特定の物質の体積変化を利用して温度を定義することには問題があった．ま

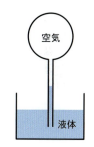

図 3.1 ガリレオの空気温度計

ガリレオ（Galileo Galilei, 1564 年～1642 年, イタリア）

ファーレンハイト（Daniel Gabriel Fahrenheit, 1686 年～1736 年, ドイツ）

セルシウス（Anders Celsius, 1701 年～1744 年, スウェーデン）

ず，物質の種類によって体積変化のしかたが違うため，0℃と100℃の定点以外の温度では温度計物質ごとにくい違いが生じた。また，物質は温度により気体・液体・固体の間を移り変わるため温度計物質として使用できる温度範囲が限られる。特定の物質に依存しない温度目盛（**熱力学温度目盛**）の定義は3.6.5項で学ぶ。

3.1.3 熱平衡と温度

冷たい物体に温かい物体を接触させると，冷たい物体は温められ，温かい物体は冷やされる。そして，十分な時間が経過すると変化がない状態になる。このとき2つの物体は**熱平衡状態**にあるという。そこで，温度について次のように決める。

> 熱平衡状態にある2つの物体の温度は等しい

3つの物体（A，B，Cとする）の間の熱平衡について次の経験法則が知られている。

> AとBが熱平衡状態にあり，AとCが熱平衡状態にあるならば，BとCもまた熱平衡状態にある　　（**熱力学の第0法則**）

この法則は，AとBの温度が等しく（$t_A = t_B$），AとCの温度が等しい（$t_A = t_C$）ならば，BとCの温度も等しい（$t_B = t_C$）となり，前述の温度の決め方が合理的であることを保証する重要な基本法則*である。（もしこの保証がなければ，$t_A = t_B$ かつ $t_A = t_C$ であるのに $t_B \neq t_C$ という矛盾が生じ，温度が定義できなくなる。）

温度計が示す温度は温度計（水銀など温度計物質）の温度である。温度計が物体の温度と等しい温度を示すのは，温度計と物体が熱平衡状態に達したとみなせるときである**。熱平衡状態においては1つの物体の各部分の温度は等しく，物体全体で温度が均一でなければならない。

3.1.4 体膨張率

液体や固体の体積は温度の変化によりわずかに変化する。一般に，物体の温度が t から $t + \Delta t$ に変化したとき体積が V から $V + \Delta V$ に変化したとすると，**体膨張率** β は次式で定義される。

$$\beta = \frac{1}{V}\frac{\Delta V}{\Delta t} \tag{3.2}$$

ある温度 t での体膨張率は，Δt が十分に小さいものとし，微分を使って表現する。

$$\beta = \frac{1}{V}\frac{dV}{dt} \tag{3.3}$$

---

*基本法則または原理は理論体系の出発点に置かれる仮定であって，証明できるものではない。妥当かどうかは実際の観測結果と理論予想との比較から判定される。

**物体と接触せずに温度を計測できる温度計もある。放射温度計は物体が発する赤外線などの放射強度をもとにプランクの放射法則に基づいて温度を算出する。

体膨張率の値は物質によって異なる。水銀温度計に用いられる水銀(液体)の体膨張率は約 $2 \times 10^{-4}/℃$ である。ガラスなど固体の体膨張率は一桁小さく $10^{-5}/℃$ の程度である。また，体膨張率は温度に依存する。液体や固体の体膨張率の温度変化は小さい。ある温度 t_0 に近い温度 t での液体または固体の体積 V は，近似的に次のように表される。

$$V = V_0[1 + \beta(t - t_0)] \tag{3.4}$$

ここで，V_0 と β は温度 t_0 での体積と体膨張率である。これを t について解く。

$$t = t_0 + (V - V_0)/(\beta V_0) \tag{3.5}$$

液柱温度計には，この式のように体積変化を温度に換算する目盛が付いている。

3.1.5 気体変化の法則

容器に入れた空気を押し縮めると圧力が高まる。ボイルは助手のフックとともにいろいろな気体について実験し，温度が一定であれば，一定量の気体の圧力 p と体積 V は互いに反比例することを見いだした(図 3.2)。

$$pV = p_0 V_0 \quad (ボイルの法則) \tag{3.6}$$

ここで，p_0 はある体積 V_0 での圧力である。

発明家で気球製作者のシャルルが見いだしたとされる大気膨張の法則についてゲイ・リュサックは詳しい実験を行い，圧力が一定ならば

$$V = V_0\left(1 + \frac{t_C}{273}\right) \quad (シャルルの法則) \tag{3.7}$$

が様々な気体に対してよく成り立つことを実証した(図 3.3)。ただし，t_C はセルシウス温度，V_0 は 0 ℃ のときの体積である。等温膨張の場合のボイルの法則および圧力と温度が一定なら気体の体積は物質量に比例することを考え合わせると，物質量 n モルの気体について，次の法則を得る。

$$pV = nR(273.15 + t_C) \quad (ボイル-シャルルの法則) \tag{3.8}$$

シャルルの法則に含まれていた数値 237 は，正確な値 237.15 に修正した。右辺の R は気体定数と呼ばれる。

$$R = 8.31\,\text{J/(mol·K)} \tag{3.9}$$

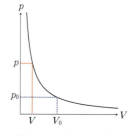

図 3.2 ボイルの法則

ボイル (Robert Boyle, 1627 年〜1691 年, イギリス)

フック (Robert Hooke, 1635 年〜1703 年, イギリス)

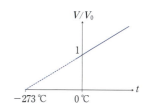

図 3.3 シャルルの法則

シャルル
(Jacques Alexandre César Charles, 1746 年〜1823 年, フランス)

ゲイ・リュサック (Joseph Louis Gay-Lussac, 1778 年〜1850 年, フランス)

3.1.6 絶対温度，絶対零度

ケルビンは特定の物質の性質と無関係に決定できる普遍的な温度とは何かを研究し(3.6 節)，絶対温度(ケルビン温度目盛，熱力学温度目盛)の考えに達した。絶対温度 T [K] はセルシウス温度 t_C [℃] と簡単な関係

$$T = 273.15 + t_C \tag{3.10}$$

で結ばれている。ケルビン温度目盛の原点 ($T = 0\,\text{K}$) を絶対零度という。

$$0\,\text{K} = -273.15\,℃ \quad (絶対零度) \tag{3.11}$$

絶対温度の単位
K (ケルビン)

ケルビン
(ウィリアム・トムソン)
(William Thomson, Lord Kelvin, 1824年〜1907年, イギリス)

絶対温度を用いるとボイル-シャルルの法則は

$$pV = nRT \qquad (3.12)$$

と書ける。以下では特に断らない限り，温度は絶対温度の意味で使う。

3.1.7 状態量と理想気体の状態方程式

熱平衡状態では，状態を特徴づける温度 T，圧力 p，体積 V のような状態量が定義できる。状態量とはその状態に至る過程に関係なく状態だけで決まる量である。

ボイル-シャルルの法則によると，1モルの気体の状態を表す p，V，T の変数3個のうち，2個の値が決まると残る変数の値も決まる。1個の変数だけを変化させることはできない。このような状態量間の関係式を**状態方程式**という。

ボイル-シャルルの法則は，低圧，高温の気体ではよく成り立つが，そうでない場合には実験とのずれが目立ってくる。実際の気体の多くは，高圧，低温で液化または固化して体積が急に減少するが，式(3.12)ではそのようなことが起きない。式(3.12)を**理想気体の状態方程式**とよび，これにしたがう架空の気体を**理想気体**という。

3.2 気体分子運動論

3.2.1 ミクロな見方でマクロな性質を理解する

温度，圧力，体積などのような物質全体の性質だけを扱う考え方を**マクロ（巨視的）な見方**という。これに対して，物質が多数の微小な粒子からなると仮定し，物質の性質をその構成粒子の運動に求める考え方を**ミクロ（微視的）な見方**という。「気体とは自由に飛び回る多数の分子である」というミクロな見方から出発すると，気体の圧力は気体分子が容器の壁をたたく力によって説明でき，前節で扱った気体変化の法則をすっきりと理解できる。以下では，このようなミクロな見方からボイル-シャルルの法則を導き，温度と熱エネルギーの意味を考える。

3.2.2 分子運動と圧力

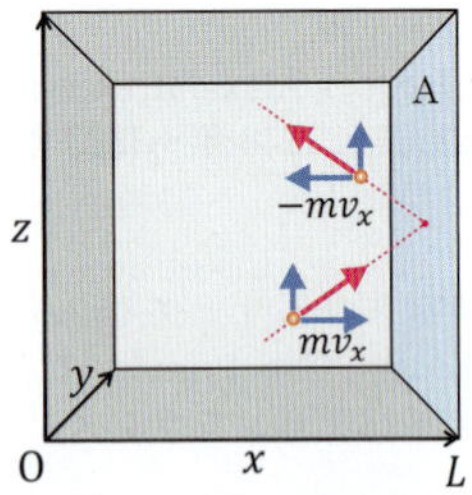

一辺 L の立方体の箱（体積 $V = L^3$）の中を運動する質量 m の粒子1個を考える。簡単のため，粒子は大きさのない質点とし，箱の内壁には弾性的に衝突するものとする。いま速度の x 成分が $v_x(>0)$ の粒子が x 方向に垂直な内壁（これを壁 A とする）に弾性衝突した場合を考える（図3.4）。衝突後，粒子の速度の x 成分は $-v_x$ になる。y および z 成分は衝突前と変わらない。この衝突で壁 A が粒子に与えた力積 I は，衝突前後の運動量の変化に等しい。すなわち，

図 3.4 壁で弾性的にはね返る気体分子

$$I = (-mv_x) - mv_x = -2mv_x \tag{3.13}$$

向かい合う壁で同様にはね返され，粒子が再び壁 A に戻るまでに要する時間 Δt は，$\Delta t = 2L/v_x$ である．粒子が壁 A から受ける力の時間的な平均値 $(\overline{F_x})$ は，単位時間あたりに受ける力積（の x 成分）に等しい．

$$\overline{F_x} = \frac{I}{\Delta t} = -2mv_x \frac{v_x}{2L} = -\frac{mv_x^2}{L} \tag{3.14}$$

その結果，壁 A は粒子からの反作用として平均の力 $-\overline{F_x}$ を受けることになる．

次に，箱の中に質量 m の粒子が N 個入っている場合を考える．粒子を番号 $i (= 1, 2, \cdots, N)$ で区別し，粒子 i の速度とその x, y, z 成分を

$$\vec{v}_i = (v_{ix}, v_{iy}, v_{iz}) \tag{3.15}$$

とする．実際の気体では分子どうしの衝突あるいは分子間力による相互作用があるが，簡単のためこれらは無視し，各粒子は他の粒子の運動と関係なくそれぞれ独立に運動するものと考える．気体の圧力を p とすれば，面積 L^2 の壁が N 個すべての粒子から受ける力は

$$pL^2 = -\sum_{i=1}^{N}\left(-\frac{mv_{ix}^2}{L}\right) = \frac{m}{L}\sum_{i=1}^{N}v_{ix}^2 \tag{3.16}$$

この両辺に L をかけ，$V = L^3$ を使うと

$$pV = Nm\langle v_x^2\rangle \tag{3.17}$$

を得る．ただし，$\langle v_x^2 \rangle$ は速度の x 成分の 2 乗平均であり，

$$\langle v_x^2\rangle = \frac{1}{N}\sum_{i=1}^{N}v_{ix}^2 \tag{3.18}$$

で定義される．各方向は同等とすれば，$\langle v_x^2\rangle = \langle v_y^2\rangle = \langle v_z^2\rangle$ と考えてよい．また，粒子の速さ v_i の 2 乗平均は，

$$\langle v^2\rangle = \langle v_x^2\rangle + \langle v_y^2\rangle + \langle v_z^2\rangle \tag{3.19}$$

であるから，

$$\langle v_x^2\rangle = \langle v_y^2\rangle = \langle v_z^2\rangle = \frac{1}{3}\langle v^2\rangle \tag{3.20}$$

となる．これを使うと次式を得る．

$$pV = \frac{1}{3}Nm\langle v^2\rangle \tag{3.21}$$

1 粒子あたりの平均運動エネルギー

$$\left\langle \frac{1}{2}mv^2\right\rangle = \frac{1}{N}\sum_{i=1}^{N}\frac{1}{2}mv_{ix}^2 \tag{3.22}$$

を使って式 (3.21) の右辺を表そう．

$$pV = \frac{2}{3}N\left\langle \frac{1}{2}mv^2\right\rangle = \frac{2}{3}E \tag{3.23}$$

この結果は，全運動エネルギー

$$E = N\left\langle \frac{1}{2}mv^2\right\rangle = \sum_{i=1}^{N}\frac{1}{2}mv_i^2 \tag{3.24}$$

が一定ならば，圧力と体積の積 pV は一定となることを示している。

3.2.3 温度とエネルギー等分配則

理想気体の状態方程式 $pV = nRT$ と式(3.23)を比較すると，平均運動エネルギーと温度の関係を得る。

$$\left\langle \frac{1}{2}mv^2 \right\rangle = \frac{3}{2}\frac{R}{N_A}T = \frac{3}{2}k_B T \tag{3.25}$$

ただし，モル数 n と粒子数の関係 $N = nN_A$ を使った。

$$N_A = 6.02 \times 10^{23}/\text{mol} \tag{3.26}$$

はアボガドロ数，定数 $k_B(= R/N_A)$ はボルツマン定数である。

$$k_B = 1.38 \times 10^{-23}\,\text{J/K} \tag{3.27}$$

式(3.25)は，気体の絶対温度が気体粒子1個あたりの平均運動エネルギーに比例することを示している。理想気体の全エネルギーは式(3.24)と(3.25)から次式で与えられる。

$$E = \frac{3}{2}Nk_B T = \frac{3}{2}nRT \tag{3.28}$$

粒子の位置は x, y, z の3変数だけで指定されるので，1粒子がもつ運動の自由度は3である。粒子の運動エネルギーは各運動の自由度がもつ運動エネルギーの和で与えられる。式(3.20)によれば全粒子にわたる平均の運動エネルギーは x, y, z 方向で等しいので，式(3.25)から

$$\left\langle \frac{1}{2}mv_x^2 \right\rangle = \left\langle \frac{1}{2}mv_y^2 \right\rangle = \left\langle \frac{1}{2}mv_z^2 \right\rangle = \frac{1}{2}k_B T \tag{3.29}$$

と書くことができる。この関係は次のエネルギー等分配則を表している。

> 温度 T の熱平衡状態では，構成粒子の運動の各自由度に対して，$\frac{1}{2}k_B T$ の平均運動エネルギーが等しく分配される。

エネルギー等分配則は，多粒子系の一般的性質としてニュートンの力学に基づく統計力学（古典統計力学）により基本原理から導くことができる。これは粒子間に相互作用がある場合にも成り立ち，固体や液体においても成り立つ。ところが実験技術の進歩につれて，固体の比熱が低温において減少することや，物体からの熱放射現象がエネルギー等分配則では説明できないことが判明した。これらの謎を解くためには，量子力学の発見が必要であった。量子力学に基づく統計力学（量子統計力学）ではエネルギー等分配則は成り立たない。

3.2.4 熱エネルギーと熱伝導

マクロな見方では，静止している物体は運動エネルギーをもたない。しかし，ミクロな見方では，物体を構成する原子や分子あるいは電子が絶えず激しく運動している。このようなミクロな粒子の無秩序な運動が熱運動であり，その運動エネルギーが熱エネルギーである。熱エネルギーには物体全体としての

並進運動や回転運動の運動エネルギーは含めない。

　粒子どうしが弾性衝突すると，一方の粒子の運動エネルギーの一部が他方の粒子に移る。運動エネルギーが大きい粒子ほど衝突相手に大きな運動エネルギーを与えることができるので，粒子間の衝突では運動エネルギーの高い粒子から低い粒子に運動エネルギーが移る確率が高いと考えてよい。高温の物体と低温の物体が互いに接触すると，その境界で高温部分の粒子と低温部分の粒子の間で多数の衝突がおこり，高温部分の熱エネルギーが低温部分に移っていくことになる。1 つの物体内で温度が均一でないときにも同様の熱移動が生じる。これが**熱伝導**である。高温部から低温部への熱伝導による熱エネルギーの移動は自発的に進行してしまう。

3.3　熱容量と比熱

3.3.1　温度と熱の区別

　日常の言葉では温度と熱を区別せずに使うことがある。しかし，物理学では温度と熱は明確に区別される。温度は物体の熱冷の度合いを表す状態量である。これに対して熱は物体から物体へ温度差によって伝わるエネルギーのことをいう。温度差による移動という形態をとったエネルギーは熱として扱われる。

　温度計の発明以来，温度は熱そのものを意味していた。当時はまだ今日のようなエネルギーの概念はなく，熱の正体は物体内に分布する熱の粒子（熱素）であると思われていた。18 世紀後半，熱平衡の研究をしていたブラックは熱と温度を同一視することに疑問をもった。実験によると，温めた金属を同質量の水に入れたとき，金属の温度降下に比べて水の温度上昇はかなり小さい。さらに，沸騰する水を加熱しても温度はすぐには上昇しない。熱が温度と同じなら，これらの現象では熱がどこかに消えてしまったことになる。彼はこの疑問を解決するために，熱容量と熱量，および潜熱の概念を確立して温度と熱を分離した。では，ブラックがどのように考えて熱容量と熱量の概念に到達したか見てみよう。

ブラック（Joseph Black, 1728 年～1799 年，イギリス）

3.3.2　熱量と熱容量

　温度 t_A の物体 A を同じ質量で温度 $t_0 (< t_A)$ の水に入れ，平衡状態になったときの温度を t とする。物体 A としていろいろな物質を使って実験すると，水の温度変化 $t - t_0$ と物体 A の温度変化 $t_A - t$ の比は物体 A の物質固有の定数となっている。この実験結果は次の式で表される。

$$\frac{t - t_0}{t_A - t} = \frac{c_A}{c_0} \tag{3.30}$$

ここで，定数 c_A と c_0 は熱のやりとりにおける物体 A と水の「温度変化のし

にくさ」を表す．式(3.30) の関係は次のように書き直すことができる．

$$c_0(t - t_0) = c_A(t_A - t) \tag{3.31}$$

ブラックは式(3.31) の左辺を水が得た熱の量，右辺を物体 A が失った熱の量を表すものと解釈とした．そう考えれば，熱は物体 A から水へ移動しただけで，全体量は不変となり合理的であった．以上では，水と物体 A を同質量としたが，それぞれの質量が m_0, m_A である場合，$C_0 = m_0 c_0$, $C_A = m_A c_A$ とおいて，水へ移動した熱量を ΔQ と表記すれば，

$$\Delta Q = C_0(t - t_0) = C_A(t_A - t) \tag{3.32}$$

が成り立つ．C_0 や C_A は**熱容量**と名付けられた．単位質量あたりの熱容量である $c_A = C_A/m_A$ などを**比熱**（**比熱容量**）という．実測された温度変化を式(3.32) に代入すれば，一定質量の水の熱容量 C_0 を単位として任意の物体の熱容量 C_A を決定することができる．同時に，移動した熱量 ΔQ も決まる．C_0 は任意なので，熱量の単位をカロリー（cal）と呼ぶことにして，基準として 1 g の水の熱容量を 1 cal/℃ と決めれば便利である．以上によって，1 g の水の温度を 1℃ だけ上げるのに要する熱量を 1 カロリー（cal）* と定義したことになる．

*熱量の単位「カロリー」は 19 世紀に初めて定義された．水の比熱は温度によって変化するため，実用上の理由からカロリーには各種の定義がある．

こうして熱量の概念がいったん確立すれば，熱容量の定義は以下のように整理することができる．物体の熱容量 C は，温度変化 ΔT に要する熱量を ΔQ とすれば

$$C = \frac{\Delta Q}{\Delta T} \tag{3.33}$$

で定義される．比熱 c は物体の熱容量をその質量 m で割ったものである．

$$c = \frac{1}{m}\frac{\Delta Q}{\Delta T} \tag{3.34}$$

またモル比熱とは物質 1 モルあたりの熱容量であり，モル数を n とすれば

$$C = \frac{1}{n}\frac{\Delta Q}{\Delta T} \tag{3.35}$$

で与えられる．

一般に，物体の熱容量は温度変化の過程で圧力 p または体積 V がどう変化するかに依存する．気体を例にとると，容器に密閉され体積が一定の気体と，大気圧下にあるガス気球のように圧力が一定の気体とでは熱容量が異なる．そこで，条件を区別するため，体積一定を条件とする場合は「定積」，圧力一定を条件とする場合は「定圧」という語を最初に付けて，**定積熱容量**，定圧モル比熱などと呼ぶ．ふつう，定積熱容量は C_V のように添え字 V を付けて，定圧熱容量は C_p のように添え字 p を付けて表記される．

3.3.3 相変化と熱量計

相とは物質の特定の状態のことで，**気相**，**液相**，**固相**とは物質がとる気体，液体，固体の各状態のことをいう．**相変化**（**相転移**）とは，ある相から別の相

へ状態が移ることをいう。物質は与えられた温度と圧力のもとで最も安定な状態をとる。温度 T や圧力 p などの状態変数と安定な相の関係を表す図を**相図**という。図 3.5 は T-p 平面上に安定相を示した水の相図である。相境界 (TA, TB, TC) を横切ると相変化が起きる。相境界では，0℃ の氷と水または 100℃ の水と水蒸気のように，2 つの相が**相平衡**となって共存できる。3 相が共存する点 (T) は**三重点**と呼ばれ物質に固有である。水の三重点は $(T, p) = (273.16\,\mathrm{K}, 611.7\,\mathrm{Pa})$ であり，国際単位系 (SI) の温度定点に採用されている。また液相—気相境界が終わる点 C は**臨界点**と呼ばれる。

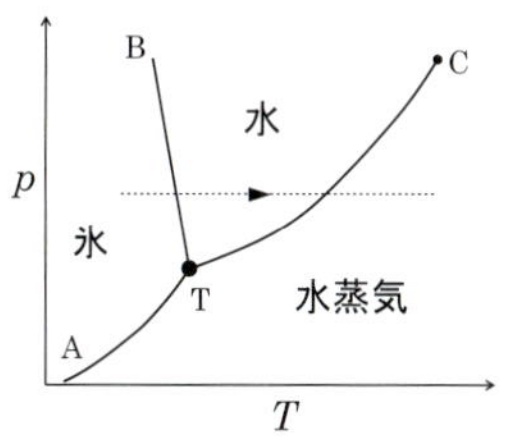

図 3.5 水の相図
破線は定圧下での氷→水→水蒸気の状態変化を示す。

1 気圧において 1 g の氷が全部解けるには**融解熱** (79.6 cal) を必要とし，逆に水が氷になるときには同量の**凝固熱**を放出する。また，1 気圧において 1 g の水が全部蒸発するには**蒸発熱** (539 cal) を要し，これは水に戻る際に出る**凝縮熱**に等しい。ブラックは，物質が融解または蒸発するときにどこかに潜伏するかのように思われるこれらの熱を**潜熱**と呼んだ。一定の圧力における一定量の物質の融解熱，蒸発熱は物質に固有である。ラヴォアジエとラプラスは，容器の中で物体を氷に接触させて，解けた氷の量をもとに物体から流入した熱量を決定する**氷熱量計**を発明した。

ラヴォアジエ (Antoine-Laurent de Lavoisier, 1743 年〜1794 年, フランス)

ラプラス (Pierre-Simon Laplace, 1749 年〜1827 年, フランス)

3.3.4 固体の比熱

デュロンとプティは固体の多くがほぼ一定のモル比熱 $3R$ (R は気体定数) を示すことを発見した (**デュロン-プティの法則** (1819 年))。

ミクロな見方では，固体は規則正しく配列した原子が**熱振動**をしている系と見ることができる。エネルギー等分配則によれば，各原子は $\frac{3}{2}k_\mathrm{B}T$ の平均運動エネルギーをもつはずである。熱振動を近似的に単振動と考えれば平均位置エネルギーは平均運動エネルギーと等しいので，各原子の平均力学的エネルギーは $3k_\mathrm{B}T$ となる。1 モルの固体全体では $E = 3RT$ となる。だから，固体の温度を ΔT だけ上げるには $\Delta E = 3R\Delta T$ の熱エネルギー (熱量*) を注入する必要がある。こうして，**固体のモル比熱に対するデュロン-プティの法則**

$$C = \frac{\Delta E}{\Delta T} = 3R \tag{3.36}$$

が説明できる。しかし，実験技術の進歩につれて，低温での固体比熱は 0 に近づくことが明らかとなった。低温での固体比熱の温度変化は，20 世紀に入って発見された量子力学を用いることで説明できるようになった。

デュロン (Pierre Louis Dulong, 1785 年〜1838 年, フランス)

プティ (Alexis Thérèse Petit, 1791 年〜1820 年, フランス)

*熱と仕事あるいは力学的エネルギーの同等性については 3.5 節で扱う。

3.3.5 気体の比熱

分子はその形によって運動の自由度が異なる。**単原子分子** (単独の原子) は質点と同じく並進運動だけを考えればよいので運動の自由度 f は 3 である。**2原子分子**の場合，原子間距離が一定だとすると，重心の並進運動の自由度 3 に

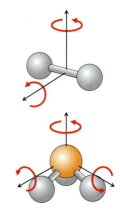

図 3.6 2 原子分子，多原子分子の回転自由度

加えて回転の自由度 2 をもつので (図 3.6), $f = 5$ である．多原子分子では，すべての原子間距離が一定だとすると，回転の自由度がさらに 1 増えて，$f = 6$ となる．

エネルギー等分配則が成り立ち，すべての運動の自由度に $\frac{1}{2}k_BT$ の運動エネルギーが等分配されるとすれば，気体の定積モル比熱が得られる．

$$C_V = \frac{f}{2}R \tag{3.37}$$

比熱比 $\gamma = C_p/C_V$ は，マイヤーの関係式 $C_p = C_V + R$ (3.5 節) を使って，

$$\gamma = \frac{C_p + R}{C_V} = 1 + \frac{2}{f} \tag{3.38}$$

となる．したがって，$\gamma = 5/3 = 1.67$ (単原子気体)，$7/5 = 1.40$ (2 原子分子気体)，$8/6 = 1.33$ (多原子分子気体) となる．これらの結果は単原子気体の希ガス (He, Ne, Ar, Kr) では実験値とよく一致する．2 原子分子気体や多原子分子気体では物質によっては常温で実験値と近似的に一致するが，測定された γ は温度によって変化する．これは，分子を剛体とみなした結果である．分子内原子の振動エネルギーを正しく考慮するためには量子力学を必要とする．

3.4 マクスウェルの速度分布関数

3.4.1 速度分布関数

1 個の気体粒子の速度は，粒子間や物質表面との衝突によって目まぐるしく変化し，長時間のうちにいろいろな値をとっていると考えられる．粒子がどのような速度をとりやすいかは速度の確率分布を表す関数によって表すことができる．

熱平衡状態にある気体において，ある粒子の速度が $v_x \sim v_x + \Delta v_x$, $v_y \sim v_y + \Delta v_y$, $v_z \sim v_z + \Delta v_z$ の範囲にある確率は

$$f(v_x, v_y, v_z)\Delta v_x \Delta v_y \Delta v_z \tag{3.39}$$

のように書くことができるだろう．このとき，関数 $f(v_x, v_y, v_z)$ を**速度分布関数**という．速度の x, y, z 成分を座標軸にとった**速度空間**を考えれば，式 (3.39) は粒子の速度が 速度空間において (v_x, v_y, v_z) の位置に考えた 微小体積 $\Delta v_x \Delta v_y \Delta v_z$ (図 3.7) に入っている確率を表す．

マクスウェルは気体粒子の速度分布関数を初めて求めた (1860 年)．そのとき導出に用いられたのは次の 3 つの単純な仮定だけであった．

一様性の仮定： 気体分子の系はどの場所も同等であるとする
等方性の仮定： 速度分布に関して空間のどの方向も同等であるとする
独立性の仮定： 速度の x, y, z 成分の分布は互いに独立であるとする

一様性の仮定は，速度分布関数が粒子の位置によらず，式 (3.39) のように速度の 3 成分 v_x, v_y, v_z の関数で表されることを保証する．また等方性の仮定

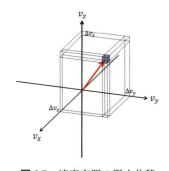

図 3.7 速度空間の微小体積

マクスウェル (James Clerk Maxwell, 1831 年 〜1879 年, イギリス)

から，速度分布関数 $f(v_x, v_y, v_z)$ は速度ベクトル $\vec{v}$ の向きによらず，速さ $v = \sqrt{v_x^2 + v_y^2 + v_z^2}$ だけの関数であること，さらに独立性の仮定から

$$f(v_x, v_y, v_z) = g(v_x)g(v_y)g(v_z) \tag{3.40}$$

のように各速度成分の分布関数の積で表されることが要求される。ここで，$g(v_x)$ は速度 v_x の分布関数であり，粒子の速度の x 成分が v_x と $v_x + \Delta v_x$ の間の値をとる確率は $g(v_x)\Delta v_x$ で与えられる。Δv_x は微小な幅である。速度の x 成分が a から b までの範囲の値をとる確率 $P(a<v_x<b)$ は，次の積分で表すことができる。

$$P(a < v_x < b) = \int_a^b g(v_x)\,dv_x \tag{3.41}$$

また，$P(-\infty < v_x < \infty) = 1$ は明らかなので，分布関数は次の規格化条件を満たす。

$$\int_{-\infty}^{\infty} g(v_x)\,dv_x = 1 \tag{3.42}$$

速度分布関数に対する以上の条件を用いると，

$$g(v_x) = Ae^{-\lambda v_x^2} \tag{3.43}$$

を導出することができる*。ここで，A と λ は定数である。規格化条件の式 (3.42) と積分公式

*導出はコラムを見よ。

$$\int_{-\infty}^{\infty} e^{-\lambda t^2} dt = \sqrt{\frac{\pi}{\lambda}} \tag{3.44}$$

を使えば，$A = \sqrt{\lambda/\pi}$ が判明する。定数 λ は粒子の平均運動エネルギーと温度の関係式 (3.29) から決まる。気体の温度を T，粒子の質量を m として，

$$\langle v_x^2 \rangle = \int_{-\infty}^{\infty} v_x^2 g(v_x)\,dv_x = \frac{k_\mathrm{B} T}{m} \tag{3.45}$$

が成り立つように定数 λ を決定できる。計算には公式

速度分布関数の導出

等方性の仮定から，$g(v_x)$ は v_x の符号によらないので v_x^2 の関数としてよい。そこで $g(v_x) = G(v_x^2)$ と置こう。また，$f(v_x, v_y, v_z)$ は速度の 2 乗の関数としてよいから，

$$f(v_x, v_y, v_z) = F(v_x^2 + v_y^2 + v_z^2)$$

と置いてよい。式 (3.40) にこれらを入れ，$a = v_x^2$, $b = v_y^2$, $c = v_z^2$ と置くと

$$G(a)\,G(b)\,G(c) = F(a+b+c) \tag{3.46}$$

となる。この両辺の対数をとり，

$$\log G(a) + \log G(b) + \log G(c) = \log F(a+b+c) \tag{3.47}$$

この両辺を a に関して微分する。

$$\frac{G'(a)}{G(a)} = \frac{F'(a+b+c)}{F(a+b+c)} \tag{3.48}$$

同様にして b および c に関しても微分して比較すると，

$$\frac{G'(a)}{G(a)} = \frac{G'(b)}{G(b)} = \frac{G'(c)}{G(c)} \tag{3.49}$$

となる。この等式が任意の a, b, c に対して成り立つためには，式の値は定数でなければならない。この定数を $-\lambda$ と置けば，関数 G は次式を満たす。

$$\frac{G'(a)}{G(a)} = -\lambda \tag{3.50}$$

両辺を積分すると，$\log G(a) = -\lambda a + \alpha$ (α は定数) となるので

$$g(v_x) = G(v_x^2) = Ae^{-\lambda v_x^2} \tag{3.51}$$

を得る。

$$\int_{-\infty}^{\infty} t^{2n} e^{-\lambda t^2} dt = \frac{(2n)!}{2^{2n} \cdot n!} \sqrt{\frac{\pi}{\lambda^{2n+1}}} \tag{3.52}$$

で $n=1$ の場合を使えばよい。この公式は式(3.44)の両辺を λ で n 回微分することによって導出できる。その結果，式(3.45)は，$\langle v_x^2 \rangle = 1/(2\lambda) = k_B T/m$ となり，$\lambda = m/(2k_B T)$ が決定できる。以上より，速度分布関数は次の形の**正規分布関数**となる。

$$g(v_x) = \sqrt{\frac{m}{2\pi k_B T}} \exp\left(-\frac{mv_x^2}{2k_B T}\right) \tag{3.53}$$

図 3.8 に $g(v_x)$ のグラフを示す（横軸は速度を標準偏差 $\sqrt{k_B T/m}$ で割ったもの）。

ある粒子の速度が $\vec{v} = (v_x, v_y, v_z)$ の位置に考えた微小体積 $\Delta v_x \Delta v_y \Delta v_z$（図 3.7）に入っている確率を $f(v_x, v_y, v_z)\Delta v_x \Delta v_y \Delta v_z$ とすると，独立性の仮定から $f(v_x, v_y, v_z) = g(v_x)g(v_y)g(v_z)$ と書けるので，速度分布関数は次式で与えられる。

$$f(v_x, v_y, v_z) = \left(\frac{m}{2\pi k_B T}\right)^{\frac{3}{2}} \exp\left(-\frac{mv^2}{2k_B T}\right) \tag{3.54}$$

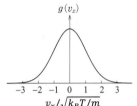

図 3.8 速度分布関数

ただし，$v^2 = v_x^2 + v_y^2 + v_z^2$ である。これを**マクスウェルの速度分布関数**という。速度の 2 乗平均は次式で計算できる。

$$\langle v^2 \rangle = \int_{-\infty}^{\infty}\int_{-\infty}^{\infty}\int_{-\infty}^{\infty} v^2 f(v_x, v_y, v_z)\, dv_x dv_y dv_z = \int_{0}^{\infty} v^2 f 4\pi v^2 dv \tag{3.55}$$

速度空間全体にわたる 3 重積分から最後の積分への変形する際，半径 v で微小な厚み dv をもつ球殻からなる微小体積が $4\pi v^2 dv$ であることを使っている。積分は公式(3.26)で $n=2$ の場合を使えば計算できる。結果は，

$$\langle v^2 \rangle = \frac{3k_B T}{m} \tag{3.56}$$

となり，気体分子運動論で求めた式(3.25)と一致している。これの平方根が **2 乗平均速度** v_{rms} である。

rms は root mean square（2 乗平均平方根）の略

$$v_{\mathrm{rms}} = \sqrt{\langle v^2 \rangle} = \sqrt{\frac{3k_B T}{m}} \tag{3.57}$$

平均の速さは次式で計算できる。

$$\langle v \rangle = \int_{-\infty}^{\infty}\int_{-\infty}^{\infty}\int_{-\infty}^{\infty} v f(v_x, v_y, v_z)\, dv_x dv_y dv_z = \int_{0}^{\infty} v f 4\pi v^2 dv \tag{3.58}$$

積分は部分積分を使えば実行できて，結果は

$$\langle v \rangle = \sqrt{\frac{8k_B T}{\pi m}} \tag{3.59}$$

となる。平均の速さは 2 乗平均速度よりやや小さい。

3.4.2 ボルツマン因子

式(3.48)の速度分布関数において，指数関数の引数部分は1粒子の運動エネルギー $\frac{1}{2}mv^2$ を $k_\mathrm{B}T$ で割った形をしている．統計力学によると，温度 T の熱平衡状態において，ある微視的状態が実現する確率は，その微視的状態のエネルギーを ε とすれば

$$\exp\left(-\frac{\varepsilon}{k_\mathrm{B}T}\right) \tag{3.60}$$

に比例する．これをボルツマン因子という．したがって，マクスウェルの速度分布関数は1粒子の運動エネルギーに対するボルツマン因子で表される．

ボルツマン
(Ludwig Eduard Boltzmann, 1844年～1906年, オーストリア)

3.5 熱力学の第1法則

3.5.1 気体による仕事

図3.9のように，シリンダ内で一定の圧力 p に保たれている気体を加熱すると気体は膨張する．シリンダの断面積を A，ふたの変位を Δx とすると，気

ボルツマン因子の導出

1個の粒子が取りうる状態（1粒子状態）s を $s = 1, 2, 3, \cdots$ のように番号で区別する．全部で N 個ある粒子はそれぞれにいずれかの状態をとり，粒子系全体の微視的状態は各粒子がどの1粒子状態をとるかで区別されるものとする．すると，$s = 1, 2, 3, \cdots$ の状態をとる粒子数が，それぞれ $n_1, n_2, n_3, \cdots$ であるような微視的状態の数は，区別可能な N 個の玉を玉の数が $n_1, n_2, n_3, \cdots$ となるようにグループ分けする分け方の数と同じなので

$$W(n_1, n_2, n_3, \cdots) = \frac{N!}{n_1! n_2! n_3! \cdots} \tag{3.61}$$

となる．ただし，各状態をとる粒子数の和は全粒子数 N であり一定である．

$$N = n_1 + n_2 + n_3 + \cdots = \sum_s n_s \tag{3.62}$$

1粒子状態 s のエネルギーを ε_s とすれば，N 粒子系の全エネルギーは

$$E = n_1\varepsilon_1 + n_2\varepsilon_2 + n_3\varepsilon_3 + \cdots = \sum_s n_s \varepsilon_s \tag{3.63}$$

で与えられる．N と E の値が決まっている条件の下で，許されるどの微視的状態も等しい確率で実現すると仮定すれば（この仮定を等確率（等重率）の原理という），式(3.62)と(3.63)の条件の下で式(3.61)を最大にする分配の仕方の組 $\{n_1, n_2, n_3, \cdots\}$ が最も実現しやすいことになる．このような条件付きの極値問題は，ラグランジュの未定乗数法を使うと単純な極値問題に帰着する．実際に解いてみよう．$\log W$ を最大にする条件を考える．条件が2個あるので2個の未定乗数 α と β を導入し，次の関数を定義する．

$$\begin{aligned}L(n_1, n_2, n_3, \cdots) &= \log W(n_1, n_2, n_3, \cdots) \\ &+ \alpha\left(N - \sum_s n_s\right) + \beta\left(E - \sum_s n_s \varepsilon_s\right)\end{aligned} \tag{3.64}$$

この関数 $L(n_1, n_2, n_3, \cdots)$ が独立変数 $n_1, n_2, n_3, \cdots$ について最大となる条件を求めればよい．階乗についてのスターリングの公式

$$\log n! \approx n \log n - n \quad (n \gg 1) \tag{3.65}$$

を用いると，

$$\begin{aligned}&\log W(n_1, n_2, n_3, \cdots) \\ &\approx N \log N - N - \sum_s (n_s \log n_s - n_s)\end{aligned} \tag{3.66}$$

これを式(3.64)に入れて，極値の条件 $\partial L/\partial n_s = 0$ $(s = 1, 2, 3, \cdots)$ を計算すると，$-\log n_s - \alpha - \beta \varepsilon_s = 0$ を得る．定数 $e^{-\alpha}$ を A とおけば，

$$n_s = A e^{-\beta \varepsilon_s} \tag{3.67}$$

を得る．定数 A は粒子数の条件(3.62)を満たすように決定する．β は理想気体の性質と比較して $\beta = 1/(k_\mathrm{B}T)$ と決まる．したがって，微視的状態 s をとる確率 n_s/N は次式に比例することになる．

$$\exp\left(-\frac{\varepsilon_s}{k_\mathrm{B}T}\right) \tag{3.68}$$

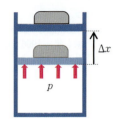

図 3.9 気体のする仕事

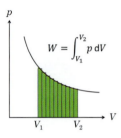

図 3.10 p-V 図と仕事

ラムフォード
(Sir Benjamin Thompson, Count Rumford, 1753 年〜1814 年, イギリス)

ジュール (James Prescott Joule, 1818 年〜1889 年, イギリス)

体がする仕事 ΔW は $pA\Delta x$ である。$A\Delta x$ は気体の体積変化 ΔV なので，
$$\Delta W = p\,\Delta V \tag{3.69}$$
である。体積が変化するにつれて圧力が変化する場合でも，微小な体積変化 dV によって気体がする仕事が $dW = p\,dV$ であることから，体積が V_1 から V_2 まで変化したとき，気体が外部に対してした仕事は次式で与えられる。
$$W = \int_{V_1}^{V_2} p\,dV \tag{3.70}$$
体積変化が膨張 ($V_1 < V_2$) であれば，気体による仕事は正で p-V 図 3.10 の $V = V_1$ から $V = V_2$ までの区間で曲線 $p = p(V)$ の下の面積に等しい。もし圧縮 ($V_1 > V_2$) であれば，力の向きと変位の向きが逆になるため，仕事の符号は負となる。また，気体が外部からなされた仕事は，作用・反作用の法則から次式で与えられる。
$$\Delta W' = -p\,\Delta V \tag{3.71}$$

3.5.2 仕事から熱への変換と熱の仕事当量

　鋼鉄に石を打ち合わせると火花が出ることや，2 つの物体をこすり合わせると熱が発生することは古くから知られていた。ラムフォードは大砲の砲身を機械でくりぬくときに無尽蔵と思えるほどの熱が発生するのを観察し，発熱の原因は摩擦によって発生した何かの運動ではないかと考えた。しかし，どのような運動が砲身のどこにあるのかは謎であった。

　ジュールは，一定量の仕事が摩擦を通して一定量の熱に変わることを実証するため精密な実験を行った。実験に用いたのは図 3.11 のような装置で，おもりがゆっくりと降下するにつれて水の中で羽根車が回転する。その結果，水温がわずかに温まり，発生した熱量 ΔQ は，水の熱容量 C と水温変化 ΔT の積で算出できる。

ワットと仕事の定義

　ワット (James Watt, 1736 年〜1819 年, イギリス) は，ニューコメン機関 (第 1 章) の改良を行い，連続的に動力を出す実用的な蒸気機関を発明した技術者であるが，力学における仕事を初めて定義したのも彼であった。工業家のボールトンはワットの蒸気機関を各地の工場に設置し，蒸気機関が行った仕事 (work) に相当する対価を請求することにした。そのため，「仕事」の算出方法を定める必要が生じた。そこでワットは，馬が滑車を介して荷物を引き上げる仕事を標準とするのが合理的と考え，1 馬力 (HP, 英馬力*) を「1 秒間に 550 重量ポンドの重量を 1 フィート上げるときの仕事率」と定めた。仕事率は単位時間あたりの仕事なので，仕事は「物体に働く力と力の方向への物体の移動距離の積」として定義されたことになる。なお，メートル法に基づく 1 馬力 (PS, 仏馬力*) の定義として「1 秒間につき，250 kgf の重量を 30 cm 上げるときの仕事率」も用いられている。

　この話は，力学における仕事という語の由来を説明する。ワットの卓見により物理学と一見無関係の実務上の問題から力学の重要概念が生まれた事実は興味深い。

* 1 重量ポンド (lbf) ≒ 0.4536 kgf, 1 フィート (ft) = 0.3048 m
　1 HP (英馬力) = 550 lbf·ft/s ≒ 745.7 W
　1 PS (仏馬力) = 75 kgf·m/s = 735.5 W

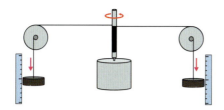

図 3.11 ジュールの羽根車実験

$$\Delta Q = C\Delta T \tag{3.72}$$

また，羽根車を回転させるためにおもりのした仕事 ΔW は，おもりの重量 Mg と降下距離 Δx から求められる*。

$$\Delta W = 2Mg\Delta x \tag{3.73}$$

ジュールは実験をくり返し，発生した熱量と仕事の比が一定であることを確かめた。

$$J = \frac{\Delta W}{\Delta Q} = 4.2\,\mathrm{J/cal} \tag{3.74}$$

この比 J を**熱の仕事当量**という。ジュールはこの熱が羽根車の回転で生じる摩擦熱であると考えた。ジュールは実験を改良し，物体が液体，固体であるかによらず摩擦によって発生する熱の仕事当量は同じであることも確認した。

こうして仕事とは無関係に定義された熱量という物理量が仕事と同等なものであり，1 単位の熱量 (1 cal) が 4.2 J の仕事に相当する，ということが明らかになった。

*簡単のためこの式では 2 個のおもりが同等の役割をするとしている。

熱の仕事当量 (計量法による定義値) $J = 4.184\,\mathrm{J/cal}$

3.5.3 熱力学の第 1 法則

ある系に対して外部が力学的仕事をすると，系の力学的エネルギーはその仕事量だけ増加する。熱が同等な仕事によって作り出せるのであれば，系のエネルギーは，受け取った力学的仕事と熱を合わせた分だけ増加すると考えるのが自然である。そこで，系のエネルギーを表すある状態量 U が存在し，その変化 ΔU が外部から受け取った熱 ΔQ と外部から気体がされた仕事 $\Delta W'$ の和で与えられるものと考える。

$$\Delta U = \Delta Q + \Delta W' = \Delta Q - p\Delta V \tag{3.75}$$

このように熱まで含めたエネルギー保存則を**熱力学の第 1 法則**という。式 (3.75) によって定義された状態量 U を**内部エネルギー**という。物体の内部エネルギーには物体全体の運動エネルギー (重心の運動エネルギー) は含まない。

一定量の物質の内部エネルギーは，系の状態を指定する 2 個の状態量の関数と見ることができる。状態を温度 T と体積 V で指定するならば，内部エネルギーは

$$U = U(T, V) \tag{3.76}$$

と書くことができる。これらの変数 T, V がそれぞれ微小量 $\Delta T, \Delta V$ だけ変化

したとき U に生じる変化 ΔU は

$$\Delta U = \left(\frac{\partial U}{\partial T}\right)_V \Delta T + \left(\frac{\partial U}{\partial V}\right)_T \Delta V \tag{3.77}$$

と表すことができる。ここで右辺に用いた偏微分係数は

$$\left(\frac{\partial U}{\partial T}\right)_V = \lim_{\Delta T \to 0} \frac{U(T + \Delta T, V) - U(T, V)}{\Delta T} \tag{3.78}$$

および

$$\left(\frac{\partial U}{\partial V}\right)_T = \lim_{\Delta V \to 0} \frac{U(T, V + \Delta V) - U(T, V)}{\Delta V} \tag{3.79}$$

で定義される。これらは2つの独立変数 T, V のうち一方だけを変数とし，他方を定数とみなしたときの微係数である。偏微分では微分に使う変数が同じでも定数とした変数がどれかによって微係数が異なるので注意が必要である。たとえば，$(\partial U/\partial T)_V$ と $(\partial U/\partial T)_p$ は等しくない。そのため，定数とみなした独立変数を右下の添え字で示す。

3.5.4 定積熱容量

状態の微小変化で系が受け取る熱 ΔQ は，式 (3.75) と (3.77) から次式で表される。

$$\begin{aligned}\Delta Q &= \Delta U + p\Delta V \\ &= \left(\frac{\partial U}{\partial T}\right)_V \Delta T + \left[\left(\frac{\partial U}{\partial V}\right)_T + p\right]\Delta V\end{aligned} \tag{3.80}$$

体積を一定にして加熱した場合の熱容量である定積熱容量

$$C_V = \left(\frac{\Delta Q}{\Delta T}\right)_{\Delta V = 0} \tag{3.81}$$

を求めよう。式 (3.80) に $\Delta V = 0$ を代入すると

$$\Delta Q = \Delta U = \left(\frac{\partial U}{\partial T}\right)_V \Delta T \tag{3.82}$$

となる。したがって定積熱容量は次のように表される。

$$C_V = \left(\frac{\partial U}{\partial T}\right)_V \tag{3.83}$$

[例題 3.1] 単原子理想気体の内部エネルギーは式 (3.28) で与えられる。定積比熱を求めよ。

解： $U = \frac{3}{2}nRT$ より $C_V = (\partial U/\partial T)_V = \frac{3}{2}nR$.

3.5.5 定圧熱容量

圧力を一定にしたまま加熱した場合の熱容量である定圧熱容量

$$C_p = \left(\frac{\Delta Q}{\Delta T}\right)_{\Delta p = 0} \tag{3.84}$$

を求めよう。まず体積変化 ΔV を温度変化 ΔT と圧力変化 Δp を使って表す。

$$\Delta V = \left(\frac{\partial V}{\partial T}\right)_p \Delta T + \left(\frac{\partial V}{\partial p}\right)_T \Delta p \tag{3.85}$$

ここで $\Delta p = 0$ として，式(3.80) に入れ，式(3.83) と (3.84) から次式を得る。

$$C_p = C_V + \left[\left(\frac{\partial U}{\partial V}\right)_T + p\right]\left(\frac{\partial V}{\partial T}\right)_p \tag{3.86}$$

3.5.6 気体の断熱自由膨張

ジュールの実験

図 3.12 のように，容器内が隔壁によって気体の入った部屋 A と真空の部屋 B に分けられている。隔壁の小窓をあけると A の気体は B に流入し，全体で体積 $V_A + V_B$ になるまで膨張する。この自由膨張では気体は仕事をしない。容器や隔壁は熱を通さないものとすると熱の出入りもない。すると熱力学の第 1 法則により，膨張の前後で気体の内部エネルギー U は変化しない。ジュールが実験したところ，膨張前後の温度変化は検出できなかった。もしこの**断熱自由膨張**による温度変化が常に正確に 0 であれば，内部エネルギーは体積に依存せず，温度だけで決まることになる。

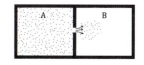

図 3.12 断熱自由膨張

理想気体の内部エネルギー

理想気体の断熱自由膨張を考えよう。ミクロな見方 (3.2 節の気体分子運動論) によれば，粒子は運動エネルギーを変えずに小窓を通って隣の部屋に入るだけであるから，粒子系全体の運動エネルギーは不変であり，温度も変わらない。理想気体の内部エネルギーは粒子系の全運動エネルギーだと考えてよい。内部エネルギーを温度と体積の関数 $U(T, V)$ としたとき，理想気体の内部エネルギーは体積に依らず温度だけで決まる*。

$$\left(\frac{\partial U}{\partial V}\right)_T = 0 \tag{3.87}$$

断熱自由膨張による温度変化は 0 となる。

比熱の関係式(3.86) に式(3.87) を入れ，$(\partial V/\partial T)_p$ に理想気体の体膨張率 $\beta = nR/p$ (n はモル数) を使えば，**マイヤーの関係式**

$$C_p - C_V = nR \tag{3.88}$$

が得られる。

*式(3.87) は理想気体の状態方程式(3.12) と熱力学の第 2 法則 (3.7 節) から導出できる。

マイヤー (Julius Robert von Mayer, 1814 年〜1878 年, ドイツ)

ジュール–トムソンの実験

断熱体積変化に伴う温度変化は**ジュール–トムソンの実験**によってより精密に調べられた。図 3.13 のように管内に多孔質壁 (圧縮した綿) を入れ，一方の側から高い圧力 p_A で気体を流入させる。細孔を通過した気体は，圧力が大気圧 p_B に保たれた側に出る。こうして流れる気体の温度を多孔質壁の前後で測定する。圧力 p_A の気体の体積 V_A の部分が多孔質壁

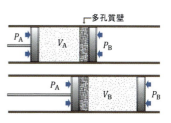

図 3.13 ジュール–トムソンの実験

を通り抜け，圧力 p_B，体積 V_B の気体になるとすれば，気体のこの部分になされる仕事は $p_A V_A - p_B V_B$ である．熱の出入りはないので，これが内部エネルギーの変化に等しい．つまり，

$$U_B - U_A = p_A V_A - p_B V_B$$

である．したがって，温度を T_A，T_B とすると 次の関係式が成り立つ．

$$U(T_B, V_B) + p_B V_B = U(T_A, V_A) + p_A V_A \tag{3.89}$$

理想気体の場合，内部エネルギーと pV は温度だけで決まり，$T_B = T_A$ が成り立つ．実験の結果，空気の場合，わずかな温度低下（$T_B < T_A$）が生じた．気体の断熱体積変化で温度変化が生じることを**ジュール-トムソン効果**という．

3.6 カルノーサイクル

3.6.1 熱機関の効率

熱エネルギーを力学的な仕事に変換する装置を**熱機関**という．ワットの蒸気機関，発電所の蒸気タービン，自動車のエンジン，ジェットエンジンなどはすべて燃料の燃焼で発生した熱を乗り物の推進や機械の運転に要する仕事に変換する熱機関である．

カルノー（Nicolas Léonard Sadi Carnot, 1796 年～1832 年，フランス）

カルノーは熱機関を考察するため，その動作を極限まで単純化した．まず，高温と低温の 2 つの熱源を考える．熱機関は気体などの作業物質を 2 つの熱源の間で操作し，**作業物質の状態変化を利用して外部に仕事をする**．ただし，動力を出し続けるために同じ工程を繰り返し行う必要がある．この 1 工程をサイクルという．サイクルの終了時には，作業物質の状態はサイクル開始時と同じ状態に戻っていなければならない．1 回のサイクルには次の熱および仕事の出入りが含まれる（図 3.14）．

(1) 作業物質が高温 T_H の熱源から熱 Q_H を受け取る
(2) 作業物質から低温 T_L の熱源に熱 Q_L を捨てる
(3) 作業物質は体積変化により外部に正味の仕事 W をする

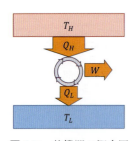

図 3.14 熱機関の概念図

作業物質の内部エネルギーは状態量なのでサイクルの開始時と終了時で等しい．したがって，1 サイクルで作業物質が外部に対してする仕事は $W = Q_H - Q_L$ である．このとき，高温熱源から受け取った熱のうち仕事に変換された部分の割合，

$$\eta = \frac{W}{Q_H} = \frac{Q_H - Q_L}{Q_H} = 1 - \frac{Q_L}{Q_H} \tag{3.90}$$

を**熱機関の効率**という．

3.6.2 カルノーの原理

カルノーは最も効率の高い理想的な熱機関は何であるかを考察した。効率を上げるには無駄を省けばよい。温度の異なる2物体が接触すると，何も仕事をしない無駄な熱移動が生じる。この熱移動は高温から低温への一方向に自発的に進んでしまう。そこで**可逆変化**に着目する。可逆変化とは，外部に何の変化も残さずに元の状態まで逆行することが可能な状態変化のことである。ある可逆変化 A → B を逆行すると，状態が B から A に戻るだけでなく，A → B の過程で移動した熱を元に戻し，外部にした仕事を取り戻すことで，外部も含めてすべてが元通りになる。可逆変化でない状態変化を**不可逆変化**という。カルノーは可逆変化だけからなる可逆サイクルを使った熱機関の効率が最も高いはずだと考え，次の原理を提言した (1824 年)。

> **カルノーの原理**
> 2 つの熱源の間ではたらくすべての熱機関のなかで，可逆変化だけからなるサイクルで作られたものの効率が最も大きい。

カルノーは可逆サイクルを構成するために2種類の可逆変化を考えた。一つは，熱移動なく膨張，収縮する**断熱変化**である。もう一つは，熱源の温度と作業物質の温度が等しい平衡状態で熱移動を行う**等温変化**である。熱源と作業物質とが常に熱平衡であるためには変化は**準静的変化**でなければならない。準静的変化とは，系の熱平衡が乱されないほどゆっくりと行われる状態変化をいう。

準静的変化の筋道は p-V 図上に線を描く。この線を逆行することもできるので準静的変化は可逆である。

3.6.3 理想気体の断熱変化と等温変化

断熱変化

1モルの理想気体が断熱変化において，温度 T，圧力 p，体積 V の微小変化 ΔT, Δp, ΔV がそれぞれ生じたとする。断熱 ($\Delta Q = 0$) であるから，熱力学の第1法則から内部エネルギーの微小変化は

$$\Delta U = -p\Delta V \tag{3.91}$$

定積モル比熱 C_V を使うと

$$\Delta U = C_V \Delta T \tag{3.92}$$

であるから，

$$\Delta T = -\frac{p}{C_V}\Delta V \tag{3.93}$$

状態方程式 $pV = RT$ と $(p + \Delta p)(V + \Delta V) = R(T + \Delta T)$ の差をとり，2次の微小量 $\Delta p\Delta V$ を無視すると

$$V\Delta p + p\Delta V = R\Delta T \tag{3.94}$$

となるので，式(3.93)を式(3.94)に代入して

$$\frac{\Delta p}{p} + \left(\frac{C_V + R}{C_V}\right)\frac{\Delta V}{V} = \frac{\Delta p}{p} + \gamma\frac{\Delta V}{V} = 0 \tag{3.95}$$

を得る。ここで比熱比

$$\gamma = \frac{C_p}{C_V} = \frac{C_V + R}{C_V} \tag{3.96}$$

を使った。式(3.95)を積分すると

$$\int \frac{dp}{p} + \gamma \int \frac{dV}{V} = \log p + \gamma \log V = \log pV^\gamma = 一定 \tag{3.97}$$

である。したがって，理想気体の断熱変化において，

$$pV^\gamma = 一定 \tag{3.98}$$

あるいは，状態方程式を使って p を消去すれば，

$$TV^{\gamma-1} = 一定 \tag{3.99}$$

の関係が成り立つことがわかる。

1モルの理想気体が (T_1, p_1, V_1) の状態から (T_2, p_2, V_2) の状態に断熱変化するとき，圧力および温度は体積の関数として

$$p = p_1 \left(\frac{V_1}{V}\right)^\gamma \tag{3.100}$$

および

$$T = \frac{pV}{R} = T_1 \left(\frac{V_1}{V}\right)^{\gamma-1} \tag{3.101}$$

にしたがって変化する。気体が外部にする仕事 W を計算すると

$$\begin{aligned}
W &= \int_{V_1}^{V_2} p\,dV = \int_{V_1}^{V_2} \frac{p_1 V_1^\gamma}{V^\gamma} dV \\
&= \left[-\frac{p_1 V_1^\gamma}{(\gamma-1) V^{\gamma-1}}\right]_{V_1}^{V_2} \\
&= \frac{1}{\gamma-1}\left(p_1 V_1 - \frac{p_1 V_1^\gamma}{V_2^{\gamma-1}}\right) = \frac{R}{\gamma-1}(T_1 - T_2)
\end{aligned} \tag{3.102}$$

ここで，変化後の温度 T_2 は

$$T_2 = T_1 \left(\frac{V_1}{V_2}\right)^{\gamma-1} \tag{3.103}$$

等温変化

熱源に接触したまま一定の温度で行われる状態変化を等温変化という。ただし，状態変化は熱平衡状態を乱さない準静的変化であるとする。1モルの理想気体が (T, p_1, V_1) の状態から (T, p_2, V_2) の状態に等温変化するとき取り入れる熱を求めよう。等温変化 $\Delta T = 0$ では理想気体の内部エネルギーは変化せず，$\Delta U = 0$ である。熱力学の第1法則から $\Delta Q = p\Delta V$ である。状態方程式 $p = RT/V$ を使えば

$$Q = \int_{V_1}^{V_2} p\,dV = \int_{V_1}^{V_2} \frac{RT}{V} dV = RT \log\left(\frac{V_2}{V_1}\right) \tag{3.104}$$

3.6.4 カルノーサイクル

カルノーは理想気体を作業物質とし，高温 T_H と低温 T_L の2つの熱源の間で動作するサイクルを考えた．カルノーサイクルは次の4つの可逆変化だけからなる（図 3.15）．

(1) 高温熱源に接触して状態 $A(T_H, V_1)$ から 状態 $B(T_H, V_2)$ へ**等温膨張**
(2) 高温熱源から離れて状態 $B(T_H, V_2)$ から 状態 $C(T_L, V_3)$ へ**断熱膨張**
(3) 低温熱源に接触して状態 $C(T_L, V_3)$ から 状態 $D(T_L, V_4)$ へ**等温圧縮**
(4) 低温熱源から離れて状態 $D(T_L, V_4)$ から 状態 $A(T_H, V_1)$ へ**断熱圧縮**

温度 T_H と T_L が決まっているとき，断熱変化での体積比が T-V 関係
$$T_H V_2^{\gamma-1} = T_L V_3^{\gamma-1} \tag{3.105}$$
および
$$T_H V_1^{\gamma-1} = T_L V_4^{\gamma-1} \tag{3.106}$$
で決まるので，V_1, V_2, V_3, V_4 のうち自由に決められる体積は2個だけである．

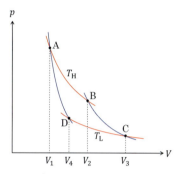

図 3.15 カルノーサイクル

[例題 3.2] カルノーサイクルを構成する4つの可逆変化における熱の出入りと仕事を求め，カルノーサイクルによる熱機関の効率が熱源の温度比で決まることを示せ．

解：
(1) 温度 T_H の熱源に接触させ，体積が V_1 から V_2 になるまで等温膨張させる．このとき高温熱源から吸収する熱を Q_H，外部にする仕事を W_1 とすれば
$$Q_H = W_1 = RT_H \log\left(\frac{V_2}{V_1}\right) \tag{3.107}$$

(2) 温度が T_L になるまで断熱膨張させる．体積は V_2 から V_3 まで増大する．このとき，熱の移動はない（$Q_2 = 0$）．外部にする仕事を W_2 とすると，
$$W_2 = \frac{R}{\gamma - 1}(T_H - T_L) \tag{3.108}$$

(3) 温度 T_L の熱源に接触させ，体積が V_3 から V_4 になるまで等温圧縮させる．このとき低温熱源に放出する熱を Q_L，外部にする仕事を W_3 とすれば，
$$Q_L = -W_3 = -RT_L \log\left(\frac{V_4}{V_3}\right) = RT_L \log\left(\frac{V_3}{V_4}\right) \tag{3.109}$$

(4) 温度が T_H になるまで断熱圧縮させる．体積は V_4 から減少し V_1 に戻る．このとき，熱の移動はない（$Q_4 = 0$）．外部にする仕事を W_4 とすると，
$$W_4 = \frac{R}{\gamma - 1}(T_H - T_L) \tag{3.110}$$

以上の結果からカルノーサイクルの効率を計算する
$$\eta = 1 - \frac{Q_L}{Q_H} = 1 - \frac{T_L \log(V_3/V_4)}{T_H \log(V_2/V_1)} = 1 - \frac{T_L}{T_H} \tag{3.111}$$

最後の変形には断熱変化の T-V 関係（式 (3.105), (3.106)）から $V_2/V_1 = V_3/V_4$ となることを使った．この効率は2つの熱源の温度の比だけで決まる．

3.6.5 熱力学温度目盛

カルノーの原理によれば可逆機関の熱効率が最大なのであるから，作業物質が理想気体でなくても，可逆機関でありさえすれば効率は $\eta = 1 - T_\mathrm{L}/T_\mathrm{H}$ となる。ケルビンはこの性質に着目し，特定の温度計物質によらない普遍的な温度が定義できることに気づいた。それが T_L, T_H などの絶対温度である。2つの絶対温度の比は可逆機関の効率の式(3.111)から，

$$\frac{T_\mathrm{L}}{T_\mathrm{H}} = \frac{Q_\mathrm{L}}{Q_\mathrm{H}} \tag{3.112}$$

のように，熱量比に等しい。温度定点を決めれば（国際単位では，三重点にある水の温度を 273.16 K と決めている），測定される熱量の比から任意の物体の温度が決まる。このように定義された温度目盛を**熱力学温度目盛**という。

3.6.6 ヒートポンプ

カルノーサイクルは可逆であるからサイクルを逆向きに進行させることもできる（逆カルノーサイクル）。

(1′) 低温熱源に接触して状態 D (T_L, V_4) から状態 C (T_L, V_3) へ等温膨張
(2′) 低温熱源から離れて状態 C (T_L, V_3) から状態 B (T_H, V_2) へ断熱圧縮
(3′) 高温熱源に接触して状態 B (T_H, V_2) から状態 A (T_H, V_1) へ等温圧縮
(4′) 高温熱源から離れて状態 A (T_H, V_1) から状態 D (T_L, V_4) へ断熱膨張

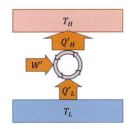

図 3.16 可逆熱機関を逆に動かした場合の熱移動と仕事

逆カルノーサイクルを利用すると，図 3.16 のように低温熱源から熱を受け取り，高温熱源に熱を放出することができる。このとき順サイクルとは逆に外部から仕事がなされる必要がある。このサイクルで低温熱源から吸収する熱は

$$Q_\mathrm{L}' = RT_\mathrm{L} \log\left(\frac{V_3}{V_4}\right) \tag{3.113}$$

また高温熱源に放出する熱は

$$Q_\mathrm{H}' = RT_\mathrm{H} \log\left(\frac{V_2}{V_1}\right) \tag{3.114}$$

である。したがって，熱力学の第1法則より，外部は気体に対して仕事

$$W' = Q_\mathrm{H}' - Q_\mathrm{L}' = R(T_\mathrm{H} - T_\mathrm{L}) \log\left(\frac{V_2}{V_1}\right) \tag{3.115}$$

をする。低温の物体から高温の物体への熱移動は自発的には起こらないが，外部から仕事をすることで可能になる。このようにして低温部から高温部へ熱を汲み上げる仕組みを**ヒートポンプ**という。

ヒートポンプは冷凍庫・冷蔵庫やエアコンの冷房機能などで主要な冷却手段となっている。また，エアコンの暖房や洗濯物の乾燥機などでエネルギー消費の少ない加熱の手段として使われている。冷却が目的の場合，ヒートポンプが低温熱源から熱を吸収する能力を利用する。一方，暖房が目的の場合は高温熱

源に熱を放出する能力を利用する。

　ヒートポンプの効率を表す指標として**成績係数**がある。冷蔵庫内の冷却の1サイクルでは，冷蔵庫内（低温熱源）から熱 Q_L' を受け取り，冷蔵庫外に熱 Q_H' を放出し，外部から仕事 W' をなされる。この仕事はふつう圧縮機によってなされるが，圧縮機のモータを動かすために外部から電力を供給する。サイクルの運転に要する仕事に対する低温熱源から奪う熱の大きさが冷却の性能を表すと考え，成績係数は次式で定義される。

$$K_\mathrm{L} = \frac{Q_\mathrm{L}'}{W'} = \frac{Q_\mathrm{L}'}{Q_\mathrm{H}' - Q_\mathrm{L}'} \tag{3.116}$$

逆カルノーサイクルを使用すると，式(3.113)と(3.115)から

$$K_\mathrm{L} = \frac{T_\mathrm{L}}{T_\mathrm{H} - T_\mathrm{L}} = \frac{1}{\dfrac{T_\mathrm{H}}{T_\mathrm{L}} - 1} \tag{3.117}$$

となる。冷却の成績係数は庫内外の温度の比が1に近い小さいほど大きくなる。また，冷房装置の性能が高いほど戸外への排熱量が大きくなるといえる。

　暖房の場合，サイクルの運転に要する仕事に対する高温熱源へ放出する熱の大きさが性能の良さを表すと考え，成績係数は次式で定義される。

$$K_\mathrm{H} = \frac{Q_\mathrm{H}'}{W'} = \frac{W' + Q_\mathrm{L}'}{W'} \tag{3.118}$$

この式において暖房の成績係数が必ず1（100％）以上となることに注意してほしい。つまり，ヒートポンプは投入した仕事以上の熱エネルギーを放出する。これは，$Q_\mathrm{H}' = Q_\mathrm{L}' + W'$ の関係からわかるように，低温熱源から吸収する熱 Q_L' に仕事 W' を加えた熱エネルギーが高温熱源に放出されるからである。暖房装置の運転に要するエネルギーを節約するためにはヒートポンプは好都合といえる。逆カルノーサイクルを使用すると，式(3.114)と(3.115)から次式が得られる。

$$K_\mathrm{H} = \frac{T_\mathrm{H}}{T_\mathrm{H} - T_\mathrm{L}} = \frac{1}{1 - \dfrac{T_\mathrm{H}}{T_\mathrm{L}}} \tag{3.119}$$

3.7 熱力学の第2法則

3.7.1 永久機関

　エネルギーを外部から供給しなくても外部に対して仕事をし続けることのできる想像上の装置を**第1種永久機関**という。もしこれが実現すれば，無からいくらでもエネルギーを得られることになるが，その可能性は熱力学の第1法則（エネルギー保存則）によって否定される。

　効率が100％の熱機関が実現できれば，熱源から受け取った熱をすべて仕事に変えることができる。また，仕事なしで働き続けるヒートポンプが実現でき

れば，余剰の熱を無駄なく再利用することができる。これらを利用すれば多くのエネルギー問題や環境問題が解決されることになる。効率100％の熱機関あるいは仕事不要のヒートポンプを**第2種永久機関**という。歴史上さまざまな試みがなされたが第2種永久機関は実現していない。そこで，第2種永久機関が不可能であるという経験則を原理として認め，熱力学の基本法則に加えることになった。これを**熱力学の第2法則**という。

3.7.2 トムソンの原理とクラウジウスの原理

熱力学の第2法則には，トムソンの原理とクラウジウスの原理という2種類の表現がある。

クラウジウス（Rudolf Julius Emmanuel Clausius, 1822年～1888年，ドイツ）

トムソンの原理
ほかに何の変化も残さずに，1つの熱源からとった熱をすべて仕事に変えることは不可能である。

すなわち，「効率100％の熱機関は不可能である」ということである。

クラウジウスの原理
ほかに何の変化も残さずに，低温の物体から高温の物体に熱を移すことは不可能である。

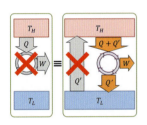

図 3.17 トムソンの原理（左）とクラウジウスの原理による等価な表現（右）

これは，「仕事不要のヒートポンプは不可能である」と表現してもよい。

これら2つの原理は互いに同等であることが証明できる。図3.17はトムソンの原理が成り立てばクラウジウスの原理も成り立つことを証明している。もし，トムソンの原理は成り立つがクラウジウスの原理は成り立たないとすると矛盾に導かれる。なぜなら，クラウジウスの原理を否定すれば，仕事不要のヒートポンプ（右側の図の×印）が可能となり，熱機関が低温熱源に捨てる熱 Q を高温熱源へ戻すことが可能となる。この組み合わせを1つの熱機関と見れば，左側の図に示すトムソンの原理が不可能としている効率100％の熱機関が実現したことになり，前提に矛盾する。よって，トムソンの原理が成り立てばクラウジウスの原理も成り立たなければならない。

図3.18はクラウジウスの原理が成り立てばトムソンの原理も成り立つことを証明している。もし，クラウジウスの原理は成り立つがトムソンの原理は成り立たないとすると矛盾に導かれる。トムソンの原理を否定すれば，効率100％の熱機関（右側の図の×印）によって高温熱源から取った熱 Q' を仕事 $W(=Q')$ に変換できる。この仕事でヒートポンプを動かせば，クラウジウスの原理が不可能としている仕事不要のヒートポンプが実現したことになり，前提に矛盾する。よって，クラウジウスの原理が成り立てばトムソンの原理も成り立たなければならない

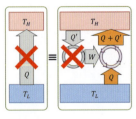

図 3.18 クラウジウスの原理（左）とトムソンの原理による等価な表現（右）

以上より，トムソンの原理とクラウジウスの原理は互いに同等であることが

3.8 エントロピー

3.8.1 エントロピーの定義（マクロな見方）

カルノーの原理によると，温度 T_H の熱源から熱 Q_H を受け取り，温度 T_L ($<T_H$) の熱源に熱 Q_L を放出する熱機関の効率は，可逆機関の効率を超えることができない。すなわち，

$$\frac{Q_L}{Q_H} \le \frac{T_L}{T_H} \qquad (3.120)$$

等号は熱機関が可逆機関である場合だけ成立する。可逆サイクルについて，式 (3.120) を少し変形して次式が成り立つ。

$$\frac{Q_H}{T_H} + \frac{(-Q_L)}{T_L} = 0 \qquad (3.121)$$

Q_H と $-Q_L$ はどちらも等温変化で系（作業物質）に入った熱エネルギーである。ただし，出入りした熱量は系に入る向きを正にとっている。もし，多数の熱源（温度 $T_1, T_2, \cdots$）があり，それらに接触して行われる等温変化によって熱 $\Delta Q_1, \Delta Q_2, \cdots$ が入る可逆サイクルであれば，

$$\frac{\Delta Q_1}{T_1} + \frac{\Delta Q_2}{T_2} + \cdots = \sum_i \frac{\Delta Q_i}{T_i} = 0 \quad \text{（可逆サイクル）} \qquad (3.122)$$

が成り立つ。可逆変化を図 3.19 に例示するように微小な等温変化と断熱変化に分割して考えれば，式 (3.122) は任意の可逆サイクルにおける $\Delta Q/T$ の総和が 0 であることを意味する。

図 3.20 に示す可逆サイクル A→L→B→M→A について式 (3.122) が成り立つので，過程 A→L→B と過程 B→M→A について

$$\sum_{\substack{i \\ (A \to L \to B)}} \frac{\Delta Q_i}{T_i} + \sum_{\substack{j \\ (B \to M \to A)}} \frac{\Delta Q_j}{T_j} = 0 \qquad (3.123)$$

となる。ここで，過程 B→M→A を逆行する過程 A→M→B を考えると，各微小変化で熱の出入りが逆 ($\Delta Q_j \to -\Delta Q_j$) になるので

$$\sum_{\substack{i \\ (A \to L \to B)}} \frac{\Delta Q_i}{T_i} = \sum_{\substack{j \\ (A \to M \to B)}} \frac{\Delta Q_j}{T_j} \qquad (3.124)$$

となる。つまり，任意の可逆変化の経路にわたる $\Delta Q/T$ の和は，途中の経路によらず，始点と終点の 2 状態のみで決まる。このことは新たな状態量の存在を意味している。この状態量をエントロピーといい，S と表記する。エントロピーの微小変化は可逆変化にともなう微小量 $\Delta Q/T$ で定義される。

$$\Delta S = \frac{\Delta Q}{T} \quad \text{（可逆変化）} \qquad (3.125)$$

したがって，状態 A を基準とする状態 B のエントロピーは，可逆過程 A→B

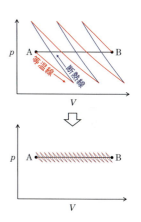

図 3.19 等圧変化 A→B を微小な可逆変化で近似する

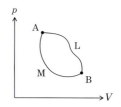

図 3.20 可逆サイクル A→L→B→M→A

の任意の経路に沿った微小変化の和で与えられる。

$$S_{\rm B} - S_{\rm A} = \sum_{i \atop ({\rm A} \to {\rm B})} \frac{\Delta Q_i}{T_i} \tag{3.126}$$

3.8.2 理想気体のエントロピー

1モルの理想気体のエントロピーを求める。理想気体の内部エネルギーは温度だけの関数であり，それらの微小変化の関係は

$$\Delta U = C_V \Delta T \tag{3.127}$$

である。熱力学の第1法則により $\Delta Q = \Delta U + p\Delta V$ であるから，

$$\Delta S = \frac{\Delta U + p\Delta V}{T} = \frac{C_V}{T}\Delta T + \frac{p}{T}\Delta V = \frac{C_V}{T}\Delta T + \frac{R}{V}\Delta V \tag{3.128}$$

となる。この状態量の微小変化の関係から

$$S(T, V) = C_V \log T + R \log V + 定数 \tag{3.129}$$

3.8.3 不可逆変化におけるエントロピー増大

不可逆変化を含む熱機関の場合は，式(3.120)から次式を得る。

$$\frac{Q_{\rm H}}{T_{\rm H}} + \frac{(-Q_{\rm L})}{T_{\rm L}} < 0 \tag{3.130}$$

したがって，不可逆変化を含むサイクルについて次式が成り立つ。

$$\frac{\Delta Q_1}{T_1} + \frac{\Delta Q_2}{T_2} + \cdots = \sum_i \frac{\Delta Q_i}{T_i} < 0 \quad (\text{不可逆サイクル}) \tag{3.131}$$

いま，状態 A にあった系が不可逆な微小変化をして状態 B に移り，その後は可逆変化によって初期の状態 A に戻るサイクルを考える（図 3.21）。不可逆変化 A → B で温度 T の熱源に接触して不可逆に熱 ΔQ を受け取ったとする。すると式(3.131)において A → B からの寄与は $\Delta Q/T$ で，残りの経路 B → A からの寄与は，式(3.126)によりエントロピーの差 $(S_{\rm A} - S_{\rm B})$ に等しい。

$$\frac{\Delta Q}{T} + S_{\rm A} - S_{\rm B} < 0 \tag{3.132}$$

よって，不可逆変化 A → B によるエントロピーの変化 $\Delta S = S_{\rm B} - S_{\rm A}$ について不等式

$$\Delta S > \frac{\Delta Q}{T} \quad (\text{不可逆変化}) \tag{3.133}$$

が成り立つ。一般に，断熱変化（$\Delta Q = 0$）について次式が成り立つ。

$$\Delta S \geq 0 \tag{3.134}$$

等号は可逆変化のときだけ適用される。したがって，外部と熱的な接触のない系（例えば，外部から何の影響も受けない系（孤立系））であっても，不可逆変化が起きるとエントロピーが増大する。これをエントロピー増大の法則という。

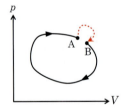

図 3.21 微小な不可逆変化 A→B（破線）と可逆変化 B→A（実線）からなるサイクル。不可逆変化の経路は p–V 図上に描けないので始状態と終状態を破線で示している。

3.8.4 断熱自由膨張によるエントロピーの増大

[例題 3.3] 1モルの理想気体が断熱自由膨張によって体積が2倍になった場合のエントロピー変化を求め,状態変化が不可逆変化であることを示せ。

解: エントロピーは状態量であるから,状態変化 A → B におけるエントロピー変化は,任意の経路による可逆変化 A → B で計算できる。理想気体の温度は断熱自由膨張で変化しないので,エントロピー変化は等温膨張 $(T, V) \to (T, 2V)$ で計算できる。エントロピーの微小変化は式(3.128)において $\Delta T = 0$ として

$$\Delta S = \frac{R}{V}\Delta V \tag{3.135}$$

これを積分すれば

$$S_B - S_A = \int_V^{2V} \frac{R}{V} dV = R\log(2V) - R\log(V) = R\log 2 \tag{3.136}$$

を得る。不等式(3.133)(ただし $\Delta Q = 0$)が成立するのでこれは不可逆変化である。

3.8.5 エントロピーの定義 (ミクロな見方)

ボルツマンはミクロな見方から,孤立系のエントロピーが次のように表されることを示した。

$$S = k_B \log W \tag{3.137}$$

ここで,W は微視的状態数,k_B はボルツマン定数である。これをボルツマンの関係式という。微視的状態数はミクロな見方で系がとり得る状態の個数である。1つの状態しかとり得ない場合 ($W = 1$) は,$S = 0$ である。とり得る状態数が大きいほど,系はより多数の状態を渡り歩くので「乱雑さ」が大きくなる。したがって,エントロピーは系の乱雑さの度合いを表す。

系のマクロな状態 A, B があって,それらの微視的状態数が W_A, W_B であるとすれば,状態変化 A → B によるエントロピーの変化は次のようになる。

$$\Delta S = S_B - S_A = k_B \log W_B - k_B \log W_A = k_B \log\left(\frac{W_B}{W_A}\right) \tag{3.138}$$

上の例題で計算した断熱自由膨張によるエントロピー変化を,この式を用いて計算しよう。粒子系の微視的状態数は,速度に関する微視的状態数と位置に関する微視的状態数の積である。断熱自由膨張で温度は変わらないので速度分布も変わらず,よって速度に関する微視的状態数にも変化はない。位置に関する微視的状態数は,図3.12の左右どちらの部屋にいるかで数えることができる。部屋の体積は同じなので本来左右どちらにいる確率も等しいが,膨張前は「左」だけに制限されている。1個の粒子がとり得る位置の状態数は,膨張前に比べて膨張後はその2倍になる。したがって,$N\ (= N_A)$ 個の粒子全体の位置の膨張後の状態数は膨張前の 2^N 倍となる。式(3.138)を用いれば

$$\Delta S = k_B \log(2^N) = N k_B \log 2 = R\log 2 \tag{3.139}$$

となり,マクロな見方による結果と一致する。

演習問題

1. 物体の長さ L に関する膨張率 $\alpha = L^{-1}(dL/dT)$ を**線膨張率**という。
   (1) 一様で等方的な膨張をする物体について，体膨張率 β が 3α に等しいことを示せ。
   (2) 鉄でできた長さ 25 m のレールが 10℃ の気温上昇で 3.0 mm だけ長くなった。鉄の線膨張率および体膨張率を求めよ。
   (3) 圧力が一定に保たれた理想気体の体膨張率を求め，温度を用いて表せ。

2. 断熱体積弾性率は $B_S = -V(dp/dV)_S$ で定義される。ただし，微分は断熱変化について行う。また，気体中の音速は気体の密度 ρ を用いて $v = \sqrt{B_S/\rho}$ で与えられる。
   (1) 理想気体の断熱体積弾性率を求めよ。
   (2) 1気圧 0℃ の窒素 (N_2, 分子量 28) を理想気体とみなして音速を求めよ。

3. 状態方程式 $p(V-b) = RT$ (b は定数) にしたがう気体が，体積 V_0 から V_1 に等温膨張した。気体のした仕事を求めよ。

4. マクスウェルの速度分布関数を用いて，$\langle v_x^2 \rangle$, v_{rms}, $\langle v \rangle$ を計算せよ。

5. (1) カルノーサイクル (図 3.15) において，状態 A でのエントロピーを S_A, 温度 T_H の高温熱源から吸収する熱を Q_H とするとき，B, C, D の各状態におけるエントロピーを，T_H, Q_H, S_A を用いて表せ。
   (2) カルノーサイクルを T-S 図 (温度 T とエントロピー S を縦と横の座標軸にとった図) に描け。

6. 7℃ の室外を低温熱源，17℃ の室内を高温熱源とする可逆ヒートポンプによる暖房と電気ヒータによる暖房とで，同じ消費電力に対して単位時間に室内が得る熱量を比較せよ。ただし，消費電力は暖房装置においては作業物質への仕事に，電気ヒータにおいては熱にすべて変換されるものとする。

7. $S(T,V)$ の式 (3.129) に $pV = RT$ を使って $S(p,V)$ および $S(T,p)$ を求めよ。

8. 理想気体の断熱自由膨張が不可逆変化であることを，熱力学の第2法則を用いて証明せよ。(ヒント：もし可逆変化であると仮定すると トムソンの原理に違反するサイクルが可能となることをいえばよい。)

4
振動と波動

振動や波動といった現象は，日常ありふれたきわめてどこにでもある現象である。そうであるがゆえに，その特徴をとらえるためには，ありふれていることに惑わされないしっかりとした視点をもつことが必要となる。また，ありふれているということは，振動や波動といった考え方が，非常に応用が利くということも示している。非常に多くの測定装置がその応用問題として作製されている。たとえば，体にダメージを与えることなく精密に病気の診断ができる医療機器である MRI (Magnetic Resonance Imaging) もその応用例の1つである（図4.1）。この章では，共振現象という振動現象における特徴的で応用範囲の広い現象を理解する。加えて，振動数，波長，伝わる速さといった波動を特徴付ける基本的な量，縦波，横波，平面波，球面波といった波動の種類の区別，重ね合わせの原理，ホイヘンスの原理といった波動が示す現象を理解する考え方，そして，反射，屈折，干渉といった波動が示す特徴的な物理現象を理解するとともに，応用するために必要な考え方を身につける。

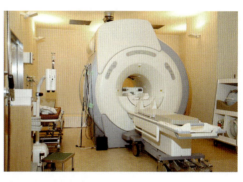

図 4.1 MRI装置。
体を強い磁場の中に入れ，電磁波を照射する。水素原子の原子核（陽子）とエネルギー共鳴（4.1.2節参照）を起こすことで電磁波が吸収される。吸収量の分布から体の構造が分かる。生命活動に関係しない原子核との共鳴を利用する装置のため，体にダメージを一切与えない。

4.1 強制振動と共振

物体に復元力が働くとき，物体のもつ慣性と復元力の相反する効果により物体は振動する。復元力の働く物体を**振動体**と呼ぶことにしよう。振動体はばねに吊された重りや振り子のような日常サイズの物もあるが，もっと小さな物，分子も振動体と考えることができる。図4.2に二酸化炭素の場合を示す。このように，日常サイズから分子サイズまで振動という現象は普遍に存在している。

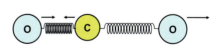

図 4.2 振動体として見た二酸化炭素分子。
二酸化炭素分子は炭素原子（Cで示す）の両側にばねで酸素原子（Oで示す）が接続されている物と考えることが出来る。酸素原子，炭素原子は二酸化炭素固有の振動数で振動している。

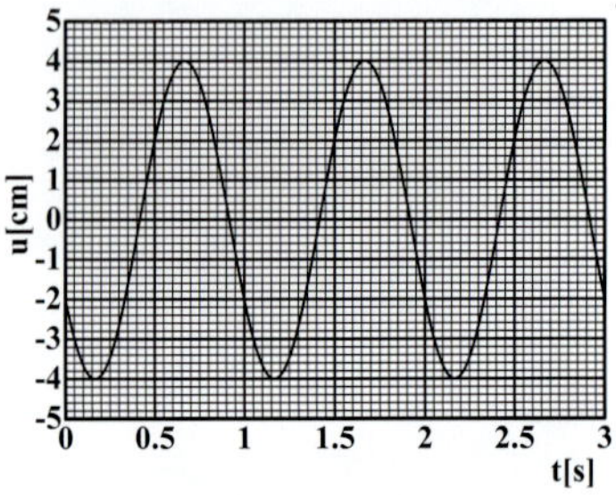

振動現象のうち最も簡単でかつ基本的なものとして第2章で単振動を紹介した。単振動で最も重要な物理量は**振動数** ν（または角振動数 $\omega = 2\pi\nu$；振動数に比べて角振動数は直感性に乏しいが理論計算に便利なので，本章では頻繁に使用する）である。振動数は慣性と復元力の効き方の割合で決まるので，振動体固有のものである。そのため，振動体の**固有振動数**とか**固有角振動数**とか呼ばれることがある。たとえば，図4.2の二酸化炭素分子の場合，酸素原子，炭素原子それぞれが二酸化炭素分子固有の振動数で振動している。この固有の振動を検出することで，二酸化炭素の存在を知ることができる。

図4.3 振動体の変位と時刻の関係 安定点を変位の原点にとっている。振動現象を特徴付ける物理量は，振幅と振動数 ν である。振動数の逆数が周期 T ($T = 1/\nu$) である。角振動数 $\omega = 2\pi\nu$ は振動数に比べて直感的でない量であるが，理論計算においては便利である。

[**例題 4.1**] 左の図4.3は物体が振動しているときの変位 u と時刻 t の関係を示したグラフである。この振動の，振幅，周期，振動数，角振動数はいくらか。

解： 振幅 4.0 cm，周期 1.0 s，振動数 1.0 Hz，角振動数 6.3 rad/s

4.1.1 単振動の一般化

単振動の運動方程式は，初期状態として物体に有限の変位または速度を与えておけば永遠に振動を繰り返すことを示している。しかし，現実では外部から力が加わることなしに振動現象が永遠に続くことはない。その理由は，単振動のモデルでは考慮されていない**摩擦力**が働くからである。この摩擦力による振動の減衰を補うような外力が働いている場合のみ振動が永続する。単振動現象を考えたときには，振動現象を理解する上で必要な最小の要素のみを取り扱った。ここでは，摩擦力と周期的な外力という要素を付加して，単振動現象をいろいろな分野で有効に活用できるようにする。

具体的なモデルとして，図4.4に示すような一端が固定されたばね定数 k のばねの端に質量 m の物体が接続されている系を考える。物体は x 軸上を運動し，ばねが自然長であるとき，物体は原点にいるとする。この物体に，速度に比例する摩擦力，$-\Gamma dx/dt$ と，ばねからの力と摩擦力という2つの力以外の外力 $F(t)$ が加わっているとする。ここで，摩擦力の比例定数 Γ は正の数であることに注意しよう。運動方程式は，

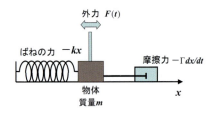

図4.4 強制振動の例

$$m\frac{d^2x}{dt^2} = -kx - \Gamma\frac{dx}{dt} + F(t) \qquad (4.1)$$

となる。両辺を m でわって書き直して，

$$\frac{d^2x}{dt^2} + \gamma\frac{dx}{dt} + \omega^2 x = f(t) \qquad (4.2)$$

ここで，$\omega^2 = \dfrac{k}{m}$, $\gamma = \dfrac{\Gamma}{m}$, $f(t) = \dfrac{F(t)}{m}$, である。また，ω はばねと物体，すなわち振動体の固有角振動数である。

外力 $F(t)$ が加わらない場合，いかなる初期条件を選んでも振動は徐々に減衰してしまい，最終的に物体は静止してしまう。運動を継続するには摩擦力による減衰を補ように外力が加わる必要がある。このように，外力により強制的に起こされる振動を**強制振動**という。外力として**角振動数** Ω の周期的な力を考えよう。すなわち，

$$f(t) = f_0 \cos\Omega t \tag{4.3}$$

とする。結局，解くべき運動方程式は，

$$\frac{d^2x}{dt^2} + \gamma\frac{dx}{dt} + \omega^2 x = f_0\cos\Omega t \tag{4.4}$$

となる。

運動方程式(4.4)の解を求めてみよう。角振動数 Ω の外力が加わっているのであるから，運動の初期の状況がどうであれ，最終的には角振動数 Ω で振動することになると予想される。ゆえに，解の形を

$$x(t) = A\cos\Omega t + B\sin\Omega t \tag{4.5}$$

と仮定して，定数 A, B を式(4.4)が満たされるように決定することにする。結果，

$$\begin{aligned}x(t) &= \frac{f_0[(\omega^2 - \Omega^2)\cos\Omega t + \gamma\Omega\sin\Omega t]}{(\omega^2 - \Omega^2)^2 + \gamma^2\Omega^2} \\ &= \frac{f_0}{\sqrt{(\omega^2 - \Omega^2)^2 + \gamma^2\Omega^2}}\cos(\Omega t - \phi)\end{aligned} \tag{4.6}$$

となる。ここで，定数 ϕ は，

$$\cos\phi = \frac{\omega^2 - \Omega^2}{\sqrt{(\omega^2 - \Omega^2)^2 + \gamma^2\Omega^2}}, \quad \sin\phi = \frac{\gamma\Omega}{\sqrt{(\omega^2 - \Omega^2)^2 + \gamma^2\Omega^2}} \tag{4.7}$$

で定まる。

物体は，外力と同じ角振動数で振動はしているが，その振動のタイミングは外力に比べ少し遅れることがわかる。この遅れ度合いを示しているのが位相の遅れ ϕ で，時間に直すと ϕ/Ω だけ遅れた振動となる(図 4.5)。

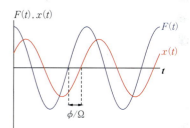

図 4.5 外力と変位の関係。変位は外力より ϕ/Ω だけ遅れた運動をする。

4.1.2　共振現象

強制振動を表現している式(4.6)の特徴は，振幅

$$a = \frac{f_0}{\sqrt{(\omega^2 - \Omega^2)^2 + \gamma^2\Omega^2}} \tag{4.8}$$

が外力の角振動数に依存していることである。このことからわかることを調べてみよう。簡単のため摩擦はそれほど強くなく $\omega^2 > \gamma^2/2$ であるとしよう。摩擦の強さ，つまり γ を変えて振幅のグラフを描いてみたのが，図 4.6 である。ある Ω の値で振幅は最大値をもつ。摩擦係数 γ が大きくなると最大となる Ω の値は小さくなり，また，最大値の値も小さくなることがわかる。

振幅を最大にする Ω の値を探してみる。分母のルートの中が最小になるとき振幅が最大になるので，関数

$$h(\Omega^2) = (\omega^2 - \Omega^2)^2 + \gamma^2 \Omega^2$$
$$= \left(\Omega^2 - \frac{2\omega^2 - \gamma^2}{2}\right)^2 + \omega^4 - \left(\omega^2 - \frac{\gamma^2}{2}\right)^2 \quad (4.9)$$

を最小にすればよい。つまり，外力の角振動数が

$$\Omega_{\max} = \sqrt{\omega^2 - \frac{1}{2}\gamma^2} \quad (4.10)$$

で振幅が最大となる。このときの位相の遅れ $\phi_{\max}$ は，

$$\tan \phi_{\max} = \frac{2}{\gamma}\sqrt{\omega^2 - \frac{\gamma^2}{2}} \quad (4.11)$$

で与えられる。このように特定の外力の角振動数において振幅が最大になる現象を，**振幅の共振**または**振幅の共鳴**とよぶ。振幅の共振がおこる外力の角振動数は固有角振動数 ω からずれていることに注意しよう。

振動が式(4.6)で書かれているときに，外力が単位時間あたりにする仕事(仕事率) W を計算してみると，

$$W = \frac{\Omega}{2\pi} \int_0^{2\pi/\Omega} F \frac{dx}{dt} dt$$
$$= \frac{\Omega}{2\pi} \int_0^{2\pi/\Omega} mf_0 \cos\Omega t (-a\Omega\sin(\Omega t - \phi)) dt = \frac{mf_0 a}{2}\Omega \sin\phi$$
$$= \frac{mf_0^2}{2} \frac{\gamma \Omega^2}{(\omega^2 - \Omega^2)^2 + \gamma^2 \Omega^2} \quad (4.12)$$

となる。仕事率 W は角振動数 Ω の関数となっており，$\Omega = \omega$ で最大値をとる。外力のする仕事率，すなわち，すなわち外力から振動する物体に単位時間

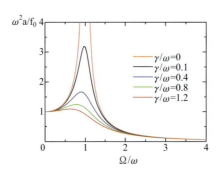

図 4.6 強制振動の振幅と外力の角振動数の関係のグラフ

振幅は外力の特定の角振動数（共振角振動数）のときにピークを持つ。摩擦力の強さが小さいほど（すなわち, γ が小さいほど）ピークは高く鋭くなる。赤，緑，青，黒の色の順にピークは高く鋭くなっていることが分かる。また，ピークの位置（共振角振動数の値）は摩擦の強さによって変化する。

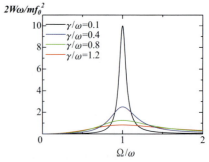

図 4.7 外力が単位時間当たりにする仕事と外力の角振動数の関係のグラフ

単位時間当りの仕事は，外力の特定の角振動数（共振角振動数）のときにピークを持つ。摩擦力の強さが小さいほど（すなわち，γ が小さいほど）ピークは高く鋭くなる。赤，緑，青，黒の色の順にピークは高く鋭くなっていることが分かる。また，ピークの位置（共振角振動数の値）は振動体の固有角振動数 ω に等しい。

当たりに供給されるエネルギーが $\Omega = \omega$ のとき最大となる。この，単位時間当たりに供給されるエネルギーが最大になる現象を**エネルギー共振**または**エネルギー共鳴**と呼ぶ。エネルギー共振が起こっているときの外力の角振動数は固有角振動数であることがわかる。エネルギー共振は存在する分子の種類を知ることに利用できる。図 4.2 に示した二酸化炭素分子以外の分子の振動もその分子を特徴付ける固有振動数をもっている。外力として電磁波を使うと，エネルギー共振が生じている振動数，すなわち，固有振動数の電磁波は分子に吸収される。吸収される電磁波の振動数から存在する分子の種類を知ることができる。

[**例題 4.2**] 物体の質量が 1.00×10^{-6} kg，ばね定数が 1.00×10^6 N/m，摩擦力の比例定数 Γ が 6.00×10^{-1} Ns/m であるとき，①エネルギー共振が起こっているときの外力の振動数 ν_1 はどれだけか。②振幅共振が起こっているときの外力の振動数 ν_2 はどれだけか。

解： $\omega = \sqrt{\dfrac{1.00 \times 10^6}{1.00 \times 10^{-6}}}$ rad/s $= 1.00 \times 10^6$ rad/s, $\gamma = \dfrac{6.00 \times 10^{-1}}{1.00 \times 10^{-6}}$ s^{-1}
$= 6.00 \times 10^5$ s^{-1} であるから，

① $\nu_1 = \dfrac{\omega}{2\pi} \approx 1.59 \times 10^5$ Hz, ② $\nu_1 = \dfrac{1}{2\pi}\sqrt{\omega^2 - \dfrac{1}{2}\gamma^2} \approx 1.44 \times 10^5$ Hz

4.2 波　動

4.2.1 波動（波）とは

振動している物体が質点ではなく紐状につながった物体であったらどうであろうか。物体の一点が振動すると，その一点に接続されている部分も振動し始めるであろう（図 4.8）。振動が伝わっていく現象を**波動**または**波**と呼ぶ。振動しているもの，すなわち波動を伝えるものを**媒質**と呼ぶ。また，波動を生じさせるためには媒質を振動させる必要があり，媒質を振動させる外力を加えているものを**波源**と呼ぶ。水面をたたくと波が生じる（図 4.9）。この場合，水が媒質で水面をたたくものが波源である。ここで，振動状態は移動していくが媒質は振動しているだけで移動しないことに注意しなければならない。

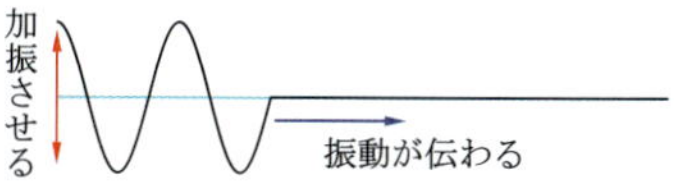

図 4.8 振動現象の伝搬。ぴんと張った弦の一部を振動させると振動はその周辺部分に伝わっていく。

4.2.2 縦波と横波

波動においては，媒質の振動方向と振動が伝わる方向（波の伝わる方向）という 2 つの考慮しなければならない方向が現れる。この 2 つの方向の相対関係に注目する。振動方向と波の伝わる方向が垂直である波を，**横波**と呼ぶ。前述の水面上に生じる波は横波の例である（図 4.10(a)）。また，弦を伝わる波や電磁波も横波である。振動方向と波の伝わる方向が平行である波を**縦波**と呼ぶ。図 4.10(b) のように長いばねの一端をばねに平行な方向に振動させると，ばね

図 4.9 水面に生じる波

にはばねに平行な方向の振動が生じ，それが伝わっていく．これは縦波の一例である．ばねに生じた縦波では，ばねの密度の高いところ（密の部分）と低いところ（疎の部分）が伝播する．そのため，縦波は**疎密波**と呼ばれることがある．音は縦波の一種である．

4.2.3 正弦波

まず，x 軸上に広がっている媒質を伝わる波動について考察しよう．時刻 t における点 x にある媒質の平衡点からのずれ，すなわち，変位を $u(x,t)$ と書くことにする．原点にある媒質が振幅 a，周期 T で単振動しているとしよう．つまり，

$$u(0,t) = a\sin\frac{2\pi}{T}t \tag{4.13}$$

振動が x 軸の負の方向から正の方向に速さ v で伝わっていくとする．点 x ($x > 0$) では原点の振動状態より x/v だけ過去の振動状態となっているはずだから，時刻の原点を x/v だけずらした振動を行っていることになる．つまり，

$$u(x,t) = a\sin\frac{2\pi}{T}\left(t - \frac{x}{v}\right) \tag{4.14}$$

$x < 0$ の場合，x/v は負になるが，これは，$|x|/v$ だけ原点に比べて未来の振動状態であることを示しているので，$x > 0$ と $x < 0$ の双方の場合で式(4.14)は振動が x 軸の負の方向から正の方向に速さ v で伝わっていくようすを記述している．このようすは 2 種類のグラフを描いてみるとよくわかる．図 4.11(a)に，特定の場所での変位と時間の関係つまり振動のようすを示す．x が大きくなるほど，遅れて振動していることがわかる．図 4.11(b)に特定の時刻での変位と位置の関係，すなわち波形を示す．時間経過とともに，波形が左から右に移動していくことがわかる．

同様に考察すると，振動が x 軸の正の方向から負の方向に速さ v で伝わっていくようすは，

$$u(x,t) = a\sin\frac{2\pi}{T}\left(t + \frac{x}{v}\right) \tag{4.15}$$

で記述できる．式(4.14)および式(4.15)で表記される媒質の運動形態を**正弦波**とよぶ．

式(4.14)，(4.15)には興味深い性質がある．ここで

$$\lambda = vT \tag{4.16}$$

を導入すると，

$$u(x+\lambda, t) = u(x,t) \tag{4.17}$$

となる．このことは，λ だけ離れた 2 点では，媒質は同じタイミングの振動をしていることを意味する．また，時刻 t を固定すると x 軸に沿って λ だけ進むことで同じ波の形状が現れることを意味する．一般に，式(4.17)を満たすゼロでない最小の距離 λ を**波長**とよぶ．周期 T が振動の繰り返し周期（図 4.11

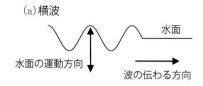

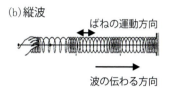

図 4.10　横波と縦波
(a) 横波。水面にできる波では，水面の振動方向と波の伝わる方向は垂直である。このような波を横波という。弦を伝わる波や電磁波は横波の例である。
(b) 縦波。媒質であるばねの振動方向と波の伝わる方向は平行である。このような波を縦波という。音は縦波の例である。
(http://www.it-salon.net/e-learning/school/public_html/wave_html/main/index.htm)

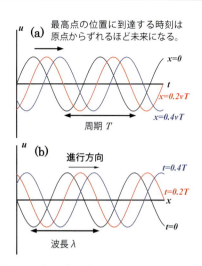

図 4.11　右に進む波
(a) 異なる場所における振動の様子。式 (4.14) では，x の値が大きくなるほど最高点の位置に到達する時刻が遅れる。言い換えると，未来になることを示している。つまり，この時間分だけ遅て振動をしているといえる。T は振動の周期，v は波の伝わる速さである。
(b) 異なる時刻での位置と変位の関係を示すグラフ。時刻を止めて，位置と変位の関係をグラフにすると，その時刻の波の形，すなわち，波形を描くことができる。グラフでは，異なる時刻における波形を重ねて描いてある。波形は同じ形であるが，時刻が経過すると，その形が，左から右に動くようすがわかる。

(a)) であるのに対して，波長は波形の繰り返し周期 (図 4.11 (b)) と考えることができる。周期 T は波の時間方向の繰り返し周期，波長は空間方向の繰り返し周期といってもよい。正弦波では，波長は，周期 T と波の伝わる速さ v を用いて式 (4.16) のように書くことができる。λ ごとに同じ波形が現れるから単位長さあたりに波の形状の繰り返しの数，すなわち，波数（時間方向の振動数に相当）を考えることができる。$1/\lambda$ または $2\pi/\lambda$ を**波数**とよぶが，物理学においては，後者，すなわち，

$$k = \frac{2\pi}{\lambda} \tag{4.18}$$

の方を波数とよぶことが多い。

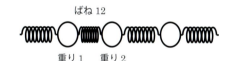

図 4.12　ばねと重りよりなる媒質における振動の伝わり方。重り 1 の運動はばね 12 を通じて重り 2 に伝わる。その伝わる速さは，ばね 12 のばね定数（剛性）と重りの質量で決まる。

波を特徴付ける量がいろいろと出てきたのでまとめると，時間変化に関する性質を記述する量として，周期 T，振動数 $f = 1/T$ および，角振動数 $\omega = 2\pi f$，空間方向に関する性質を記述する量として，波長 λ，波数 $k = 2\pi/\lambda$ が導入されている。これらに加えて，時間的な性質と空間的な性質の橋渡しをするものとして波の伝わる速さ v があり，それらを式 (4.16) は結びつけている。

これらの量の間の相互の関係を用いると正弦波は，

$$u(x,t) = a\sin\frac{2\pi}{T}\left(t \pm \frac{x}{v}\right) = a\sin 2\pi\left(\frac{t}{T} \pm \frac{x}{\lambda}\right)$$

$$= a\sin\omega\left(t \pm \frac{x}{v}\right) = a\sin(\omega t \pm kx) \tag{4.19}$$

のように書くことができる．単振動の場合と同様，sin 関数の中身，すなわち，

$$\theta(x,t) = 2\pi\left(\frac{t}{T} \pm \frac{x}{\lambda}\right) = \omega t \pm kx \tag{4.20}$$

を位相と呼ぶ．周期と波長は，位相が 2π だけ変化する時間間隔または空間距離と考えることができる．

　波の振動数は波源の振動数を変えることで自由に変えることができる．しかし，波の伝わる速さは媒質の性質のみにより決定され変えることができない．このことは次のように考えることで理解できる．振動する媒質の 1 点の運動はその点に隣接する媒質に伝わるが，それは，隣接点間において変位の差が生じ，それにより，変位が同じになるように力が及ぼされるからである．この力により発生した媒質の運動は，媒質の慣性により継続される．振動の伝わる速度はこの変位の差により生じる力と慣性により決まる（図 4.12 参照）．変位の差によりどの程度の力が発生するかは媒質の変形しにくさ（剛性）という性質であり，慣性は単位体積あたりの媒質の質量（密度）に比例する．つまり，媒質の剛性と密度で波の伝わる速度は決まることになる．剛性が大きいほど隣接する媒質間には強い力が発生するから，波の伝わる速さは速くなり，密度が大きいほど媒質の動きが鈍重になるので速さは遅くなる．

　4.1 節の振動現象を起こす振動体を特徴付けていたのは，振動数であったが，波という現象を起こす媒質を特徴付けているのは，波の伝わる速さである．そのため，振動数が変わるとそれに伴って伝わる波の波長も $\lambda = v/f$ のように変わる．この関係を，角振動数 ω と波数 k で書き表した関係式 $\omega = \omega(k) = vk$ を分散関係と呼ぶ．

[例題 4.3]　式 (4.16) はいろいろな形に書き直すことができる．たとえば，$v = f\lambda$，$\omega = vk$ のように書くことができる．これらの関係式が成り立つことを式 (4.16) から導け．
解：　式 (4.16) を書き換えて $v = \lambda/T = f\lambda$．さらに，この結果と式 (4.18) より $vk = v \times 2\pi/\lambda = f\lambda \times 2\pi/\lambda = 2\pi f = \omega$．

[例題 4.4]　音波（音）の速さはおよそ 340 m/s である．440 Hz の振動数の音波（音名 A，音階名ラの音）の波長を求めよ．
解：　$340/440$ m ≈ 0.773 m

4.2.4 波面および平面波と球面波

これまでは1次元的に広がった媒質を伝わる波を考えてきた。音や光は3次元空間を伝わる波である。3次元空間を伝わる波は，変位が3次元空間の場所 $\vec{r} = (x, y, z)$ と時刻 t の関数となる。

3次元の波の伝わるようすを表現するのによく用いられる概念に波面がある。ある時刻の変位が同じ値である点を連ねたものをその時刻における**波面**と呼ぶ。波面の有用性を1次元の場合で確認する。1次元の波では，そのような点はつなげることができずに飛び飛びになるので波面は点状である。たとえば変位が最大になる点を考えよう。その変位が最大となる点がどのように移動するかを見れば，波の伝わり方がだいたいわかる（図4.13(a)）。3次元の波では，波面は2次元面状に広がる。その移動方向は面に垂直な方向と定義する。波面が平面である波を**平面波**（図4.13(b)）とよび，波面が同じ中心をもつ球面である波を**球面波**（図4.13(c)）と呼ぶ。

変位を，位相を用いて

$$u(\vec{r}, t) = a \sin \theta(\vec{r}, t) \tag{4.21}$$

のように書くと，正弦波を簡単に3次元に拡張できる。式(4.21)の表記では波面は同一位相の点をつらねればよい。よって，平面波では，$\theta(\vec{r}, t) = $ 一定，の式が平面を表していればよいので，ベクトル $\vec{k}$ を導入して

$$\theta(\vec{r}, t) = \omega t - \vec{k} \cdot \vec{r} \tag{4.22}$$

のように書くことができる。ベクトル $\vec{k}$ は波数ベクトルと呼ばれ，図4.13(b)で示すように波長 λ と $|\vec{k}| = 2\pi/\lambda$ の関係がある。

波面に垂直な方向に波は伝わるので，球面波の伝わる方向は球面の半径方向である。形式的には，中心から出て行く波と中心に向かう波の2種類が存在するが，球面波の波源として，原点に角振動数 ω で振動する点状の振動子を考えると，発生する波は原点から外に向かう波となる。波面が球面であるので，

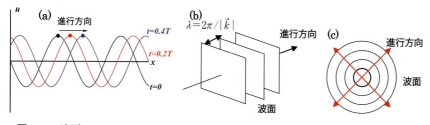

図 4.13 波面
(a) 1次元の波の波面。波面は点状である。変位の最大の点（●印）に注目すると，この点は●→●→●と移動し，この移動方向及び移動速度と波形のそれらとは同じであることがわかる。
(b) 平面波の波面。波面は平行な面の集合。式(4.22)の $\vec{k}$ は波数ベクトルと呼ばれ波面に垂直なベクトルである。平面波の進行方向は $\vec{k}$ に平行となることが分かる。平面波の波長 λ は，面に垂直な方向に λ だけ移動したとき，式(4.22)の位相が 2π だけ変わる量として定義されるので(4.2.3項参照) $\lambda|\vec{k}|=2\pi$ より $\lambda=2\pi/|\vec{k}|$。
(c) 球面波の波面。波面は同心球面の集合（図では円で書いてある）。伝わる方向は中心から外に向かう半径方向。

球面波の位相は原点からの距離の等しいところではすべて同じである。原点からの距離が r の点での位相は，正の定数 k を用いて

$$\theta = \theta(r, t) = \omega t - kr \tag{4.23}$$

とおけばよい。4.2.3項で述べたように，波長 λ は位相が 2π だけ変化するために必要な距離だから，$k\lambda = 2\pi$。すなわち，$k = 2\pi/\lambda$ で，定数 k は波数を意味する。球面波が伝わる媒質の変位は，正弦波の表式の位相部分を上記のもので置き換えればよいから，

$$u = \frac{a}{r}\sin\theta(r, t) = \frac{a}{r}\sin(\omega t - kr) \tag{4.24}$$

となる。ここで，a は（正）の定数で，a/r が正弦波の場合の振幅に相当する。球面波の場合，波源から遠くなると振幅は波源からの距離に反比例して小さくなることを反映して距離が分母に入っている。

4.2.5 重ね合わせの原理

2つの波源，波源1および波源2がある場合を考える。波源1のみ駆動させて発生させた波を $u = u_1(\vec{r}, t)$，波源2のみ駆動させた場合を $u = u_2(\vec{r}, t)$ と書くことにする。波源1と波源2の双方を駆動させたとき発生する波は，変位 $u = u_1(\vec{r}, t)$ と変位 $u = u_2(\vec{r}, t)$ を足しあわせたもの，すなわち，

$$u = u_1(\vec{r}, t) + u_2(\vec{r}, t) \tag{4.25}$$

となる。これを，波の重ね合わせの原理という。

たとえば，波源1は x 軸の正の方向に進む波 $u = a\sin(\omega t - kx)$ を作り，波源2が，x 軸の負の方向に進む波 $u = a\sin(\omega t + kx)$ を作るとしよう。波源1と波源2の双方が存在するときに発生する波は，

$$u = a\sin(\omega t - kx) + a\sin(\omega t + kx) \tag{4.26}$$

となる。

4.2.6 波の反射

媒質の性質が変わる境界では，境界に向かう波（入射波）により境界を波源として入射波とは逆向きに進む波が発生する。この現象を波の**反射**と呼ぶ。1次元の場合を考えてみよう。媒質に端点が存在する場合を考える。端点も境界の一種である。媒質は $x \leq 0$ の領域に存在し，原点 $x = 0$ が端点としよう。入射波として，x 軸の正の方向に進む正弦波

$$u = u_{\text{in}}(x, t) = a\sin(\omega t - kx) \tag{4.27}$$

を選ぶ。反射波は，進む方向が逆になることから

$$u = u_{\text{ref}}(x, t) = a\sin(\omega t + kx + \theta_0) \tag{4.28}$$

となるであろう。ここで，θ_0 は反射による位相のずれを示している。位相のずれは端点（境界）がどのようになっているかに依存する。ここでは，固定されている場合（**固定端**）と端点には力が加わらない場合（**自由端**）を考えよう。

$x \leq 0$ の媒質の存在する領域には，重ね合わせの原理より，入射波と反射波が足しあわせたものになるから，

$$u(x,t) = u_{\text{in}}(x,t) + u_{\text{ref}}(x,t)$$
$$= a\sin(\omega t - kx) + a\sin(\omega t + kx + \theta_0) \quad (4.29)$$

となる。固定端の場合，固定端の定義より，

$$0 = u(0,t) = a\sin\omega t + a\sin(\omega t + \theta_0)$$
$$= 2a\sin\left(\omega t + \frac{\theta_0}{2}\right)\cos\frac{\theta_0}{2} \quad (4.30)$$

これが任意の t で成り立つためには，

$$\theta_0 = \pi \quad (4.31)$$

つまり，固定端の反射では反射波は位相が π だけずれることになる。波形でいうと波長の半分，$\lambda/2$ だけずれたことになる。自由端は，端点に力が働かないこと，つまり，端点近傍において変位に傾斜がないということを意味する。

$$0 = \frac{\partial}{\partial x}u(0,t) \quad (4.32)$$

より

$$\theta_0 = 0 \quad (4.33)$$

となる。よって，自由端では位相がずれない。

4.3 ホイヘンスの原理と波の反射・屈折

ホイヘンス (Christiaan Huygens, 1629年～1695年, オランダ)

前節の終わりでは，媒質に端点がある場合の波の伝わり方について述べた。端点は極端な場合であるが，場所によって性質が異なる媒質中を波が伝わる場合，波は単純に直進するのではなく，進行方向を変えたり，反射波として新しい波を発生したりする。このような不均一媒質中の波の伝わるようすを直感的に記述する方法にホイヘンスの原理がある。ここでは，ホイヘンスの原理を簡単に説明した後，それを用いて波の反射および屈折における法則について説明する。

4.3.1 ホイヘンスの原理

ホイヘンスの原理は，ある時刻の波面の形状とその後の時刻の波面の形状の関係を記述している。図 4.14 は，波面 PQ が波面 P′Q′，波面 P″Q″ と進行していくようすを示している。波面 PQ 上の各点が波源となり球面波を発生し，時間 Δt だけ経過した後の球面波の波面に共通に接する面（包絡面）が時間 Δt だけ後の波面 P′Q′ となる。つづいて，波面 P′Q′ が新たに波源となり球面波が発生し新しい波面，波面 P″Q″ が作られる。このように，進行した波面はもとの波面を波源とした球面波の包絡面となっていることをホイヘンスの原理という。

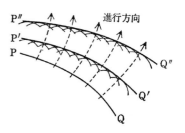

図 4.14 ホイヘンスの原理で考えた波の伝わり方（物理学要論，原島鮮著，学術図書出版社）

波の進行の様子を，波面で考えたり波面で書いて示したりするのは煩雑である。波は波面に垂直な方向に進むのだから，波面に垂直に交わるように引いた曲線を考えると進行の様子がわかりやすい（図 4.14 中の矢印の付いた点線）。波面に垂直に交わるように引いた曲線を**射線**と呼ぶことにしよう。球面波では波源から出る放射状の直線群，平面波では平行な直線群となる。平面波の射線はすべて平行なので，そのうちの適当な 1 本で代表させることができる。媒質の空間的な不均一性で平面波の進行方向が変わる現象は，射線が直線から曲線や折れ線になることで書き表される。

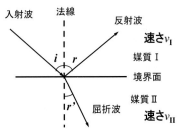

図 4.15 入射角，反射角，屈折角

図 4.15 に示すように，異なる媒質，媒質 I（波の速さ v_{I}）と媒質 II（波の速さ v_{II}）が平らな境界面で接している場合を考えよう。媒質 I から境界面に平面波が入射すると，境界面では，入射波が媒質 II に波（屈折波）を発生させるがその進行方向が入射波のそれから変化する現象（屈折）と，新たに媒質 I に波（反射波）を発生させる現象（反射）が起こる。

これらを射線で書くと図 4.15 の矢印のついた線になる。入射波，反射波，屈折波の進行方向の関係を考えるために，それぞれの進行方向を，境界面の法線と射線のなす角で記述しよう。

入射波，反射波および屈折波の射線と法線とのなす角を，それぞれ，**入射角**（図中の i），**反射角**（r），**屈折角**（r'）とよぶ。

4.3.2 波の反射

ホイヘンスの原理を用いて入射角 i と反射角 r の関係を求めてみよう。図 4.16, 4.17 では，入射波の射線を 3 本書いてある。波面 PQ の進行を考える。

波面 PQ のうち点 P は境界面に達している。波面が境界面に達すると，境界面上でホイヘンスの原理により，媒質 I 側と媒質 II 側の双方に球面波が発生する。媒質 I 側に発生する波が反射波，媒質 II に発生する波が屈折波を形成する。まず，反射波について考察するために媒質 I 側に現れる球面波に注目する。図 4.16 の説明のような推論から入射角 i と反射角 r は等しいことがわかる。これを**反射の法則**と呼ぶ。

4.3.3 波の屈折

入射角 i と屈折角 r' の関係を求めよう。媒質 II 側に発生する球面波の振舞いより屈折波の進行のようすがわかる。図 4.17 に示す推論から

$$\frac{\sin i}{\sin r'} = \frac{v_{\text{I}}}{v_{\text{II}}} \tag{4.34}$$

を得る。左辺，すなわち入射角の正弦と屈折角の正弦の比

$$n = \frac{\sin i}{\sin r'}$$

を媒質 I に対する媒質 II の**屈折率**と呼ぶ。上式と式 (4.34) からわかるように

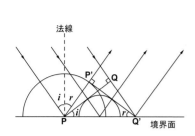
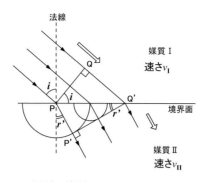

図 4.16 反射の法則

点 Q の部分が境界面上の点 Q' に達するまでに点 P から発生する球面波の媒質 I 側の半径は PP' になっている。波面 PQ の P と Q の間の部分が境界面に達すると次々と媒質 I 側に球面波が発生していき，これらの包絡面は点 Q' を通る点 P から発生する球面波の接平面 P'Q' となる。$\triangle$QPQ' と $\triangle$P'Q'P において，QQ'=P'P, $\angle$Q=$\angle$P'=90°, PQ'=Q'P だから $\triangle$QPQ'≡$\triangle$P'Q'P。ゆえに，$\angle$QPQ'=$\angle$P'Q'P。ここで，$\angle$QPQ'=i, $\angle$P'Q'P=r なので，$i=r$ となる。

図 4.17 屈折の法則

波面 PQ の点 Q が Q' に達するまでに，点 P から出た球面波の半径は PP' となる。この期間に境界面 PQ から溶媒 II に発生する球面波の包絡面は，点 Q' を通る，点 P から出た球面波の接平面 P'Q' である。つまり，点 Q が Q' に達するまでに屈折波の波面は P'Q' まで進行することがわかる。ここで，$\angle$PQ'P'=r' であることに注意しておこう。波面 PQ の点 Q が Q' に達するのに必要な時間を t とすると，QQ', PP' は媒質 I および媒質 II における波の伝わる速さ v_I, v_II を用いて，QQ'=$v_\mathrm{I}t$, PP'=$v_\mathrm{II}t$ と書くことができる。これより，

$$\sin i = \frac{\mathrm{QQ'}}{\mathrm{PQ'}} = \frac{v_\mathrm{I}t}{\mathrm{PQ'}}, \quad \sin r' = \frac{\mathrm{PP'}}{\mathrm{PQ'}} = \frac{v_\mathrm{II}t}{\mathrm{PQ'}}$$

という関係式が得られる。両辺の比をとると，

$$\frac{\sin i}{\sin r'} = \frac{v_\mathrm{I}}{v_\mathrm{II}}$$

この屈折率は波の伝わる速さのみで決まり入射角には依存しない。式(4.34) を**屈折の法則**とよぶ。

屈折率は入射波がどちらの媒質から入ってくるかにより変わる。つまり，入射波，屈折波の伝わっている媒質をはっきりさせないと定義できない。このことをはっきりするために，単に n と書かずに，$n_{\mathrm{I}\to\mathrm{II}}$ のように書くことがある。入射側が媒質 II で媒質 I に伝わる場合の屈折率（媒質 II に対する媒質 I の屈折率）は，

$$n_{\mathrm{II}\to\mathrm{I}} = \frac{v_\mathrm{II}}{v_\mathrm{I}} = \frac{1}{n_{\mathrm{I}\to\mathrm{II}}} \tag{4.35}$$

となる。

[**例題 4.5**] 媒質 I に対する媒質 II の屈折率を，媒質 I，II における波長 λ_I, λ_II を用いて書け。

解：媒質が変わると波の伝わる速度は変わるが振動数は変わらない。入射波の振動数を f とすると，媒質 I，II における波の速度はそれぞれ，$v_\mathrm{I}=f\lambda_\mathrm{I}$, $v_\mathrm{II}=f\lambda_\mathrm{II}$ と書くことができる。式(4.34) に代入して

$$n = \frac{v_\mathrm{I}}{v_\mathrm{II}} = \frac{\lambda_\mathrm{I}}{\lambda_\mathrm{II}}$$

となる。

4.4 波の干渉

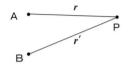

図 4.18 波源 A, B と観測点 P との位置関係

各波源からは球面波が図 4.18 のように，2つの波源 A, B が角振動数 ω で位相のそろった振動をしているとしよう．各波源からは球面波がでていると考えてよい．波源 A からの距離 r，波源 B からの距離 r' の点 P における変位を考えてみる．波源 A により引き起こされる変位は

$$u_A = \frac{a}{r}\sin(\omega t - kr) \tag{4.36}$$

波源 B によるものは

$$u_B = \frac{a}{r'}\sin(\omega t - kr') \tag{4.37}$$

ここで，a は正の数，また，k は 4.2.4 項で示した波数で，波長 λ を用いると，$k = 2\pi/\lambda$ と書くことができる．波源 A, B の双方が存在するときは，重ね合わせの原理より，

$$\begin{aligned}u = u_A + u_B &= \frac{a}{r}\sin(\omega t - kr) + \frac{a}{r'}\sin(\omega t - kr') \\ &= \frac{a}{r}[\sin(\omega t - kr) + \sin(\omega t - kr')] + a\left(\frac{1}{r'} - \frac{1}{r}\right)\sin(\omega t - kr') \\ &= 2\frac{a}{r}\cos\left[\frac{1}{2}k(r'-r)\right]\sin\left[\omega t - \frac{k}{2}(r'+r)\right] + a\left(\frac{1}{r'} - \frac{1}{r}\right)\sin(\omega t - kr')\end{aligned} \tag{4.38}$$

議論を簡単にするため，$|r'-r|$ は，r や r' に比べて十分小さいとしよう．この場合，最右辺第 2 項は，第 1 項に比べて十分小さいので無視できる．これにより，

$$u \approx 2\frac{a}{r}\cos\left[\frac{1}{2}k(r'-r)\right]\sin\left[\omega t - \frac{k}{2}(r'+r)\right] \tag{4.39}$$

となる．この式は，点 P で媒質は初期位相 $k(r'+r)/2$，振幅

$$A = 2\frac{a}{r}\left|\cos\left[\frac{1}{2}k(r'-r)\right]\right| \tag{4.40}$$

の単振動をしていることを示している．単振動の振幅は，

$$\frac{1}{2}k|r'-r| = m\pi \tag{4.41}$$

のとき最大になり，

$$\frac{1}{2}k|r'-r| = m\pi + \frac{1}{2}\pi \tag{4.42}$$

の位置で，ゼロとなる．ここで，$m = 0, 1, 2, \ldots$ である．波長 λ を使って書き直すと，式 (4.41) は

$$|r'-r| = m\lambda \tag{4.43}$$

式 (4.42) は，

$$|r'-r| = m\lambda + \lambda/2 \tag{4.44}$$

つまり，二つの波源との距離の差が波長の負でない整数倍の点では，大きな振幅の激しい振動となり，それより半波長だけずれている点では小さな振幅の穏やかな振動となることを示している。現象としては，二つの波源との距離の差が波長の負でない整数倍の点では，波源 A からでた波と波源 B からでた波が点 P において互いに強めあい，それより半波長だけずれている点では弱めあっている，と考えることができる。このように，複数の波源からでた波が互いに強めあったり弱めあったりする現象を，波の**干渉現象**という。干渉現象は波が引き起こす最も特徴的な現象である。

点 P における振動の表式 (4.36) を，

$$u_A = \frac{a}{r} \sin(\omega t - \theta_A) \quad (4.45)$$

のように書いてみると，点 P では波源 A よりも位相

$$\theta_A = kr \quad (4.46)$$

だけ遅れた振動をしていることになる。同様に，式 (4.37) より

$$u_B = \frac{a}{r} \sin(\omega t - \theta_B) \quad (4.47)$$

$$\theta_B = kr' \quad (4.48)$$

のように書けるので波源 B よりも位相が θ_B だけ遅れた振動となっている。位相の遅れで式 (4.40) の振幅 A を書き直すと

$$A = 2\frac{a}{r} \left| \cos\left[\frac{1}{2}(\theta_B - \theta_A)\right] \right| \quad (4.49)$$

となる。強めあう条件は，位相の遅れの差に対する条件として

$$|\theta_B - \theta_A| = 2m\pi \quad (4.50)$$

である。強めあうまたは弱めあう条件は，波源からの距離についての条件ではなく，式 (4.50) で示されるようにそれぞれの波源の振動との位相差のずれについての条件が，その本質である。

4.4.1 ヤングの実験

光は非常に波長の短い波動であること，波源 (光であるから光源) の位相がそろうことが滅多にないことから，2 つの光源による干渉現象を目にすることは少ない。しかし，図 4.19 のような実験装置を用いると干渉現象を観察することができる。このような実験は**ヤングの実験**とよばれている。1 つのスリット S_0 をもつついたての後ろに間隔の狭い 2 つのスリット S_1，S_2 をもつついたてを置き，2 つのスリットをもつついたてから十分距離をとってスクリーンを置く。1 つスリットに向けて単色光を照射すると，スクリーン上に干渉によって生じた明暗の縞 (干渉縞) を観測することができる。干渉縞の現れる原理を考察し干渉縞の間隔を計算してみよう。

ヤング (Thomas Young, 1773 年～1829 年, イギリス)

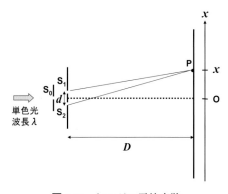

図 4.19 ヤングの干渉実験

スリット S_1S_2 の間隔を d，2 つのスリットのあるついたてとスクリーンまでの距離を D とする。スリット S_1S_2 の中点からスクリーンに下ろした垂線の足を原点としてスクリーン上に x 軸をとる。スクリーン上の点 P の座標を x とする。

入射する波長 λ の単色光がスリット S_0 を通過することで，スリット S_1S_2 を波源とした同位相の球面波である光が発生する。スクリーン上では，2 つの波源から出た光が干渉することで光の強弱，すなわち，明線暗線が現れる。点 P が明線であったとすると，強めあう条件 (4.43) より，

$$|S_1P - S_2P| = m\lambda \quad (m = 0, 1, 2, \cdots) \tag{4.51}$$

$$S_1P = \sqrt{D^2 + \left(x - \frac{1}{2}d\right)^2}, \quad S_2P = \sqrt{D^2 + \left(x + \frac{1}{2}d\right)^2}$$

から，明線の位置 x の満たすべき関係式は，

$$\left|\sqrt{D^2 + \left(x - \frac{1}{2}d\right)^2} - \sqrt{D^2 + \left(x + \frac{1}{2}d\right)^2}\right| = m\lambda \tag{4.52}$$

スリットの間隔は狭く，また，$|x|$ も D に比べて十分小さいと考えられるので，

$$\sqrt{D^2 + \left(x - \frac{1}{2}d\right)^2} = D\sqrt{1 + \left(x - \frac{1}{2}d\right)^2/D^2}$$

$$\approx D\left(1 + \frac{1}{2}\left(x - \frac{1}{2}d\right)^2/D^2\right)$$

$$= D + \frac{1}{2D}\left(x - \frac{1}{2}d\right)^2$$

$$\sqrt{D^2 + \left(x + \frac{1}{2}d\right)^2} = D\sqrt{1 + \left(x + \frac{1}{2}d\right)^2/D^2}$$

$$\approx D\left(1 + \frac{1}{2}\left(x + \frac{1}{2}d\right)^2/D^2\right)$$

$$= D + \frac{1}{2D}\left(x + \frac{1}{2}d\right)^2$$

よって，

$$\left|\sqrt{D^2 + \left(x - \frac{1}{2}d\right)^2} - \sqrt{D^2 + \left(x + \frac{1}{2}d\right)^2}\right|$$

$$\approx \left|\frac{1}{2D}\left(x - \frac{1}{2}d\right)^2 - \frac{1}{2D}\left(x + \frac{1}{2}d\right)^2\right|$$

$$= \frac{d}{D}|x|$$

となる。ゆえに，明線条件 (4.52) より，

$$|x| = m\frac{D}{d}\lambda \tag{4.53}$$

同様にして，暗線の位置は，

$$|x| = \left(m + \frac{1}{2}\right)\frac{D}{d}\lambda \tag{4.54}$$

となる。隣り合う明線間の間隔，または暗線間の間隔 Δx は，

$$\Delta x = \frac{D}{d}\lambda \tag{4.55}$$

である。この式は，装置定数 d, D が既知であるとして，Δx を測定すれば光の波長 λ が求まることを示している。式 (4.53) または式 (4.55) は，明線の位置が光の波長で異なることを意味している。このことは，入射光に白色光を選んだとき，スクリーン上には波長別に分かれた，つまり光の色ごとに分離した，縞模様が現れることを示している。

[例題 4.6] 間隔 0.50 mm だけ離れた 2 つのスリットをもつ平板に垂直に，波長が 650 nm の光を当てる。平板に平行に平板の後方 10.0 cm においた平面上のスクリーンにできる干渉縞の間隔はどれだけか。

解： 長さの単位をそろえることに注意せよ。式 (4.55) を用いて
$$100 \times 0.65 \times 10^{-3}/0.50 \text{ mm} = 0.13 \text{ mm}$$

4.4.2 薄膜による干渉

日常見られる光の干渉現象は，シャボン玉が虹色に見えるといった，薄膜による干渉現象である。これについて考えてみよう。図 4.20 のように屈折率 n（光の場合，真空に対する屈折率を単に屈折率という）の物質でできた膜厚 d の薄膜に入射角 i で波長 λ の単色光を入射させる。薄膜は空気中にあるとするが，空気の屈折率はほぼ 1 なので，光の伝搬を考える上では真空と考えてもよい。薄膜からの反射光は，薄膜正面からの反射光 AB と屈折角 r で薄膜内に入り薄膜下面で反射する反射光 CDE の 2 つが生じる。この 2 つの反射光が干渉するため，入射角 i によって薄膜による反射光が強くなったり弱くなったりする。これが，薄膜による光の干渉現象である。

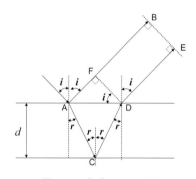

図 4.20 薄膜による干渉

以前，光源の位相がそろいにくいので，光については干渉現象が現れにくいと述べた。薄膜の場合にこのことを考えてみよう。ホイヘンスの原理によると，入射した波は図の点 A において球面波を発生し，それから，薄膜内部に進行する波（屈折波）と表面で反射する波（反射波）となるが，どちらも同じ波源より発生する波なので当然，位相がそろった波となる。つまり，薄膜の反射では，1 つの波源から出た波が異なった経路をとるだけなので位相がそろっているのである。ただし，注意しなければならないことがある。4.2.6 節で述べたように，反射波の位相は境界の条件により π だけずれることがある。屈折率が小さい媒質から入射した波が屈折率の大きな媒質表面で反射するとき，固定端のときの反射と同様，π だけ位相がずれるのである。経路 AB の波と ACDE の波では位相がずれてしまっているが，そのずれが π という固定値のため，干渉が起こるのである。

このことを踏まえて，反射光が強くなる条件，すなわち，反射光 AB と反射光 CDE が強めあう条件を求めてみよう。面 BE に到達した光が干渉するので

あるから，点 A における振動に対する，経路 AF を通過することによる位相のずれと経路 ACD を通過することによる位相のずれの差を考えればよい。それぞれの位相のずれは式(4.46)ないしは式(4.48)から求めることができる。空気中における光の波数は，$k = 2\pi/\lambda$ であることと反射によって π だけ位相がずれることより，点 A と点 F での振動の位相のずれは

$$\theta_F = k \times \mathrm{AF} + \pi = 2\pi\left(\frac{\mathrm{AF}}{\lambda} + \frac{1}{2}\right) \tag{4.56}$$

例題 4.5 の解より屈折率 n の薄膜内では波長が $\lambda' = \lambda/n$ となるので波数は $k' = 2\pi n/\lambda$。よって，点 A と点 D での振動の位相のずれは，

$$\theta_D = k' \times (\mathrm{AC} + \mathrm{CD}) = 2\pi n \frac{\mathrm{AC} + \mathrm{CD}}{\lambda} \tag{4.57}$$

幾何学的な条件から，$\mathrm{AF} = \mathrm{AD}\sin i = 2d\tan r \sin i$，$\mathrm{AC} + \mathrm{CD} = 2d/\cos r$。また，$\sin i = n\sin r$ であることより，反射光が強くなる条件は，位相差で書かれた条件式(4.50)を用いて

$$|\theta_D - \theta_F| = 2\pi\left(\frac{2nd\cos r}{\lambda} - \frac{1}{2}\right) = 2m\pi \tag{4.58}$$

よって，反射光が強くなる条件は，

$$2nd\cos r = \left(m + \frac{1}{2}\right)\lambda \qquad (m = 0, 1, 2, \cdots) \tag{4.59}$$

上式よりあかるくなる反射光の反射角が波長に依存することがわかる。このことより，シャボン玉のように入射光が白色光の場合，膜表面が七色に見えることが説明できる。

垂直光の場合，$i = r = 0$ なので，明るくなる条件は，

$$2nd = \left(m + \frac{1}{2}\right)\lambda \tag{4.60}$$

この関係式は，明るくなる光の波長 λ から，屈折率 n がわかっている場合は膜厚 d を求めることができるし，逆に膜厚 d がわかっている場合は屈折率 n を求めることができることを示している。薄膜を形成する物質が溶液の場合，屈折率は溶質の濃度に依存する。溶液中の溶質濃度に勾配がある場合，条件式(4.60)を満たす場所では明るい反射光が得られることより，濃度の分布を反映した縞模様が現れる。結晶成長過程を解明するには，溶質の空間分布の時間変化を精密に追う必要があるが，この縞模様は溶質分布に敏感なため縞模様の時間変化を測定することで必要な情報を得ることができる。

演習問題

1. $x = \cos 2\pi t$ と $x = \cos(2\pi t - 2\pi/5)$ のグラフを縦に x 軸,横に t 軸を選んで描け。$x = \cos(2\pi t - 2\pi/5)$ は $x = \cos 2\pi t$ を t 軸方向に $t = 1/5$ だけ移動したグラフ,すなわち,$t = 1/5$ だけ遅れたグラフであることを確かめよ。

2. 式 (4.5) が式 (4.4) の解となるためには,
$$A = \frac{\omega^2 - \Omega^2}{(\omega^2 - \Omega^2)^2 + \gamma^2 \Omega^2} f_0$$
$$B = \frac{\gamma \Omega}{(\omega^2 - \Omega^2)^2 + \gamma^2 \Omega^2} f_0$$
でなければならないことを示せ。

3. 式 (4.12) で示される仕事率 W を最大にする Ω の値は ω であることを示せ。またこのときの位相の遅れを求めよ。

4. $u(x, t) = 4\sin\pi\left(20t - \frac{1}{10}x\right)$ で記述される正弦波がある。この正弦波の振幅,周期,振動数,速さ,波長を求めよ。ただし,変位 u および x の単位は m,時間 t の単位は s である。

5. x 軸にそってひろがる媒質を伝わる波動について考察する。時刻 $t = 0$ s の媒質の変位 y [cm] を図 4.21 に示す。また,原点 ($x = 0$ m) における変位の時間変化のようすを図 4.22 に示す。

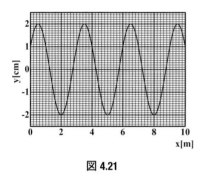

図 4.21　　　　　　　　図 4.22

(1) この波動の振幅 a [cm],波長 λ [m] を図より読みとれ。
(2) この波動の周期 T [s] を図より読みとり,振動数 f [Hz] および伝わる速さ v [m/s] を計算せよ。
(3) この波動の進行方向は右 (x 軸の正の方向) か,左 (x 軸の負の方向) か。
(4) この波動は正弦波である。変位 y を x と t の関数として記述せよ。ただし,y の単位は cm,x の単位は m,t の単位は s であるとせよ。

6. $\vec{k} = (k, 0, 0)$ とすると,位相が式 (4.22) で示される平面波は x 軸上では波数 k,角振動数 ω の正弦波であることを示せ。また,波面は x 軸に垂直であることを示せ。

7. 光の速度は真空が最も速い。このことより,真空に対する屈折率はどんな物質でも 1 より大きいことを示せ。

8. ヤングの干渉実験で赤い光を入射したときと緑の光を入射したときでは干渉縞の間隔はどちらが広いか。

5 電　　場

　電気エネルギーや電磁波の利用は，現代の社会において不可欠である．近年，水素と酸素の化学反応によって発生したエネルギーを電気エネルギーに変換して，モーターで走る燃料電池自動車の実用化が進められている（図5.1）．また，太陽光のエネルギーを電気エネルギーに変換する太陽電池の性能向上に関する研究も盛んに行われており，様々なエネルギーの電気エネルギーへの変換に関する技術の発展が期待されている．一方，光ファイバーを用いて高速で大量のデータを伝送することが可能となるインターネット上の通信，およびスマートフォンのようなモバイル機器は，我々の日常生活において重要な役割を果たしている．このように電気・磁気がかかわっている物理現象について明らかにする科目は，電磁気学とよばれる．その応用は理工系の幅広い分野にわたっている．本書の第5章〜第8章においては，電磁気学に関係する話題についてとりあげる．第5章ではまず，静止した電荷がつくる電場（電界）の性質について明らかにする．また，電気を伝える物質である導体，および，電気を蓄える働きをするコンデンサーの電気的性質についても扱う．

図 5.1　燃料電池自動車（左上：トヨタ自動車 MIRAI，右上：Honda CLARITY FUEL CELL，下：日産自動車 TeRRA）

5.1 電気力と電場

5.1.1 電荷

　空気が乾燥している冬に服を脱ぐと，パチパチと音がすることがある。また自動車に乗り込む際，ドアに触った瞬間にビリッとして痛みを感じた経験がある人も多いだろう。これらは静電気によっておこる現象である。一般に，電気を帯びた物体を**帯電体**といい，帯電体に存在している電気の量を**電荷**という。特に，帯電体の大きさが無視できる小さな点状の電荷である場合，**点電荷**と呼ばれる。このような帯電体の間に働く力を**電気力**，または**静電気力**という。電気の正負により正電荷と負電荷の2種類がある。また，同種の電荷の間には斥力，互いに異なる電荷の間には引力が働く。

　原子はその中心に正電荷をもつ重い原子核があり，そのまわりを負電荷をもつ電子がとりまいている。物体が電荷をもたないということは，物体全体における正負の電荷の合計が0である状態である。帯電した物体の間で電荷の移動があっても，関係する物体全体のもつ電荷の総和は変化しない。このことを**電荷保存則**という。電荷の単位はC（クーロン）であり，1Cは1A（アンペア）の電流が1秒間に運ぶ電気量である。電荷の大きさには最小の単位となる大きさ（電気素量）が存在し，その大きさeは$e = 1.602 \times 10^{-19}$Cである。物体のもつ電荷の大きさは，電気素量の整数倍である。

　金属のように電気をよく通す物質を**導体**といい，ガラスやゴムのように電気を通しにくい物質を不導体，あるいは**絶縁体**という。導体である金属においては，一部の電子が金属中を自由に動くことができ，これらの電子（自由電子）が電気を運ぶ担い手となる。

> 電磁気学に登場する物理量の単位は，長さの単位m，質量の単位kg，時間の単位s，電流の単位Aという4つの基本単位の組み合わせで決まる。この単位系を国際単位系（SI）という。

> 電流の単位A（アンペア）の定義については，1.3節を参照せよ。

5.1.2 クーロンの法則

　1785年，クーロンは帯電した2つの球の間に働く力を精密に測定して，

> 2つの帯電体の間に働く力の大きさは，帯電体のもつ電荷の積に比例し，それらの間の距離の2乗に反比例する。

という法則を発見した。これを**クーロンの法則**という。

　2つの帯電体の電荷をq, q'，帯電体の間の距離をrとすると，帯電体の間に働くクーロン力Fは

$$F = k \frac{qq'}{r^2} \tag{5.1}$$

となる。クーロン力Fの方向は2つの帯電体を結ぶ線分の方向であり，$F > 0$であれば斥力，$F < 0$であれば引力である。式(5.1)における比例定数kは，帯電体のまわりを満たしている物質によってきまる定数で，帯電体が真空中におかれているときの値をk_0とすると

> Charles-Augustin de Coulomb, 1736〜1806, フランス

国際単位系（SI単位系）においては，真空の誘電率 ε_0 は真空中の光の速さ c と $1/4\pi\varepsilon_0 = c^2/10^7$ という関係にある。

$$k_0 = \frac{1}{4\pi\varepsilon_0} = 8.988 \times 10^9 \, \text{N·m}^2/\text{C}^2 \tag{5.2}$$

という値をとる。ここで ε_0 は**真空の誘電率**という。その値は

$$\varepsilon_0 = 8.854 \times 10^{-12} \, \text{C}^2/(\text{N·m}^2) \tag{5.3}$$

である。まとめると，電荷 q, q' を有する 2 つの帯電体の間に働く力は，

$$F = \frac{1}{4\pi\varepsilon_0} \frac{qq'}{r^2} \tag{5.4}$$

となる。式(5.4)より，クーロン力は万有引力と同様に距離 r の 2 乗に反比例することがわかる。ただし，万有引力の場合と異なり，クーロン力においては電荷の符号に依存して引力と斥力の両方が存在する。

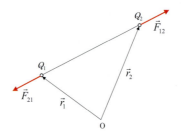

図 5.2 電荷の間に働くクーロン力

例 5.1 電荷 Q_2 から電荷 Q_1 に働くクーロン力 $\vec{F}_{21}$ について求める（図 5.2）。電荷 Q_1 の位置ベクトルを $\vec{r}_1$，電荷 Q_2 の位置ベクトルを $\vec{r}_2$ とする。以下では $\vec{r}_1 = (x_1, y_1, z_1)$, $\vec{r}_2 = (x_2, y_2, z_2)$ とする。クーロン力の働く向きをあらわす単位ベクトルは，

$$\frac{\vec{r}_1 - \vec{r}_2}{|\vec{r}_1 - \vec{r}_2|} \tag{5.5}$$

なので，クーロン力 $\vec{F}_{21}$ は

$$\vec{F}_{21} = \frac{Q_1 Q_2}{4\pi\varepsilon_0} \frac{1}{|\vec{r}_1 - \vec{r}_2|^2} \frac{\vec{r}_1 - \vec{r}_2}{|\vec{r}_1 - \vec{r}_2|}$$

$$= \frac{Q_1 Q_2}{4\pi\varepsilon_0} \frac{\vec{r}_1 - \vec{r}_2}{|\vec{r}_1 - \vec{r}_2|^3} \tag{5.6}$$

となる。式(5.6)を成分表示すると，$\vec{F}_{21}$ の x 成分，y 成分，および z 成分はそれぞれ

$$(\vec{F}_{21})_x = \frac{Q_1 Q_2}{4\pi\varepsilon_0} \frac{x_1 - x_2}{[(x_1 - x_2)^2 + (y_1 - y_2)^2 + (z_1 - z_2)^2]^{3/2}} \tag{5.7}$$

$$(\vec{F}_{21})_y = \frac{Q_1 Q_2}{4\pi\varepsilon_0} \frac{y_1 - y_2}{[(x_1 - x_2)^2 + (y_1 - y_2)^2 + (z_1 - z_2)^2]^{3/2}} \tag{5.8}$$

$$(\vec{F}_{21})_z = \frac{Q_1 Q_2}{4\pi\varepsilon_0} \frac{z_1 - z_2}{[(x_1 - x_2)^2 + (y_1 - y_2)^2 + (z_1 - z_2)^2]^{3/2}} \tag{5.9}$$

と表される。同様に電荷 Q_1 から電荷 Q_2 に働くクーロン力 $\vec{F}_{12}$ は，$\vec{F}_{12} =$

$-\vec{F}_{21}$ となる。

5.1.3 電場

ある電荷 Q が別の電荷 q に力を及ぼす現象を，電荷 Q と電荷 q の間に直接クーロン力が作用したと考えるかわりに，電荷 Q の周囲の空間が，そこに他の電荷がおかれるとそれに力をおよぼすような特殊な性質をもっているとして理解することができる。このような性質をもつ空間を**電場**（電界）という。

一般に，電場中におけるある点に点電荷 q をおいたとき，この点電荷 q に働く力のベクトルを $\vec{F}$ とする。このとき力 $\vec{F}$ の大きさは電荷 q に比例するので，単位正電荷に働く力を $\vec{E}$ とすると

$$\vec{F} = q\vec{E} \tag{5.10}$$

と表される。$\vec{E}$ を**電場**（電場ベクトル）とよぶ。電場の強さ E の単位は N/C である。

例 5.2 原点 O に点電荷 q_0 が固定されているとき，原点を除く点 $\vec{r}$ における電場の強さ $E(\vec{r})$ は

$$E(\vec{r}) = \frac{q_0}{4\pi\varepsilon_0}\frac{1}{|\vec{r}|^2} \tag{5.11}$$

である。また電場の向きは，

$$\frac{\vec{r}}{|\vec{r}|} \tag{5.12}$$

となる。まとめると，点 $\vec{r}$ における電場ベクトル $\vec{E}(\vec{r})$ は

$$\vec{E}(\vec{r}) = \frac{q_0}{4\pi\varepsilon_0}\frac{\vec{r}}{|\vec{r}|^3} \tag{5.13}$$

と表すことができる。点電荷 q_0 が正電荷である場合は，電場 $\vec{E}(\vec{r})$ の向きは原点 O から放射状に外向きであり，負電荷である場合は外部から原点 O へ向かう向きとなる（図 5.3）。

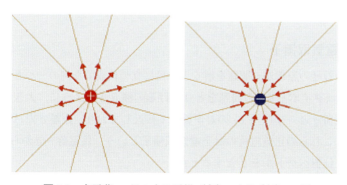

図 5.3 点電荷 q_0 がつくる電場（左）$q_0>0$（右）$q_0<0$

5.1.4 重ね合わせの原理

点 P_1，点 P_2 のそれぞれに点電荷 Q_1，Q_2 ($Q_1 > 0$，$Q_2 < 0$) がおかれているときに，点 P における電場 $\vec{E}$ を考えよう。点電荷 Q_1 のつくる電場を $\vec{E}_1$，点電荷 Q_2 のつくる電場を $\vec{E}_2$ とする。点 P に単位正電荷をおくと，この単位正電荷には電荷 Q_1 からの力と電荷 Q_2 からの力が同時に働く。したがって，点 P における電場 $\vec{E}$ は

$$\vec{E} = \vec{E}_1 + \vec{E}_2 \tag{5.14}$$

というベクトルの和として与えられる (図 5.4)。これを電場の**重ね合わせの原理**という。点電荷が 3 個以上存在する場合も，同様に考えることができる。すなわち，各電荷が単独に存在するときに，点 P の電場をそれぞれ $\vec{E}_1, \vec{E}_2, \vec{E}_3,$ ... とすると

$$\vec{E} = \vec{E}_1 + \vec{E}_2 + \vec{E}_3 + \cdots \tag{5.15}$$

として与えられる。

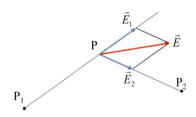

図 5.4 重ね合わせの原理

電荷を有する物体の間に働くクーロン力に関しても，同様に重ね合わせの原理が成り立つ。すなわち位置 $\vec{r}$ に置かれた電荷 q が，点 $\vec{r}_1$ にある電荷 q_1，点 $\vec{r}_2$ にある電荷 $q_2, \ldots,$ 点 $\vec{r}_n$ にある電荷 q_n から受けるクーロン力 $\vec{F}$ は

$$\vec{F} = \frac{qq_1}{4\pi\varepsilon_0} \frac{\vec{r} - \vec{r}_1}{|\vec{r} - \vec{r}_1|^3} + \frac{qq_2}{4\pi\varepsilon_0} \frac{\vec{r} - \vec{r}_2}{|\vec{r} - \vec{r}_2|^3} + \cdots + \frac{qq_n}{4\pi\varepsilon_0} \frac{\vec{r} - \vec{r}_n}{|\vec{r} - \vec{r}_n|^3} \tag{5.16}$$

として与えられる。

5.1.5 電気双極子

重ね合わせの原理が，問題を解く上で役に立つ代表的な例の一つとして，電気双極子 (ダイポール) の問題をとりあげる。図 5.5 のように，大きさが同じ正負の電荷 q と $-q$ ($q > 0$) の対が極めて接近しており，距離 d だけ離れているとき，これらの正負電荷の対を**電気双極子**という。負電荷 $-q$ から正電荷 q に向かう位置ベクトルを $\vec{d}$ とするとき

$$\vec{p} = q\vec{d} \tag{5.17}$$

を (電気) 双極子モーメントという。世の中の物質や材料には，電気双極子とみなせるものが数多く存在する。また水の分子 (図 5.6) のように，もともと

内部で正負の電気の分布に偏りがある分子（極性分子）も存在する。水の分子においては，分子内部における電子分布が酸素原子側に少し偏っているため，電気双極子とみなすことができる。

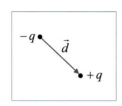
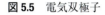

図 5.5　電気双極子

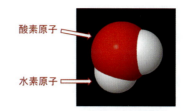

図 5.6　水分子の構造

[例題 5.1] 電気双極子がつくる電場

図 5.7 に示したように，x 軸上の座標 $x = d/2$ に正電荷 q，座標 $x = -d/2$ に負電荷 $-q$ をおく。このように x 軸上の原点におかれた電気双極子が，座標 x の点 P ($x > d/2$) につくる電場を求めよ。点 P は，正負の電荷から十分離れているものとする。

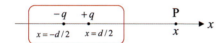

図 5.7　電気双極子と電場

解：　重ね合わせの原理を用いて，点 P における電場を求める。正電荷 q のつくる電場と，負電荷 $-q$ のつくる電場の和を求めることにより，電場の x 成分 E_x は，

$$E_x(x) = \frac{q}{4\pi\varepsilon_0}\left[\frac{1}{\left(x-\dfrac{d}{2}\right)^2} - \frac{1}{\left(x+\dfrac{d}{2}\right)^2}\right] \tag{5.18}$$

と表される。ここで $|x| \gg |d|$ という条件を用いると

$$\frac{1}{\left(x-\dfrac{d}{2}\right)^2} = \frac{1}{x^2}\frac{1}{\left(1-\dfrac{d}{2x}\right)^2} = \frac{1}{x^2}\left(1-\dfrac{d}{2x}\right)^{-2} \approx \frac{1}{x^2}\left(1+\dfrac{d}{x}\right) \tag{5.19}$$

ここで，$(1+z)^\alpha \approx 1 + \alpha z$ ($|z| \ll 1$) という近似の関係式を用いた。

と近似できる。

同様に，

$$\frac{1}{\left(x+\dfrac{d}{2}\right)^2} \approx \frac{1}{x^2}\left(1-\dfrac{d}{x}\right) \tag{5.20}$$

という関係式が成り立つので，式(5.18) は

$$E_x(x) \approx \frac{q}{4\pi\varepsilon_0}\frac{2d}{x^3} = \frac{p}{2\pi\varepsilon_0 x^3} \quad (p \equiv qd) \tag{5.21}$$

となる。同様に，電場の y 成分，z 成分を求めると 0 になることがわかる。

点電荷の場合，電荷のつくる電場の強さは式(5.11) より距離の 2 乗に反比例する。それに対して，電気双極子のつくる電場の強さは式(5.21) より距離 x の 3 乗に反比例している。すなわち，電気双極子においては点電荷と比べて，距離が離れるにつ

れて電場の強さがよりはやく減衰する。これは電気双極子から十分離れた点からみると，電気双極子を構成する正負の電荷がそれぞれつくる電場が逆向きのため，互いに弱めあうためである。

5.1.6 電気力線

電気力線を用いると，電場の空間分布をわかりやすく表すことが可能である。電気力線は，電場中におかれた単位正電荷を，それが受ける力の向きに少しずつ動かすことによってできる線である。すなわち，電気力線上における各点の接線方向が電場の方向となる。電気力線には，単位正電荷が動いた向き（＝電場の向き）に矢印をつける。

電場と電気力線の関係は，以下の通りである。

> 電場の強さが E [N/C] のとき，電場に垂直な断面を通るように単位断面積 $1\,\text{m}^2$ あたり E 本の割合で電気力線を引くものとする。

すなわち電気力線をえがくときには，電場の方向に垂直な単位面積をとおる電気力線の本数が，その場所の電場の強さに比例するようにする。電場の強い所では電気力線は密に分布し，電場の弱い所では電気力線はまばらとなる。この性質は，5.2 節におけるガウスの法則において再び登場する。

図 5.8 は，正と負，正と正のそれぞれ等量の電荷がある場合の電気力線を示す。電気力線は，このように正の電荷から湧き出して負の電荷に吸い込まれる。また電気力線は互いに交わったり，途中で枝分かれすることはない。電場中の電荷が受ける力が，同時に 2 方向以上の向きを向くことはありえないからである。

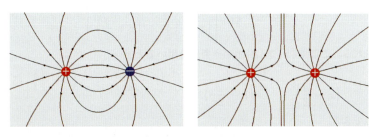

図 5.8 電気量の大きさが等しい 2 つの電荷がつくる電場と電気力線。（左）正電荷と負電荷の場合，（右）共に正電荷の場合

帯電体の間に働く引力や斥力は，電気力線がその接線の向きに縮み，隣り合う電気力線は互いに押し合う性質がある，として説明することもできる。すなわち異なる符号の電荷間に働くクーロン力（引力）は，電気力線がその向きに縮もうとする性質による，また同じ符号の電荷間に働くクーロン力（斥力）は，隣りあう電気力線どうしが反発する性質と考えることができる。

5.2 ガウスの法則

電荷がつくる電場は，原理的にはクーロンの法則と重ね合わせの原理を用いて計算できる。ただし電荷分布に対称性がある場合には，ガウスの法則を用いて容易に電場を求めることができる場合がある。この節では，電磁気学の基本法則の一つであるガウスの法則について学ぶ。特別なことわりがない限り本節で扱っているのは，全て真空中における電場の問題とする。

例 5.3 原点 O に，点電荷 Q がおかれている。以下では，原点 O を中心とする半径 r の球面を考える。球面上の点における電場の強さ $E(r)$ は

$$E(r) = \frac{Q}{4\pi\varepsilon_0}\frac{1}{r^2} \tag{5.22}$$

であり，電場の向きは球の表面に直交した向きである。電気力線はこの球面を単位断面積あたり E 本貫いており，球の表面積は $4\pi r^2$ であるから，球面を貫く電気力線の本数 N は

$$N = 4\pi r^2 E(r) = \frac{Q}{\varepsilon_0} \tag{5.23}$$

となる。

式 (5.23) は，電荷 Q から全体として Q/ε_0 本の電気力線が出ていることを表している。これを（電場に関する）**ガウスの法則**という。ガウスの法則は，正の電荷や負の電荷がいくつあっても一般的に成り立つ法則である。上記の電荷と電気力線に関する関係式は，球面だけではなく任意の閉曲面に関して成り立つ。すなわち

$$\text{（閉曲面を貫く電気力線の本数）}$$
$$= \text{（閉曲面の内部に含まれる全電荷）}/\varepsilon_0 \tag{5.24}$$

という等式が成立する。面積分の記号を用いると，ガウスの法則は

$$\int_S \vec{E}\cdot\vec{n}\,dS = \frac{Q}{\varepsilon_0} \tag{5.25}$$

と表される。ここで $\vec{E}$ は閉曲面 S 上の点 $\vec{r}$ における電場 $\vec{E}(\vec{r})$，$\vec{n}$ は点 $\vec{r}$ における外向きの単位法線ベクトル，dS は閉曲面 S 上の微小面積，また Q は閉曲面 S の内部における全電荷である（図 5.9）。

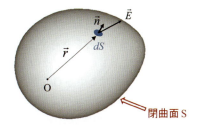

図 5.9 ガウスの法則における面積分

> ここで閉曲面とは，空間の一部を完全に包み込んでおり閉じている曲面である。面積分においては，3次元空間内で定義されている量 $f(\vec{r})$ があるとき，曲面 S を細かく分割して，各点での値 $f(\vec{r}_i)$ と微小面積 ΔS_i との積 $f(\vec{r}_i)\Delta S_i$ を，曲面 S 全体で総和をとる。すなわち，面積分の値 F は
> $$F = \int_S f(\vec{r})dS \approx \sum_i f(\vec{r}_i)\Delta S_i \qquad (5.26)$$
> として与えられる。

ガウスの法則（式(5.25)）は，電場 $\vec{E}$ に関する面積分において閉曲面 S をどのように選んでも成り立つ。したがって，実際に式(5.25)において面積分の計算をおこなう上では，被積分関数である $\vec{E}\cdot\vec{n}$ が座標 $\vec{r}$ によらず一定の値をとるように閉曲面 S を選ぶとその後の計算が簡単になる。そうすると，式(5.25)の面積分は

$$（被積分関数\,\vec{E}\cdot\vec{n}）\times（積分区間：閉曲面 S の表面積） \qquad (5.27)$$

という積に変形できるからである。

> この性質は，高校数学に登場する定積分の関係式と同様である。
> 例：関数 $f(x)$ が積分区間 $a \leq x \leq b$ において一定の値 f_0 をとる場合，$\int_a^b f(x)dx = f_0(b-a)$ が成り立つ。

被積分関数である $\vec{E}\cdot\vec{n}$ が，閉曲面 S における任意の点において一定の値となるためには，閉曲面 S の形を与えられた問題における系の電荷分布に合わせて選ぶとよい。すなわち，閉曲面 S を選ぶ条件は
 (A) 閉曲面 S は，電場 $\vec{E}(\vec{r})$ を求めたい点 $\vec{r}$ を通る。
 (B) 閉曲面 S の形状は，与えられた問題における物体や電荷分布（の対称性）に合わせる。
の2つを同時に満たすことである。

[例題 5.2] 球状で一様な電荷分布のつくる電場

真空中において，半径 a の球の内部に一様に電荷が分布している。球内部における，単位体積あたりの電荷を ρ とする。球の中心から距離 r の点における電場の強さ $E(r)$ を求めよ。

解： 電荷が一様に球状に分布している球対称の系において上記の (A)，(B) の条件を同時に満たすためには，閉曲面 S は中心を共有する球として，その球の半径は電場を求めたい座標 $\vec{r}$ を通るように選ぶとよい。そのためにはガウスの法則（式(5.25)）において閉曲面 S を，半径 a の球と中心 O を共有する半径 r の球面にとる（図 5.10）。半径 r の球面上で電場の強さは一定で，電場は球面に垂直なので，閉曲面上の任意の点において，$\vec{E}\cdot\vec{n}$ は r のみの関数 $E(r)$ と表せる。したがって，閉曲面 S を放射状に貫いている電気力線の本数に対応する式(5.25)の左辺は

$$\int_S \vec{E}\cdot\vec{n}\,dS = 4\pi r^2 E(r) \tag{5.28}$$

となる。閉曲面 S 内部に含まれる全電荷 Q は，$r \leq a$ のとき

$$Q = \rho \times (\text{閉曲面 S 内部の体積}) = \frac{4}{3}\pi r^3 \rho \tag{5.29}$$

また $r > a$ のとき

$$Q = \rho \times (\text{半径 } a \text{ の球の体積}) = \frac{4}{3}\pi a^3 \rho \tag{5.30}$$

となる。したがって，電場 $E(r)$ はガウスの法則より

$$E(r) = \begin{cases} \dfrac{\rho r}{3\varepsilon_0} & (r \leq a) \\[6pt] \dfrac{\rho a^3}{3\varepsilon_0 r^2} & (r > a) \end{cases} \tag{5.31}$$

と求められる。

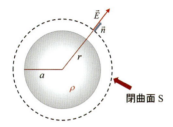

図 5.10 電荷分布が一様な球におけるガウスの法則

式 (5.31) で得られた結果を，点電荷がつくる電場である式 (5.22) と比較してみよう。$r > a$ に関する式 (5.31) の表式を，式 (5.30) を用いて電荷密度 ρ の代わりに全電荷 Q を用いて表すと，球中心においた点電荷 Q がつくる電場と一致することがわかる。

[例題 5.3] 平面状で一様な電荷分布のつくる電場

平面上に電荷が分布した系における電場の解は，後の 5.4 節に登場するコンデンサーの問題において必要となる。無限に広がった金属板に，一様な面密度で分布している電荷がつくる電場を求めよ。単位面積あたりの電荷（面密度）を σ とする。

解： 図 5.11 の左図について，点 P における電場 $\vec{E}$ を考えよう。点 P より金属板

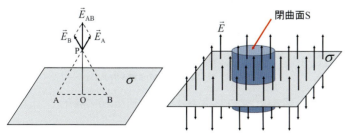

図 5.11 一様な面密度で正に帯電している，広い金属板がつくる電場（電荷面密度 σ が $\sigma > 0$ の場合）

に垂線をおろし，その足をOとする。Oを中点とする2点A，Bにおける等しい微小面積の電荷が点Pにつくる電場$\vec{E}_\mathrm{A}$，$\vec{E}_\mathrm{B}$の和をとると，平面に平行な成分は互いに打ち消しあい，得られた電場$\vec{E}_\mathrm{AB} = \vec{E}_\mathrm{A} + \vec{E}_\mathrm{B}$は金属板に垂直である。このことから，点Pにおける電場は金属板に垂直となることがわかる。

次に，点Pにおける電場の強さをガウスの法則（式(5.25)）を用いて導いてみよう。以下では電荷をもつ平面から距離zの点における電場の強さ$E(z)$を求める。球の問題の場合と同様に，112ページにおける(A)，(B)の方針に従って閉曲面Sの形を以下のように選ぶ。上記の方針を同時に満たすためには，電荷が分布している元の平面と平行で，距離がzの位置における平面を考えるとよいが，それだけでは「閉曲面」になっていない。そのかわりに，電荷をもつ平面から距離zだけ離れた対称な位置にそれぞれ面積S_0の底面をもつような円柱を考え，これを閉曲面Sとする（図5.11の右図）。

この円柱形の閉曲面S上の点における電場ベクトルは，図5.11の右図で示した向きを向いている。円柱の上底または下底における電場の強さを$E(z)$とすると，円柱の上底から$E(z)S_0$本，下底から$E(z)S_0$本の電気力線が，面に垂直な向きに出ており，円柱側面からは出ていない。閉曲面Sを構成する円柱の上底をS_a，側面をS_b，下底をS_cとすると，式(5.25)の左辺における面積分は，

$$\int_S \vec{E}\cdot\vec{n}\,dS = \int_{S_a}\vec{E}\cdot\vec{n}\,dS + \int_{S_b}\vec{E}\cdot\vec{n}\,dS + \int_{S_c}\vec{E}\cdot\vec{n}\,dS \tag{5.32}$$

と書ける。ここで右辺の各項に登場する法線ベクトル$\vec{n}$の向きを，図5.12に示す。右辺第2項の被積分関数$\vec{E}\cdot\vec{n}$はゼロとなり，右辺第1項と第3項における面積分は，電場と積分区間である円柱上底および下底における面積との積に変形できることがわかる。円柱状の閉曲面Sに含まれる電荷の総和はσS_0であるので，ガウスの法則より

$$E(z)S_0 + E(z)S_0 = \frac{\sigma S_0}{\varepsilon_0} \tag{5.33}$$

これより電場の強さ$E(z)$は

$$E(z) = \frac{\sigma}{2\varepsilon_0} \tag{5.34}$$

となり，電荷が一様に分布している平面からの距離zによらず一定の大きさとなる。

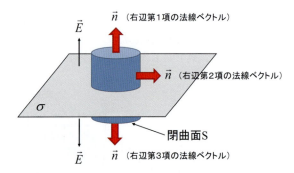

図 5.12 式(5.32)における面積分（$\sigma > 0$の場合）

5.3 電位

5.3.1 電位と電位差

電場 $\vec{E}$ の中に電荷 q をおくと，電荷は電場より力 $\vec{F} = q\vec{E}$ をうける。この電荷を点 P_1 から点 P_2 にゆっくりと動かすには，電荷に対して逆向きの力 $-\vec{F}$ を加えなければならない。したがって，外力のする仕事 W は

$$W = -\int_{\mathrm{P}_1}^{\mathrm{P}_2} q\vec{E}\cdot d\vec{s} \tag{5.35}$$

と与えられる。第2章において，保存力場とポテンシャルエネルギーの関係について学んだ。クーロン力も2.4.6項で登場した万有引力と同様に保存力であり，点 P_1 から点 P_2 まで電荷をゆっくりと動かすのに必要な仕事は，2点間の道筋によらない。

式 (5.35) より，単位正電荷 ($q = 1\,\mathrm{C}$) を点 P_1 から点 P_2 にゆっくりと動かすのに必要な仕事は，

$$\Delta\phi = -\int_{\mathrm{P}_1}^{\mathrm{P}_2} \vec{E}\cdot d\vec{s} \tag{5.36}$$

と表すことができる。$\Delta\phi$ を，点 P_1 と点 P_2 の**電位差**とよぶ。電位差の単位はV（ボルト）であり，これはJ（ジュール）/C（クーロン）に等しい。また適当な基準点 P_0 を定めたとき，点 P_0 と点 P の間の電位差を点 P における**電位**とよぶ。その場合，点 P における電位 $\phi(\mathrm{P})$ は

$$\phi(\mathrm{P}) = -\int_{\mathrm{P}_0}^{\mathrm{P}} \vec{E}\cdot d\vec{s} \tag{5.37}$$

となる。電位の基準点は無限遠点にとることが多い。

原点 O に点電荷 q があるとき，点 $\vec{r}$ における電位 $\phi(\vec{r})$ を求めよう。電位の基準点を無限遠点とする。単位正電荷を無限遠点から出発して，点 $\vec{r}$ までゆっくりと動かすのに必要な仕事（電位差）は，

$$\Delta\phi = -\int_{\infty}^{r} \frac{1}{4\pi\varepsilon_0}\frac{q}{r^2}\,dr = \frac{1}{4\pi\varepsilon_0}\frac{q}{r} \tag{5.38}$$

となる ($r = |\vec{r}|$)。したがって，電位 $\phi(\vec{r})$ は

$$\phi(\vec{r}) = \frac{1}{4\pi\varepsilon_0}\frac{q}{|\vec{r}|} \tag{5.39}$$

と表される。

同様に，点 $\vec{r}_1, \vec{r}_2, \ldots, \vec{r}_N$ に点電荷 $q_1, q_2, \ldots, q_N$ がおかれているとき，点 $\vec{r}$ における電位 $\phi(\vec{r})$ を求めよう。点 $\vec{r}_i$ に電荷 q_i がおかれているとき，点 $\vec{r}$ における電位 $\phi(\vec{r})$ は

$$\phi(\vec{r}) = \frac{1}{4\pi\varepsilon_0}\frac{q_i}{|\vec{r}-\vec{r}_i|} \tag{5.40}$$

と与えられる。電場の場合と同様に重ね合わせの原理より，点 $\vec{r}$ における電位 $\phi(\vec{r})$ は

ここで電位 ϕ は，力学における位置エネルギー（ポテンシャル・エネルギー）と同じようなものであると考えたくなるが，電位そのものはエネルギーではない。電位と電荷の積をとることにより，はじめてエネルギーの次元をもつ量となることに注意。

$$\phi(\vec{r}) = \frac{1}{4\pi\varepsilon_0} \sum_{i=1}^{N} \frac{q_i}{|\vec{r} - \vec{r}_i|} \tag{5.41}$$

と与えられる。

[例題 5.4] 球状で一様な電荷分布がつくる電位

例題 5.2 の系において，球の中心から距離 r の点における電位 $\phi(r)$ を求めよ。電位の基準は無限遠点とする。

解： すでに前節の式 (5.31) において，半径 a の球の内部に一様な電荷密度 ρ で電荷が分布している系における，電場の強さ $E(r)$ を求めた。球の中心からの距離が r である点における電位 $\phi(r)$ は，$E(r)$ より

$$\phi(r) = -\int_{\infty}^{r} E(r') dr' \tag{5.42}$$

として求められる。この定積分の計算を行う際には，被積分関数である $E(r)$ の関数形が r によって異なることに注意する必要がある。すなわち，式 (5.31) より $r \leq a$ のとき

$$\begin{aligned}
\phi(r) &= -\int_{\infty}^{r} E(r') dr' \\
&= -\int_{\infty}^{a} E(r') dr' - \int_{a}^{r} E(r') dr' \\
&= -\int_{\infty}^{a} \frac{\rho a^3}{3\varepsilon_0 r'^2} dr' - \int_{a}^{r} \frac{\rho r'}{3\varepsilon_0} dr' \\
&= \frac{\rho(3a^2 - r^2)}{6\varepsilon_0}
\end{aligned} \tag{5.43}$$

$r > a$ のとき

$$\phi(r) = -\int_{\infty}^{r} E(r') dr' = -\int_{\infty}^{r} \frac{\rho a^3}{3\varepsilon_0 r'^2} dr'$$
$$= \frac{\rho a^3}{3\varepsilon_0 r} \tag{5.44}$$

という結果が得られる。まとめると，

$$\phi(r) = \begin{cases} \dfrac{\rho(3a^2 - r^2)}{6\varepsilon_0} & (r \leq a) \\ \dfrac{\rho a^3}{3\varepsilon_0 r} & (r > a) \end{cases} \tag{5.45}$$

となる。$\phi(r)$ を r の関数として表すと，図 5.13 のようになる。

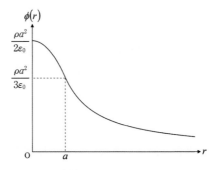

図 5.13 電荷分布が一様な球における電位 $\phi(r)$

[例題 5.5] 電気双極子がつくる電位

例題 5.1 のように，座標 $x = d/2$ に正電荷 q，$x = -d/2$ に負電荷 $-q$ をおいたとき，任意の座標 x の点 P$(x>d/2)$ における電位 $\phi(x)$ を求めよ。点 P は，正負の電荷から十分離れているものとする。また，電位の基準は無限遠点とする。

解: 正負の電荷がつくる電位は，重ね合わせの原理を用いると

$$\phi(x) = \frac{q}{4\pi\varepsilon_0}\left[\frac{1}{\left|x-\dfrac{d}{2}\right|} - \frac{1}{\left|x+\dfrac{d}{2}\right|}\right] \tag{5.46}$$

となる。ここで $|x| \gg |d|$ という条件を用いると，

$$\frac{1}{\left|x-\dfrac{d}{2}\right|} = \frac{1}{x}\frac{1}{\left|1-\dfrac{d}{2x}\right|} = \frac{1}{x}\frac{1}{\left(1-\dfrac{d}{x}+\dfrac{d^2}{4x^2}\right)^{1/2}}$$

$$\approx \frac{1}{x}\left(1-\frac{d}{x}\right)^{-1/2} \approx \frac{1}{x}\left(1+\frac{d}{2x}\right) \tag{5.47}$$

となる。同様に，

$$\frac{1}{\left|x+\dfrac{d}{2}\right|} \approx \frac{1}{x}\left(1-\frac{d}{2x}\right) \tag{5.48}$$

という関係式が成り立つので，式 (5.46) は

$$\phi(x) \approx \frac{q}{4\pi\varepsilon_0}\frac{d}{x^2} = \frac{p}{4\pi\varepsilon_0 x^2} \quad (p \equiv qd) \tag{5.49}$$

となる。

ここで，例題 5.1 でも登場した $(1+z)^\alpha \approx 1 + \alpha z$ ($|z| \ll 1$) という近似式を用いた。

式 (5.49) を用いると，電位 ϕ から電場 $\vec{E}$ を求めることも可能である。電場 $\vec{E}$ と電位 ϕ は互いに微分と積分の関係にあるので (図 5.14)，電位 ϕ が座標の関数として与えられると，電場 $\vec{E}$ は一般に

$$\vec{E} = \left(-\frac{\partial\phi}{\partial x},\ -\frac{\partial\phi}{\partial y},\ -\frac{\partial\phi}{\partial z}\right)$$

として求められる。すなわち，電場 $\vec{E}$ の x 成分 E_x は

$$E_x(x) = -\frac{\partial\phi}{\partial x} = \frac{p}{2\pi\varepsilon_0 x^3} \tag{5.50}$$

となり，式 (5.21) と同じ結果が得られることがわかる。

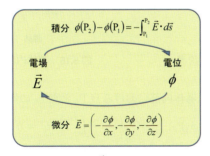

図 5.14 電場 $\vec{E}$ と電位 ϕ の関係

5.3.2 等電位面

電位 $\phi(\vec{r}) = $ 一定をみたす点 $\vec{r}$ の集合は曲面をつくる。これを**等電位面**とよぶ。等電位面上の任意の曲線を**等電位線**という。電位の振る舞いを山の高さ

に例えると，電場ベクトルは山の斜面を滑り降りる向き，等電位線は等高線にそれぞれ相当している。

電場ベクトル（および電気力線）の向きが，等電位面に垂直であることは，以下のようにして示される。2つの異なる点 $\vec{r}_A$ と点 $\vec{r}_B$ が，一つの等電位面上 ($\phi(\vec{r}_A) = \phi(\vec{r}_B)$) にあるとしよう。また，この点 $\vec{r}_A$ と点 $\vec{r}_B$ ($\vec{r}_B \equiv \vec{r}_A + \delta\vec{r}$) がきわめて近接しているとする。ここで $\delta\vec{r}$ は，等電位面の接線方向を向いている。このとき，点 $\vec{r}_A$ と点 $\vec{r}_B$ の近くで電場 $\vec{E}$ は一定としてよいから 電場と電位の関係 (図 5.14) より

$$\phi(\vec{r}_B) - \phi(\vec{r}_A) \approx -\vec{E} \cdot \delta\vec{r} \tag{5.51}$$

が成り立つ。点 $\vec{r}_A$ と点 $\vec{r}_B$ は等電位面上の点であるので，式 (5.51) の左辺はゼロとなる。すなわち，

$$\vec{E} \cdot \delta\vec{r} = 0 \tag{5.52}$$

となり，等電位面上の点における電場 $\vec{E}$ と接線方向のベクトル $\delta\vec{r}$ は垂直であることがわかる。

5.3.3 導体の性質（導体と静電場）

導体に正電荷を近づけると，その電荷から遠い方の表面に正電荷が，近い方の表面に負電荷があらわれる（図 5.15）。あるいは導体を静電場の中に置くと，導体内部における自由電子は移動して導体表面に電荷が分布する。これを**静電誘導**とよぶ。この表面電荷がつくる電場が，外部から加えられた電場と打ち消しあって導体内部の電場が 0 になるように表面電荷が分布する。その結果，導体内部の任意の点において電場 $\vec{E}$ は $\vec{E} = 0$ となる（図 5.16）。

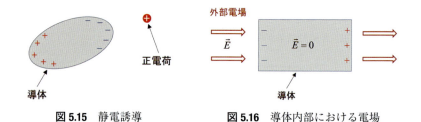

図 5.15 静電誘導　　　　**図 5.16** 導体内部における電場

またこのことから，導体内部における点 P_1 と点 P_2 の電位差は

$$\phi(P_2) - \phi(P_1) = -\int_{P_1}^{P_2} \vec{E} \cdot d\vec{s} = 0 \tag{5.53}$$

となるので，**導体内部におけるすべての点は等電位**（$\phi(\vec{r}) = $ 一定）である。また導体表面は等電位面であるので，導体表面のすぐ外側における電場（電気力線）は導体表面に垂直である。

一般に，平衡状態では導体内部における任意の点において，電荷密度（単位体積あたりの電荷）はつねに 0 となる。この性質は次のようにして示すことができる。導体内部における任意の閉曲面 S を考える。導体内部では電場は 0

なので，閉曲面 S 上の点ではつねに $\vec{E} = 0$ となる．ガウスの法則を適用すると，

$$\int_S \vec{E} \cdot \vec{n}\, dS = \frac{Q}{\varepsilon_0} \tag{5.54}$$

における左辺は 0 である．したがって，導体内部の任意の閉曲面 S で囲まれた領域内部における電荷（式(5.54) の右辺における Q）はつねに 0 である．

5.3.4　静電遮蔽

電場中に，中空部分がある導体を置いた場合を考えよう（図 5.17）．電荷のない空間を導体で囲むと，導体の外部に静電場が存在しても，導体内部における電場は 0 となる．この現象を静電遮蔽という．すなわち，導体で囲まれた空間においては外部の静電場の影響を受けない．この性質を用いると，電子機器を導体で囲んで外部電場の影響を防ぐことが可能となる．また，飛行機に落雷しても中の乗客が感電しないのも同じ理由である．

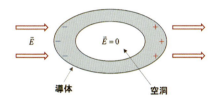

図 5.17　空洞のある導体における静電遮蔽

この性質は以下のように説明できる．導体の性質より，中空導体の内側表面は全て等電位である．また中空部分には電荷が存在しない．電気力線は正の電荷から湧き出して負の電荷に吸い込まれていく，電位の高い点から低い点に向かって引かれる曲線であるので，中空導体の内部には電気力線が存在しない．したがって，中空導体内部の任意の点において，電場は 0 となる．

5.4　コンデンサー

2 個の導体 A と B の対を考え，導体 A に正電荷 Q，導体 B には大きさが同じで符号の異なる負電荷 $-Q$ を与える（図 5.18）．このように，2 個の導体の対を用いて電荷を蓄えるようにしたものを，コンデンサーまたはキャパシターという．このとき，導体 A と B における電荷の大きさ Q と導体間の電位差 $\Delta\phi$ の間には

$$Q = C\Delta\phi \tag{5.55}$$

という関係式が成り立つ．比例定数 C を **電気容量**（キャパシタンス）という．電気容量 C が大きいほど，導体間の電位差を変えずに大きな電荷を蓄えることが可能となる．

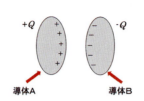

図 5.18 導体 A, B からなるコンデンサー

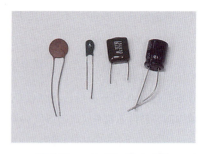

図 5.19 コンデンサーの例

電気容量の単位は，導体 A，B における電荷 Q の大きさが 1 クーロン (C)，導体間の電位差 $\Delta\phi$ が 1 ボルト (V) のときの電気容量を 1 ファラッド (F) とよぶ。実際の問題においてはより小さな単位である $1\,\mu$F（マイクロファラッド），あるいは $1\,$pF（ピコファラッド）という単位が用いられることが多い。コンデンサーは，電気回路や電子回路を構成する代表的な電子部品の一つである（図 5.19）。

$1\,\mu\mathrm{F} = 10^{-6}\,\mathrm{F}, 1\,\mathrm{pF} = 10^{-12}\,\mathrm{F}$ である。

より電気容量の大きな電子部品として，電気二重層キャパシタが近年登場しており，電子機器のバックアップ電源や，自動車の車載機器などに用いられている。

[例題 5.6] 平行板コンデンサー

2 枚の金属板（極板）A，B を平行に向かい合わせてできる，平行板コンデンサーの電気容量を求めよう（図 5.20）。ここでは極板間の間隔に対して極板の面積が非常に大きく，極板の間のみ一様な電場ができ，周辺部の電場が無視できるような場合を考える。極板の面積を S，極板間の距離を d とする。

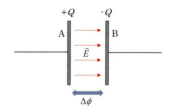

図 5.20 平行板コンデンサーと電場

解： 2 枚の極板にそれぞれ電荷 $+Q, -Q$ を与えたとすると，片方の極板がつくる電場の強さ E は，例題 5.3 で求めた通り $E = Q/2\varepsilon_0 S$ である。2 枚の極板間における電場の強さは，極板 A により生じる電場と極板 B により生じる電場の和となる。極板 A，極板 B がそれぞれつくる電場は同じ向きであるので，極板間には

$$E = \frac{Q}{\varepsilon_0 S} \tag{5.56}$$

の一様な電場ができる。極板間の電位差 $\Delta\phi$ は

$$\Delta\phi = Ed = \frac{Qd}{\varepsilon_0 S} \tag{5.57}$$

となる。電気容量 C の定義式

$$Q = C\Delta\phi \tag{5.58}$$

より，平行平板コンデンサーの電気容量 C は

$$C = \varepsilon_0 \frac{S}{d} \tag{5.59}$$

として与えられる。

コンデンサーの直列・並列接続

コンデンサーを2個以上つないだとき、全体の電気容量はどのようになるかを考えてみよう。図5.21のように、電気容量がそれぞれ C_1, C_2 のコンデンサーを並列に接続する。それぞれのコンデンサーに蓄えられる電荷を Q_1, Q_2、全体に蓄えられる電荷を Q とすると

$$Q = Q_1 + Q_2 \tag{5.60}$$

である。このとき、それぞれのコンデンサーに関して同じ大きさの電圧 V がかかっているので

$$Q_1 = C_1 V, \quad Q_2 = C_2 V \tag{5.61}$$

となる。並列接続したコンデンサーの電気容量(合成容量)を C とすると、$Q = CV$ であるから、式(5.60)より

$$C = C_1 + C_2 \tag{5.62}$$

が成り立つ。すなわちコンデンサーを並列接続した場合、全体の電気容量はそれぞれの電気容量の和で表される。

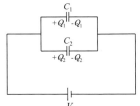
図 5.21 コンデンサーの並列接続

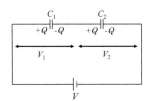
図 5.22 コンデンサーの直列接続

次に、図5.22のように電気容量がそれぞれ C_1, C_2 のコンデンサーを直列に接続する。それぞれのコンデンサーに蓄えられる電荷は等しい。この電荷を Q とすると、それぞれのコンデンサーには大きさ V_1, V_2 の電圧がかかっているので

$$Q = C_1 V_1, \quad Q = C_2 V_2 \tag{5.63}$$

が成り立つ。直列接続したコンデンサーの電気容量(合成容量)C は、$Q = C(V_1 + V_2)$ より各コンデンサーの電気容量 C_1, C_2 を用いて

$$\frac{1}{C} = \frac{1}{C_1} + \frac{1}{C_2} \tag{5.64}$$

と表される。このようにコンデンサーを直列接続した場合は、全体の電気容量の逆数がそれぞれの電気容量の逆数の和に等しい。

5.5 電場のエネルギー

前節のコンデンサーの問題に関連して，平行板コンデンサー間に蓄えられた電場のエネルギー密度（単位体積あたりの電場のエネルギー）を求めてみよう。電気容量 C の平行板コンデンサーにおいて，2枚の極板にそれぞれ $+Q$，$-Q$ の電荷を与える。極板間の電位差 $\Delta\phi$ は $\Delta\phi = Q/C$ となる。このコンデンサーにおける2枚の極板に電荷 $+Q$，$-Q$ を蓄えるには，電場に逆らって片方の極板からもう片方の極板に電荷 Q を移動させなければならない。コンデンサーに蓄えられる電気エネルギー（静電エネルギー）U は，電荷 Q を移動させるのに必要な仕事 W に等しい。

誘電体

電場の中にゴムやガラスなどの絶縁体がある場合を考えよう。絶縁体のことを**誘電体**ともいう。絶縁体には金属のように自由電子がないため，外部電場を印加しても電流は流れない。しかし，絶縁体を構成している個々の分子内の電荷の位置がずれ，電荷の偏りがあらわれる。これを**分極**という。これらの分極した分子は，5.1.5項で登場した電気双極子とみなすことができる。分極した分子は電場に沿って並び，絶縁体の表面には正負の電荷があらわれる（図 5.23）。この現象を**誘電分極**とよび，絶縁体の表面にあらわれる電荷を分極電荷という。分極電荷のつくる電場によって，誘電体の内部の電場は外部電場より弱くなるが，導体の場合と異なり 0 にはならない。

図 5.23 電場中における誘電体

誘電体内部における，単位体積あたりの双極子モーメントの和 $\vec{P}$ を分極という。また，$\vec{D} = \varepsilon_0 \vec{E} + \vec{P}$ として与えられる物理量 $\vec{D}$ を，電束密度とよぶ。多くの物質では分極 $\vec{P}$ と電場 $\vec{E}$ は比例しており，$\vec{D} = \varepsilon \vec{E}$ が成り立つ。

図 5.24 のように，2枚の平行な金属板で構成されたコンデンサーに電圧 V の電池を接続する。極板間に誘電率 ε の誘電体（$\varepsilon > \varepsilon_0$）を挿入すると，コンデンサーに蓄えられる電荷は誘電体を挿入した場合の方が大きくなる。このときのコンデンサーにおける静電容量 C は

$$C = \varepsilon \frac{S}{d} \tag{5.70}$$

となる。$\varepsilon_r = \varepsilon/\varepsilon_0$ を，その誘電体の比誘電率とい

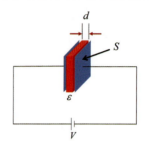

図 5.24 極板間に誘電体を挿入したコンデンサー

う。式(5.69)と同様に，誘電率 ε の誘電体で極板間の内部が満たされたコンデンサーに蓄えられる，単位体積あたりの静電エネルギー u は

$$u = \frac{1}{2}\varepsilon E^2 \tag{5.71}$$

となる。ややレベルの高い話になるが，式(5.71)の適用可能な条件に関しては注意が必要である。一般に物質の誘電率 ε は，誘電体に印加する外部電場の周波数に依存する。厳密には，式(5.71)は誘電率が定数であるとしてよい場合に成立する関係式である。

水の比誘電率 ε_r の値は，室温においては約 78 という値をとることが知られている。水の比誘電率は温度依存性が大きく，温度が上昇すると比誘電率の値が小さくなる。水の中における電荷 q と q' の間に働くクーロン力の強さは，式(5.4)の代わりに

$$F = \frac{1}{4\pi\varepsilon}\frac{qq'}{r^2} \tag{5.72}$$

となる。このように，水の中では電荷をもつ粒子（例：イオン）間に働くクーロン力は，真空中におけるクーロン力と比べて $1/\varepsilon_r$ 倍となり，非常に弱くなることがわかる。

極板に蓄えられた電荷が $+q$, $-q$ のとき，極板間の電位差は $v = q/C$ である．このとき，片方の極板からもう片方の極板に電荷 Δq を移動して，極板の電荷を $+(q + \Delta q)$, $-(q + \Delta q)$ とするために必要な仕事 ΔW は

$$\Delta W = v\Delta q = \frac{1}{C}q\Delta q \tag{5.65}$$

となる．極板の電荷がともに 0 の状態から $+Q$, $-Q$ にするために必要な仕事 W は

$$W = \int_0^Q \frac{1}{C}q\, dq = \frac{Q^2}{2C} = \frac{1}{2}C\,(\Delta\phi)^2 \tag{5.66}$$

として与えられる．したがって，コンデンサーに蓄えられる静電エネルギー U は

$$U = \frac{1}{2}C\,(\Delta\phi)^2 = \frac{Q^2}{2C} \tag{5.67}$$

となる．

平行板コンデンサーの電気容量 C (式(5.59)) と，極板間における電場の強さ E と電荷 Q の関係式 (式(5.56)) より，コンデンサーに蓄えられる静電エネルギー U は，

$$U = \frac{Q^2}{2C} = \frac{(\varepsilon_0 SE)^2}{2\left(\varepsilon_0 \dfrac{S}{d}\right)} = \left(\frac{1}{2}\varepsilon_0 E^2\right)(Sd) \tag{5.68}$$

と表すことができる．平行板コンデンサーにおける極板間の体積は Sd なので，単位体積あたりの電場のエネルギー $u \equiv U/(Sd)$ は，

$$u = \frac{1}{2}\varepsilon_0 E^2 \tag{5.69}$$

となる．

演習問題

1. x 軸上の原点 O に電荷 Q_1 が固定されている (図 5.25)．x 座標が正で，原点からの距離が 0.1 m である点 P に電荷 $Q_2 = 1.0\,\mu\text{C}\,(= 10^{-6}\,\text{C})$ をおくと，電荷 Q_2 は点 P から原点 O への向きに，大きさ 0.6 N の力 $\vec{F}$ を受けた．
   (1) 電荷 Q_1 を求めよ．
   (2) x 軸上の座標 x_0 [m] の点に単位正電荷をおくと，この電荷に働く力は 0 となった．x_0 を求めよ．

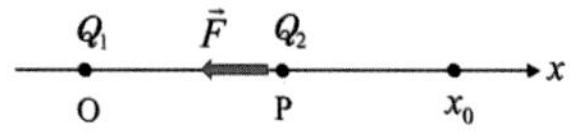

   図 5.25 問 1 の図

2. 一様に帯電した半径 R の無限に長い円柱において，電荷の線密度 (軸方向における単位長さあたりの電荷) を λ とする．円柱の軸から距離 r 離れている，円柱の外側の点 ($r > R$) における電場の強さ $E(r)$ を求めよ．

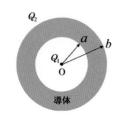

図 5.26 問 3 の図

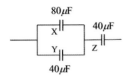

図 5.27 問 4 の図

3. 内側表面の半径が a，中心を共有している外側表面の半径が b である球状の中空導体がある（図 5.26）。球の中心 O に点電荷 Q_1 を配置し，中空導体に電荷 Q_2 を与えたとして，以下の問いに答えよ。

    (1) 導体の内側表面における電荷面密度（単位面積あたりの電荷）を σ_1，外側表面における電荷面密度を σ_2 とする。σ_1 と σ_2 を求めよ。

    (2) 中心 O から距離 r の点における電場の強さ $E(r)$ を求めよ。

4. 3 個のコンデンサー X, Y, Z を図 5.27 のように接続する。以下の設問に答えよ。

    (1) X と Y を一つのコンデンサー（以下では XY と呼ぶ）と考えたときの合成容量 C_{XY} を求めよ。

    (2) XY と Z を一つのコンデンサー（以下では XYZ と呼ぶ）と考えたときの合成容量 C_{XYZ} を求めよ。

    (3) 図 5.27 において両端に電圧 20 V の電池をつなぐと，コンデンサー XYZ には $Q = C_{XYZ}V$ の電荷が蓄えられる。このとき，コンデンサー Z の極板における電荷は $\pm Q$ となる。このとき，コンデンサー Z における電位差を求めよ。

    (4) (3) において充電してから電池を外し，そのあと回路の両端に抵抗の大きな導線をつないでコンデンサーに蓄えられた電荷を放電した。導線で発生するエネルギーを求めよ。

5. 半径 a の導体球殻と，中心を共有する半径 b の導体球殻 ($a < b$) からなる球形コンデンサーの電気容量 C を求めよ。外側の導体球殻がアース（接地）されているものとする。

6
磁　　場

　磁石や電流のまわりには磁場（磁界）がつくられる。磁場中にある磁石は磁場から力を受ける。電流が流れている導線や運動している荷電粒子も磁場から力を受ける。太陽から吹き付ける電気を帯びた粒子は地球が作る磁場から力を受け，その結果，極地にオーロラが現れる。磁石や電流は，磁場を介して互いに力を及ぼし合う。モーター，スピーカー，発電機はこのような磁力を利用している。

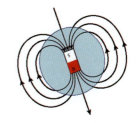

図 6.1　地球は大きな磁石*

　磁場と電場は密接に関係し合っており，磁場が時間変化すると，それに応じて電場も変化し，そこに導体があると磁場の変化を打ち消すような電流が流れる。交流変圧器，IC カード，電磁調理器は，このような磁場と電場の関係を利用している。リニアモーターカーの磁気浮上も同様である。

図 6.2　一般的な方位磁石*

　このように我々は生活の多くの場面で磁場および電場の性質を積極的に利用している。この章では，磁場の性質について学ぶ。

6.1　磁石・電流・静磁場

6.1.1　磁石・電流と磁場（磁界）

図 6.3　中国で使われていた方位磁石*

　磁石についての記述は古く，紀元前 6～8 世紀ころ，ギリシアの羊飼いが鉄を引き付ける鉱石（磁鉄鉱 Fe_3O_4）を発見したという言い伝えがある。マグネットの言葉の由来は，それがマグネシア地方での発見だったからか，発見者の名前がマグネス（Magnes）だったからか，はっきりはしていない。タレスは鉄の細長い棒が磁鉄鉱の影響で磁石になることを発見している。磁針が一定の方角を向くことは，中国で発見され羅針盤が発明された。それが，ヨーロッパに伝わり，大航海時代の幕開けにつながった。地球自身が大きな磁石であることは，ギルバートによってつきとめられた。磁石には 2 つの極（磁極）がある。2 つの磁極が互いに水平面内で自由に回転できるように磁石を保持したとき，北（North）方向を向く極を N 極，南（South）方向を向く極を S 極と呼ぶ。地球の地理的北極は磁極としては S 極，地理的南極は磁極としては N 極である。

タレス（Thalēs, B.C. 624 年 -546 年，ギリシア）

ギルバート（Gilbert, W., 1544 年 -1603 年，イギリス）

　どのような磁石にも N 極と S 極があり，磁石を切り分けても必ず N 極と S

極が対となった磁石に分かれる。N極だけ，または，S極だけの磁石は見つかっていない。棒磁石を外側がN極になるようにして球形につめると，球全体としては磁石の性質を失う。

2個の磁石を近づけると，互いに触れ合っていないのに，力を及ぼしあう。異極どうしは引きつけ合い，同極どうしは斥け合う。磁石を平らな台の上においてまわりに砂鉄をまくと，筋状の模様が浮かび上がる。磁石の影響で，砂鉄をそのように並ばせる性質を空間がおびたように見える。そのような性質をおびた空間を**磁場**（磁界，magnetic field）という。磁石はその周りに磁場をつくり，また磁場から力を受ける。磁石どうしは磁場を介して互いに力を及ぼし合うと考えられる。

磁場は電流によっても生じる。1820年4月21日，講義中に実験器具をいじっていたエルステッドは，電流の近くに置いた方位磁針のN極が北からずれた方角を指すことに気づいた。電流の向きを反転すると，磁針の振れる方向も逆転した。これが電気と磁気の直接的関係を示す最初の発見となった。直流電流が流れている導線の周りに，多数の方位磁石をおくと，導線を取り囲むように向きがそろう。

磁場中に置かれた小さな方位磁針は，特定の方向を好んで向く。磁場には，方位磁針を特定の方向に向けようとする性質がある。方位磁針のN極が向く方向を磁場の向きと約束する。磁場が強くなると方位磁針に働くトルクも大きくなる。磁場は，電場と同様に「方向」と「強さ」で特徴づけられるベクトル場である。

エルステッド (Oersted, H. C., 1777年-1851年, デンマーク)

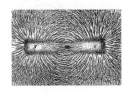

図 6.4 棒磁石のまわりの砂鉄*

図 6.5 電流のまわりの方位磁石

6.1.2 直線電流間に働く力と電流量の定義

アンペールは，電流が流れている導線どうしが互いに力を及ぼしていることを発見した。平行な2本の導線に，電流を同方向に流すと導線は引き合い，電流を互いに反対方向に流すと導線は斥け合う。詳しい実験から，十分に長い2本の導線を間隔rだけ離して平行に配置し，一方の導線に大きさI_1の電流を，もう一方の導線には大きさI_2の電流を流す場合，それぞれの導線が単位長あたりに受ける力の大きさは

$$f = \frac{\mu_0}{2\pi}\frac{I_1 I_2}{r} \tag{6.1}$$

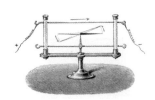

図 6.6 エルステッドの実験*

アンペール (Ampère, A. M., 1775年-1836年, フランス)

と表されることがわかっている。定数μ_0は**真空透磁率**または**磁気定数**と呼ばれている。

電流量の大きはアンペア（A）を単位として表される。1Aの電流量は，2本の導線の間隔rを1mとし，それぞれの導線に同じ大きさの電流（$I_1 = I_2 = I$）を流したとき，導線1mあたりに働く力の大きさが2×10^{-7} Nになる電流Iの大きさと定義されている。したがって，$\mu_0 = 4\pi \times 10^{-7}$ N/A^{2}である。また，電気量1Cは1Aの電流が流れている導線の断面を1s間に通過する電荷

の総量と定義されている。

6.1.3 磁極どうしに働く力

磁極どうしの引力や斥力の働き方は，電荷間のクーロンの法則と似ている。磁極の強さを q_m と表そう。N 極は正の値，S 極は負の値をとるものとする。真空中で 2 つの磁極が互いに及ぼしあう磁力の大きさは，磁極の強さの積に比例し，互いの距離の 2 乗に反比例する（磁極のクーロンの法則）。

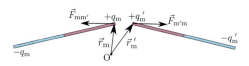

図 6.7 磁極どうしの相互作用。注目している磁極間の距離に比べて，その他の磁極が十分離れているとして，注目している磁極以外による磁力は省略されている。

磁極 q_m が q_m' から受ける磁力は，

$$\vec{F}_{mm'} = \frac{1}{4\pi\mu_0} q_m q_m' \frac{\vec{r}_m - \vec{r}_m'}{|\vec{r}_m - \vec{r}_m'|^3} \tag{6.2}$$

と表される。互いに 1 m 離れた等しい強さの 2 つの磁極がお互いに及ぼし合う磁力の大きさが

$$\frac{10^7}{16\pi^2} \text{ N}$$

のとき，それらの磁極の強さを 1 Wb（ウェーバー）と定義する。式 (6.2) から，磁極の強さの単位 Wb は力，長さ，電流の単位を使って Nm/A と表すことができる。

図 6.8 陽電子の霧箱内での軌跡。中央付近の縦筋。写真の表面から裏面へ向う磁場がかけられている。中ほどに設置されている鉛板の板を，荷電粒子が通過すると，荷電粒子は運動エネルギーを失い，速度が小さくなる。陽電子は写真の下方から上方へ向かって運動しており，磁場の影響で軌跡は左へ曲っている。鉛板を通過したあと，速度が小さくなるため，より大きく曲がっている（曲率半径が小さくなっている）*。

ウェーバー (Weber, W. E., 1804 年-1891 年, ドイツ)

ローレンツ (Lorentz, H. A., 1853 年-1928 年, オランダ)

6.2 磁場から受ける力

磁場を記述するのに，**磁束密度ベクトル** $\vec{B}$，または，**磁場の強さベクトル** $\vec{H}$ が使われる。$\vec{B}$ と $\vec{H}$ は磁場をどのようにして測るかが異なっている。この章では，今後，簡単のため「磁場 $\vec{B}$」，「磁場 $\vec{H}$」と記述する。

6.2.1 磁場ベクトル $\vec{B}$

電場 $\vec{E}$ は電荷に働く力を拠り所として定義される。磁場 $\vec{B}$ も電荷に働く力を測定の拠り所として定義される。磁場中で運動する荷電粒子は，図 6.9 のように，速度に垂直な方向に力（ローレンツ力）を受ける。ローレンツ力の大きさは電荷の電気量 q と電荷の速さ v の積に比例し，速度 $\vec{v}$ と磁場 $\vec{B}$ の間の角 θ を使って，

$$F = qvB|\sin\theta| \tag{6.3}$$

と表すことができる。ベクトル積を使って表すと，

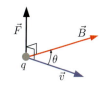

図 6.9 磁場 $\vec{B}$，速度ベクトル $\vec{v}$，磁場によるローレンツ力 $\vec{F}$ の関係。図の力 $\vec{F}$ の向きは $q>0$ の場合。$q<0$ の場合は，力 $\vec{F}$ の向きは図と逆になる。

$$\vec{F} = q\vec{v} \times \vec{B} \tag{6.4}$$

である。このようにして決まるベクトル $\vec{B}$ が磁束密度ベクトルである。

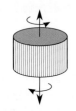

図 6.10 ペットボトルのキャップの回転方向とキャップが進む方向

[注意] 右ねじについて

ペットボトルのキャップを開閉する際（図 6.10），ボトルの口の側から見て，反時計方向にキャップを回すとキャップがはずれ，時計方向に回すとキャップが閉まる。キャップの回転軸上に視点を置いてキャップを見ると，時計方向にキャップを回すとキャップは目から遠ざかり，反時計まわり回すとキャップは目に近づく。これは，キャップの表側から見ても裏側から見ても同じである。また，キャップを固定し，時計方向にボトルを回すとボトルは目から遠ざかり，反時計方向に回すと目に近づく。このように，回転軸上から見て，時計まわりに物体を回したとき，回転させた物体が軸に沿って視点から遠ざかるように切られているねじを右ねじという。

[注意] ベクトル積

ベクトル $\vec{A}$ とベクトル $\vec{B}$ のベクトル積 $\vec{A} \times \vec{B}$ は，$\vec{A}$ と $\vec{B}$ が張る平行四辺形の面に垂直なベクトルである（図 6.11）。その大きさは $\vec{A}$ と $\vec{B}$ が張る平行四辺形の面積に等しい。方向は平行四辺形の内部を通って $\vec{A}$ を $\vec{B}$ の方向へ一致させるように右ねじを回した際に，ねじが進む方向である。

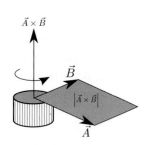

図 6.11 ベクトル積

ベクトルを直交座標成分で表し $\vec{A} = (A_x, A_y, A_z)$, $\vec{B} = (B_x, B_y, B_z)$ とすると，ベクトル積は

$$\vec{A} \times \vec{B} = (A_y B_z - A_z B_y, \ A_z B_x - A_x B_z, \ A_x B_y - A_y B_x) \tag{6.5}$$

と表される。

速度 $\vec{v}$ で運動している電気量 q の荷電粒子が電場と磁場から受ける力は

$$\vec{F} = q(\vec{E} + \vec{v} \times \vec{B}) \tag{6.6}$$

と表すことができる。荷電粒子が電場と磁場から受ける力を合わせてローレンツ力ということもある。電場 $\vec{E}$ と磁場 $\vec{B}$ はローレンツ力を拠り所として定義される。荷電粒子として電子を使えば，原理的には，原子内の電場や磁場も測定できる。

磁場に垂直な方向に速さ 1 m/s で運動する 1 C の電荷が受けるローレンツ力の大きさが 1 N となる磁場 $\vec{B}$ の大きさを 1 T（テスラー）と定義する。磁場 $\vec{B}$ の次元は

テスラー (Tesla, N., 1856 年-1943 年，アメリカ合衆国)

$$\frac{力}{電気量 \cdot 速度} = \frac{質量}{電流 \times 時間^2} \tag{6.7}$$

である。また，T は m, kg, s, A などの単位を使って

$$T = \frac{N}{Cm/s} = \frac{N}{Am} = \frac{kg}{As^2} \tag{6.8}$$

と表すことができる。1 T の大きさの磁場は，我々の身の回りの磁場と比べると非常に大きいので，Gauss（ガウス，1 Gauss = 0.0001 T = 1 万分の 1 T）が磁場の単位としてよく用いられる。

ガウス (Gauss, C. F., 1777 年-1855 年，ドイツ)

日本付近の地磁気はおよそ 0.5 Gauss，磁石の極表面での磁場の大きさは，ネオジウム磁石で 1000〜10000 Gauss，フェライト磁石で 100〜2000 Gauss である。

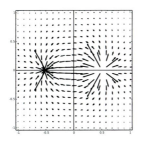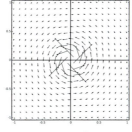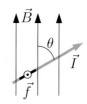

図 6.12 細い棒磁石（左）と導線（右）のまわりの磁場 $\vec{B}$ のようす。(1/2, 0) に N 極，(−1/2, 0) に S 極がある。各矢は，その始点の位置における磁場 $\vec{B}$ の向きと大きさを表している。電流は，紙面の裏から表へ向かってグラフの原点を貫いて真っ直ぐ流れている。各矢は，その始点の位置の磁場 $\vec{B}$ の向きと大きさを表している。

図 6.13 電流の単位長さ分（濃い黒線部分）に働く力。一様磁場，電流は紙面平行。電流が受ける力は紙面に垂直で，紙面裏から表向き。

細長い棒磁石と無限に長い直線電流の周りの磁場ベクトル $\vec{B}$ のようすを矢印で表現すると図 6.12 のようになる。磁石の N 極の近くでは，N 極から遠ざかる方向に，S 極の近くでは S 極に向かう方向に磁場 $\vec{B}$ が向く。直線電流の周りでは，磁場 $\vec{B}$ は電流を取り囲むように向く。電流の向きとそのまわりの磁場 $\vec{B}$ の向きは，右ネジの進む向きと回す向きの関係になっている。

6.2.2 電流が磁場から受ける力

図 6.13 のように，磁場 $\vec{B}$ と角 θ の方向に置かれた導線に電流が流れている場合を考えよう。導線内では，電気量 q の荷電粒子が単位長さあたり n 個あって，それらが速さ v で導線に沿って動いているとしよう。導線の断面を単位時間に通過する荷電粒子の個数は nv なので，

$$I = qnv \tag{6.9}$$

の大きさの電流が流れている。荷電粒子一つ一つには大きさ $qvB\sin\theta$ のローレンツ力が働く。導線の単位長さあたり n 個の荷電粒子があるから，導線の単位長さあたり $qnvB\sin\theta$ となる。その結果，電流 I が流れている導線には単位長さあたり，

$$f = qnvB\sin\theta = IB\sin\theta \tag{6.10}$$

の大きさの力（ローレンツ力）が働くことになる。ベクトル積を使うと，

$$\vec{f} = \vec{I} \times \vec{B} \tag{6.11}$$

と表すことができる。ここで，電流ベクトル $\vec{I}$ は，向きが電流の流れる方向で，大きさが電流量となるベクトルである。

[注意] フレミングは，導線が受ける力の方向，磁場 $\vec{B}$ の方向，電流の方向を左手の親指，人差し指，中指に対応させて視覚的に覚える方法として，"フレミングの左手の法則" (Fleming's left hand rule) を考案している。"法則" と訳されることが多いが，英語では law（法則）ではなく rule（規則）と表記されることが多い。

電流が流れている導線自身は電気的に中性である。金属導線の場合，電流として流れる電荷は自由電子であり，正電荷を持ったイオン（原子核とそれに束縛されている電子）は流れない。ローレンツ力を受けているのは導線内の荷電粒子である。荷電粒子が導線の外に出ないように導線は荷電粒子を押し返す。その反作用として導線は単位長さあたりの大きさの力を荷電粒子から力を受ける。

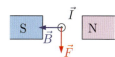

図 6.14 $\vec{B}$ に垂直に電流が流れる場合。電流の向きは紙面裏側から表側に向かっている。

図 6.15 フレミングの左手の法則*

フレミング (Fleming, J. A., 1849 年 -1945 年，イギリス)

6.2.3 磁場の強さベクトル $\vec{H}$

磁極に働く力を拠り所にして，磁場を測ることもできる。磁極の強さ q_m の磁極が受ける磁力 $\vec{F}$ を使って，

$$\vec{H} = \frac{\vec{F}}{q_\mathrm{m}} \tag{6.12}$$

と定義されるベクトル $\vec{H}$ を「磁場の強さベクトル」という。

真空中では，磁場 $\vec{B}$ と磁場 $\vec{H}$ は比例関係にあり

$$\vec{B} = \mu_0 \vec{H} \tag{6.13}$$

である。物質中でも，磁場 $\vec{B}$ と磁場 $\vec{H}$ は比例関係にあることが多く，

$$\vec{B} = \mu_\mathrm{r} \mu_0 \vec{H} \tag{6.14}$$

と表される。μ_r は比透磁率は呼ばれ，物質に依存する定数である。しかし，磁石のような強磁性体などの内部では，$\vec{B}$ と $\vec{H}$ の関係は簡単ではない。

磁場 $\vec{H}$ の強さの単位は，(6.12) から N/Wb であるが，

$$\frac{\mathrm{N}}{\mathrm{Wb}} = \frac{\mathrm{N}}{\mathrm{Nm/A}} = \frac{\mathrm{A}}{\mathrm{m}}$$

なので A/m もよく使われる。

> 高校物理では，磁場の強さベクトルについてはこのように記述されている。しかし，単極の素粒子は存在しないので，ミクロなスケールでは磁場の強さベクトルは測定できない。磁場 $\vec{H}$ の厳密な定義は後で述べる。

6.2.4 磁力線

電気力線を使って電場の様子を描写したように，磁場 $\vec{B}$ の様子も磁力線を使って表すことができる。棒磁石，円電流，直線電流がつくる磁場の様子を磁力線で表すと図 6.16 のようになる。磁力線は，磁力線の本数密度が磁場 $\vec{B}$ の大きさに比例，磁場 $\vec{B}$ が接線ベクトルになるように描かれる。磁力線の作図方法の約束から，磁力線には次のような性質がある。

1. 磁場 $\vec{B}$ の方向が磁力線の向きとなる。
2. 磁力線どうしは交差しない。
3. 磁力線は電流を右ねじまわりに取り囲む閉曲線になる（図 6.18）。
4. 磁力線は，磁石の外部では N 極から出て S 極へ，内部では S 極から N 極へ向う。
5. 磁場の強いところでは磁力線は密になり，弱いところでは疎になる。

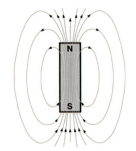

図 6.16 棒磁石による磁力線*

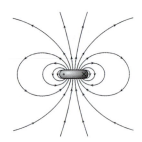

図 6.17 円電流による磁力線*

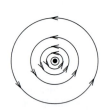

図 6.18 直線電流による磁力線

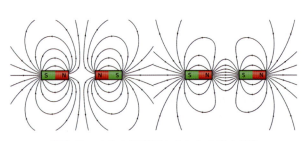

図 6.19 二本の棒磁石のまわりの磁力線*

さらに磁石の同じ極どうしが反発し，異なる極が引き合うことから，磁力線自身に次のような物理的性質があると考えることができる。

1. 各磁力線は，より短くなるように張力が働いている。
2. 同じ向きの磁力線どうしは互いに遠ざかるように圧力を及ぼしあう。

このように考えることで，磁石や電流に働く磁力の向きを直感的に推測することができる。

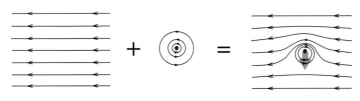

図 6.20 直線電流が磁場から受ける力

例として，電流が流れている導線が磁場から受けるローレンツ力の方向を磁力線の性質から説明してみよう。図 6.20 のように左向きに一様な磁場があって，磁場に垂直に導線があり，紙面手前に電流を流す場合を考えよう。電流がつくる磁場は，導線を中心とした同心円状で反時計まわりの方向を向いている。もとからあった一様な磁場と電流がつくる磁場が合わさると，導線の紙面上方では磁場は強まり，紙面下方では打ち消しあう。そのため，導線の紙面上方では，同じ向きの磁力線が混みあい，紙面下方では疎らになる。同方向の磁力線どうしは押し合い，その傾向は磁場が強いところほど大きいので，電流が流れている導線は紙面下方向きに力を受ける。

6.2.5 環状電流と棒磁石が磁場から受けるトルク

環状電流に働くトルクと磁気モーメント

面積 S の平面の縁に沿って流れる環状電流を考えよう（図 6.21）。電流の大きさを I，環状電流が囲んでいる平面の面積を S としよう。ここで，電流の向きに右ねじを回したとき，右ねじが進む方向を平面 S の表方向と定義する（右ねじの関係）。平面の表方向の単位法線ベクトルを $\vec{n}$ として，

$$\vec{m}_c = IS\vec{n} \tag{6.15}$$

を環状電流の**磁気モーメント**という。磁気モーメントの単位は，

$$\mathrm{Am}^2 = \frac{\mathrm{J}}{\mathrm{T}} \tag{6.16}$$

図 6.21 環状電流，磁気双極子の磁気モーメント

である。磁場中に置かれた磁気モーメント $\vec{m}_c$ は磁場 $\vec{B}$ からトルクを受ける。環状電流の付近で磁場が一様であれば，トルクは

$$\vec{\tau}_c = \vec{m}_c \times \vec{B} \tag{6.17}$$

と表される。面積 S が無視できるほど小さい環状電流を**磁気双極子**という。

電子スピンや，原子核まわりの電子の軌道運動によるミクロな環状電流は磁気双極子とみなすことができる。

右ねじの規則

閉曲線に沿って流れる電流の向きと，閉曲線を貫く磁場の向きの関係は，右ねじを回す向きと右ねじが進む向きの関係になっている。また，直線電流の周りの磁場の様子（図 6.18）も，磁場の向きと電流の向きが，右ねじを回す向きとねじが進む向きの関係になっている。この電流の向きと磁場の向きとの関係を"右ねじの規則"とよぶ。

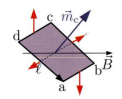

図 6.22 磁気モーメントに働くトルク

[例題 6.1] 一様磁場 $\vec{B}$ 中におかれた，長方形 abcd の導線に電流 I が流れている（図 6.22）。辺 $\overline{ab}$, $\overline{cd}$ は磁場に垂直とする。辺 $\overline{bc}$, $\overline{da}$ の中点を結ぶ軸 ℓ のまわりのトルクを求めよ。

解： $\overline{bc}$, $\overline{da}$ に働くローレンツ力はトルクに寄与しない。$\overline{ab}$ と $\overline{cd}$ に働くローレンツ力の大きさは，$W = \overline{ab} = \overline{cd}$ として，$F = IBW$ である。軸 ℓ のまわりのトルクの大きさは，$L = \overline{bc} = \overline{da}$，$\vec{B}$ と $\vec{m}_c$ の間の角を θ として，

$$\tau = 2 \times \frac{L}{2}\sin\theta \times F = LWIB\sin\theta = SIB\sin\theta = m_c B\sin\theta$$

となる。このトルクは，磁気モーメントベクトルを磁場の方向へ向けようとする。したがって，ベクトル積を使って $\vec{\tau} = \vec{m}_c \times \vec{B}$ と書ける。

$\theta = \pi/2$ から，$\theta = \theta_0$ まで磁場によるトルクに逆らって，磁気モーメントを回転させるのに必要な仕事も求めておくと，

$$W = \int_{\pi/2}^{\theta_0} \tau\, d\theta = \int_{\pi/2}^{\theta_0} m_c B \sin\theta\, d\theta = -m_c B \cos\theta_0 = -\vec{m}_c \cdot \vec{B} \quad (6.18)$$

となる。

棒磁石に働くトルクと磁気モーメント

磁極の強さが q_m の磁極が磁場から受ける力は $\vec{F} = q_m \vec{H}$ である。真空中では $\vec{B} = \mu_0 \vec{H}$ なので，

$$\vec{F} = \frac{1}{\mu_0} q_m \vec{B} \quad (6.19)$$

と表される。このことから，棒磁石が磁場から受けるトルクを求め，環状電流と比較してみよう。

[例題 6.2] 棒磁石が一様磁場から受けるトルクを求めよ。

解： N極，S極の磁極の強さが q_m, $-q_m$ 磁極の対の磁気モーメントは

$$\vec{m}_m = \frac{1}{\mu_0} q_m \vec{d} \quad (6.20)$$

図 6.23 棒磁石の磁気モーメント

と定義される（図 6.23）。$\vec{d}$ はS極からみたN極の位置ベクトルである。N極とS極が受ける力の大きさは

$$F = \frac{1}{\mu_0} q_m B$$

で向きは磁場ベクトルの方向である。磁場 $\vec{B}$ と磁気モーメント $\vec{m}_m$ のなす角を θ と

すると、中心軸まわりのトルクベクトルの大きさは

$$\tau_{\mathrm{m}} = 2 \times \frac{d}{2}\sin\theta \times F = \frac{1}{\mu_0}q_{\mathrm{m}}dB\sin\theta = m_{\mathrm{m}}B\sin\theta$$

となる。このトルクは、磁気モーメントベクトルを磁場の方向に向けようとする。ベクトル積を使うと

$$\vec{\tau}_{\mathrm{m}} = \vec{m}_{\mathrm{m}} \times \vec{B} \tag{6.21}$$

と表せる。

図 6.24 棒磁石に働くトルク

$\theta = \pi/2$ から、$\theta = \theta_0$ まで磁場によるトルクに逆らって、磁気モーメントを回転させるのに必要な仕事も求めておくと、

$$W = \int_{\pi/2}^{\theta_0} \tau_{\mathrm{m}}\,d\theta = \int_{\pi/2}^{\theta_0} m_{\mathrm{m}}B\sin\theta\,d\theta = -m_{\mathrm{m}}B\cos\theta_0 = -\vec{m}_{\mathrm{m}}\cdot\vec{B} \tag{6.22}$$

となる。

6.3 静磁場の作られ方

時間がたっても変化しない磁場を静磁場という。静磁場は、定常電流よって作られる。磁石による磁場も、磁石内のミクロな電流によって作られる。

6.3.1 直線電流がつくる磁場

十分の細くて、十分に長い導線に電流を流すと、そのまわりには同心円状に磁場ができる。直線電流間に働く力 (6.1) と電流が磁場から受ける力 (6.10) から、直線電流から R 離れた位置での磁場 $\vec{B}$ の大きさは、

$$B = \frac{\mu_0}{2\pi}\frac{I}{R} \tag{6.23}$$

であることがわかる。磁場の向きと電流の方向は右ねじの関係になっている。z 軸上を正方向に電流 I が流れているとすると、位置 $\vec{r} = (x, y, z) = (R\cos\phi, R\sin\phi, z)$ での磁場 $\vec{B}$ は、

$$B_x = -\frac{\mu_0 I}{2\pi}\frac{\sin\phi}{R} \tag{6.24}$$

$$B_y = \frac{\mu_0 I}{2\pi}\frac{\cos\phi}{R} \tag{6.25}$$

$$B_z = 0 \tag{6.26}$$

と表される。

ビオ (Biot, J. B., 1774 年-1862 年, フランス)
サバール (Savart, F., 1791 年-1841 年, フランス)

6.3.2 ビオ・サバールの法則

線電荷による電場は、微小線電荷がクーロンの法則に従ってつくる電場を足し合わせる（積分する）ことで、求めることができる。線電流による磁場も、微小線電流要素がつくる磁場を足し合わせて、求めることができる。線電流とは、細い導線を流れる電流のように、電流の垂直断面方向の広がりが無視できるような電流のことである。ビオとサバールは、図 6.25 のような仮想的な微

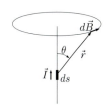

図 6.25 ビオ・サバールの法則

小線電流要素（電流の大きさ I，長さ ds）が，微小電流要素からみて位置 $\vec{r}$ につくる微小磁場 $d\vec{B}$ について，その大きさが

$$dB = \frac{\mu_0}{4\pi}\frac{Ids}{r^2}\sin\theta \tag{6.27}$$

であり，向きが電流の向きと位置ベクトルの両方に垂直で右ねじの関係で決まる方向であることを発見した（1820年）。ここで，θ は電流と位置ベクトルとの間の角である。微小電流要素ベクトルを $d\vec{I} = \vec{I}ds$ と表すと（$\vec{I}$ は電流ベクトル），微小磁場 $d\vec{B}$ は，ベクトル積を使って

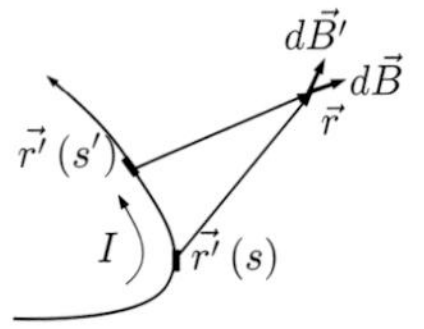

$$d\vec{B} = \frac{\mu_0}{4\pi}\frac{d\vec{I}\times\vec{r}}{r^3} \tag{6.28}$$

と表される。これをビオ・サバールの法則という。

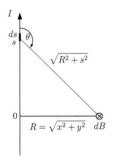

図 6.26 $\vec{r}'(s)$ にある微小線電流が位置 $\vec{r}$ に作る磁場 $d\vec{B}$ と，$\vec{r}'(s')$ にある微小線電流が作る磁場 $d\vec{B}'$。導線のあらゆる位置の微小線電流による磁場を足し合わせが，導線に流れる電流全体が作る磁場となる。

導線を流れる電流全体による磁場は，各微小線電流要素がつくる磁場を加え合わせたものとなる（図 6.26）。導線の経路を経路に沿った距離 s の関数として $\vec{r}' = \vec{r}'(s)$ と表せば，経路積分を使って

$$\vec{B}(\vec{r}) = \frac{\mu_0}{4\pi}\int \frac{\vec{I}(\vec{r}'(s))\times(\vec{r}-\vec{r}'(s))}{|\vec{r}-\vec{r}'(s)|^3}ds \tag{6.29}$$

と表すことができる。

[例題 6.3] 直線電流がつくる磁場 $\vec{B}$ を，ビオ・サバールの法則から求めよ。

解： 図 6.27 のように，電流は z 軸に沿って正方向に流れているとしよう。位置 $\vec{r} = (x, y, 0)$ の磁場を求めよう。$R = \sqrt{x^2+y^2}$ とする。$z=s$ にある微小電流要素による微小磁場は，大きさが

$$dB = \frac{\mu_0}{4\pi}\frac{I\,ds}{R^2+s^2}\sin\theta = \frac{\mu_0}{4\pi}\frac{I\,ds}{R^2+s^2}\frac{R}{\sqrt{R^2+s^2}} \tag{6.30}$$

で，向きは電流に対して垂直である。$s = -\infty$ から $s = \infty$ まで微小電流要素による微小磁場を加え合わせればよいので，

$$B = \frac{\mu_0 I}{4\pi R^2}\int_{-\infty}^{\infty}\frac{ds}{\left(1+\left(\frac{s}{R}\right)^2\right)^{3/2}} = \frac{\mu_0 I}{2\pi R} \tag{6.31}$$

図 6.27 直線電流がつくる磁場をビオ・サバールの法則から求める。

となる。

[例題 6.4] 円電流がその中心軸上につくる磁場 $\vec{B}$ を求めよ。

解： 半径 a の円電流が，図 6.28 のように流れているとする。円電流の中心を原点として，円電流が xy 面内になるように，座標をとる。微小電流要素が z の位置につくる微小磁場 $d\vec{B}$ の大きさは，

$$dB = \frac{\mu_0}{4\pi}\frac{I\,ds}{z^2+a^2} \tag{6.32}$$

である。円に沿った微小電流要素からの寄与を全て合わせると，z 軸に垂直な成分は打ち消し合うので $d\vec{B}$ の z 成分だけ考えればよい。$d\vec{B}$ の z 成分を dB_z とすると，

$$dB_z = \frac{a}{\sqrt{z^2+a^2}}dB = \frac{\mu_0}{4\pi}\frac{aI}{(z^2+a^2)^{3/2}}ds \tag{6.33}$$

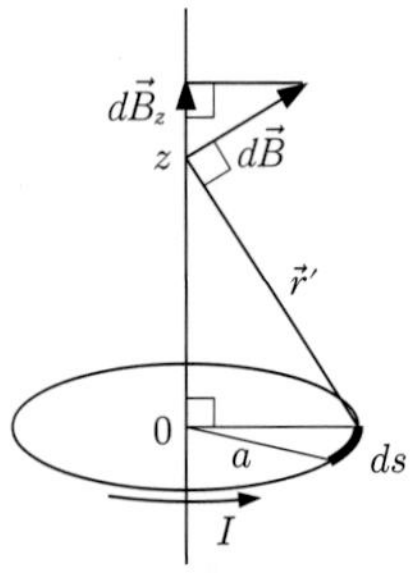

図 6.28 円電流の中心軸上の磁場をビオ・サバールの法則から求める。

である。円電流に沿って，dB_z を加え合わせると，

$$B_z = \frac{\mu_0}{4\pi} \frac{aI}{(z^2+a^2)^{3/2}} \int ds = \frac{\mu_0}{4\pi} \frac{aI}{(z^2+a^2)^{3/2}} 2\pi a$$
$$= \frac{\mu_0}{2} \frac{a^2 I}{(z^2+a^2)^{3/2}} \tag{6.34}$$

となる。もちろん
$$B_x = B_y = 0 \tag{6.35}$$
である。磁気モーメントの大きさ
$$m_c = \pi a^2 I \tag{6.36}$$
を用いると,
$$B_z = \frac{\mu_0}{2\pi} \frac{m_c}{(a^2+z^2)^{3/2}} \tag{6.37}$$
と表される。

$|z|$ が非常に大きいところでは,
$$B_z(z) = \frac{\mu_0}{2\pi} \frac{m_c}{z^3} \tag{6.38}$$

$z=0$ では,
$$B_z = \frac{\mu_0}{2\pi} \frac{m_c}{a^3} \tag{6.39}$$
となる。

[例題 6.5] ソレノイドコイルの中心軸上の磁場を求めよ。

解: 半径 a, 長さ $2D$, 単位長さあたりの巻き数が n のソレノイドコイルを考えよう。また，電流が螺旋になっている効果は無視しよう。ソレノイドコイルの中心軸を z 軸にとり，$z=-D$ から $z=D$ にソレノイドコイルが配置されているとする。$z=Z$ の位置にある幅が dZ の円電流が中心軸上の $z=z$ の位置につくる磁場は,
$$dB_z(z) = \frac{\mu_0}{2} \frac{Ia^2 n\, dZ}{(a^2+(z-Z)^2)^{3/2}} \tag{6.40}$$
である。これを $Z=-D$ から $Z=D$ まで加え合わすと
$$B_z(z) = \frac{Ia^2 n\mu_0}{2} \int_{-D}^{D} \frac{dZ}{(a^2+(Z-z)^2)^{3/2}}$$
$$= \frac{In\mu_0}{2} \left[\frac{z+D}{\sqrt{(z+D)^2+a^2}} - \frac{z-D}{\sqrt{(z-D)^2+a^2}} \right] \tag{6.41}$$
となる。ソレノイドの磁気モーメントは
$$(側面の全電流) \times (断面積) = 2DnI \times \pi a^2$$
なので，単位体積あたりの磁気モーメントの大きさは $M=In$ である。単位体積あたりの磁気モーメントの大きさ M を使って表すと,
$$B_z(z) = \frac{\mu_0 M}{2} \left[\frac{z+D}{\sqrt{(z+D)^2+a^2}} - \frac{z-D}{\sqrt{(z-D)^2+a^2}} \right] \tag{6.42}$$

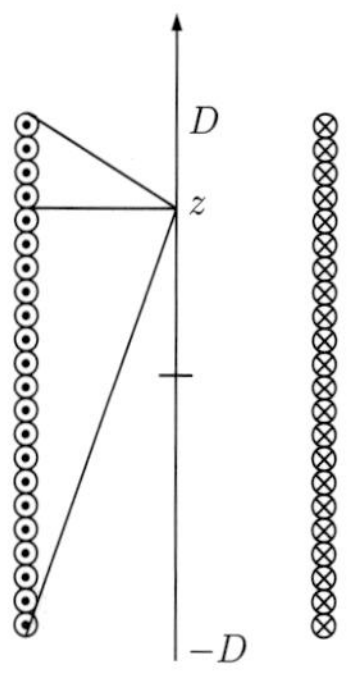

図 6.29 ソレノイドコイルの中心軸上の磁場を円電流による磁場の重ね合わせから求める。

6.3.3 磁極が作る磁場 $\vec{H}$

磁極のクーロンの法則と磁場 $\vec{H}$ の定義から，原点にある磁極の強さ q_m の磁極が位置 $\vec{r}$ につくる磁場 $\vec{H}(\vec{r})$ は,
$$\vec{H}(\vec{r}) = \frac{1}{4\pi\mu_0} \frac{q_m}{r^2} \frac{\vec{r}}{r} \tag{6.43}$$

と表される。

$$\phi_m(\vec{r}) = \frac{1}{4\pi\mu_0}\frac{q_m}{r} \tag{6.44}$$

とすれば，

$$\vec{H}(\vec{r}) = -\vec{\nabla}\phi_m(\vec{r}) \tag{6.45}$$

と表すこともできる。$\phi_m(r)$ は磁位または磁気ポテンシャルと呼ばれている。磁極が複数ある場合は，i 番目の磁極の強さを q_{mi}，位置を $\vec{r}_i$ として，$\vec{H}(\vec{r})$ は

$$\vec{H}(\vec{r}) = \frac{1}{4\pi\mu_0}\sum_i q_{mi}\frac{\vec{r} - \vec{r}_{mi}}{|\vec{r} - \vec{r}_{mi}|^3} \tag{6.46}$$

と表せる。

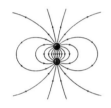

図 6.30 磁力線で表した磁極対による磁場 $\vec{H}$ の様子。電気双極子による電気力線と同じようになる。＋を N，−を S と読みかえればよい。*

符号関数 $\mathrm{sgn}(x)$ は 0 を除く実数 x について定義されていて $\mathrm{sgn}(x) = x/|x|$ である。

[例題 6.6] 棒磁石の磁極対がつくる磁場の強さ $\vec{H}$ について考えてみよう。磁石は十分の細く，強さが $\pm q_m$ の点磁極が z 軸上の $z = \pm d/2$ の位置にあるとして，z 軸上の磁場 $\vec{H}$ を求めよ。

解：z 軸上では，

$$H_x = H_y = 0 \tag{6.47}$$

である。電気双極子がつくる電場（例題 5.1）と同様に，符号関数 $\mathrm{sgn}(x)$（x が正のとき 1，負のとき -1 と定義された関数）を使って，H_z は

$$H_z(z) = \frac{1}{4\pi\mu_0}q_m\left(\frac{\mathrm{sgn}\left(z - \dfrac{d}{2}\right)}{\left(z - \dfrac{d}{2}\right)^2} - \frac{\mathrm{sgn}\left(z + \dfrac{d}{2}\right)}{\left(z + \dfrac{d}{2}\right)^2}\right) \tag{6.48}$$

となる。棒磁石から十分遠く $|z| \gg d/2$ の場合には，

$$H_z(z) = \frac{1}{2\pi\mu_0}\frac{q_m d}{z^3} = \frac{1}{2\pi}\frac{m_m}{z^3} \tag{6.49}$$

となる。また $z = 0$ では，

$$H_z(0) = -\frac{1}{\pi\mu_0}\frac{q_m}{d^2} = -\frac{1}{\pi}\frac{m_m}{d^2} \tag{6.50}$$

となる。

[注意] 真空中では $\vec{B} = \mu_0\vec{H}$ なので，$|z|$ が十分大きいところでは，棒磁石の磁気モーメントの大きさ m_m と環状電流の磁気モーメントの大きさ m_c が等しければ，棒磁石による磁場と環状電流の磁場は等しくなる。例題 6.6 では磁極が単極の磁荷からできているかのようにして棒磁石の磁場を求め，例題 6.4 ではビオ・サバールの法則から環状電流による磁場を求めている。詳しい計算によると，単極磁極の対と環状電流が十分離れたところにつくる磁場は磁気モーメントが等しければ中心軸上に限らずどこでも等しい。また，磁極対と環状電流が磁場から受けるトルクも磁気モーメントが等しければ等しい。これらのことを，磁極対と環状電流の等価性という。

6.3.4 物質の磁気の原因

磁石の磁極は，磁気単極子が集まってできているのではない。身近な物質の磁気の原因は，主に電子のスピン磁気モーメントと軌道磁気モーメントによる。電子は決まった負電荷を帯びているだけでなく決まった磁気モーメント

（約 9.27×10^{-26} Am^2）をもった磁石になっている。また，原子やイオン内では電子が原子核の周りを運動することにより，環状電流が生じる。原子やイオン全体，または，分子全体として，電子の磁気モーメントや電子の軌道運動による軌道磁気モーメントが打ち消し合わないと，原子・イオン・分子全体が磁石になる。そのようなものを，磁性原子，磁性イオン，磁性分子などとよぶ。物質内で，ミクロな磁石の向きが揃えば，物質全体として磁石になる。磁石は「ミクロ環状電流」が原因の「電磁石」といえる。

図 6.31 電子自身が磁石（左）。電子は原子核の周りを回ることで軌道電流ができそのため軌道磁気モーメントが発生する（中）。原子内の電子の磁気モーメントと軌道磁気モーメントが打ち消し合わない場合，原子（イオン）が磁石になる（右）。

図 6.32 磁性（原子）イオンの磁気モーメントが同じ方向に揃うと，結晶全体が磁石になる（左）。個々のイオンが磁気モーメントをもっていてもバラバラの方向を向いている場合は，磁石にならない（中）。イオンが磁気モーメントをもっていない場合も磁石にならない（右）。

6.3.5 棒磁石と等価コイル

棒磁石の内部では，たくさんの「ミクロ環状電流」が同じ方向を向いて一様に分布していると考えられる。マクロなスケールで見れば，隣り合ったミクロ環状電流の電流は互いに打ち消し合うので，棒磁石の側面だけに電流が流れているとみなせる。このようなミクロ環状電流を寄せ集めた結果，マクロに打ち消し合わずに残る電流を**磁化電流**という。棒磁石の側面と同じ形状の薄いコイルに磁化電流と等しい大きさの電流を流せば磁石が作る磁場と同じ磁場を作ることができる。

[注意] 原子スケールでみると磁石内の「ミクロな環状電流」は位置によって著しく変化している。そのため，磁石内の磁場も原子スケールで見れば位置によって激しく変化している。しかし，マクロなスケールで調べれば，磁場が激しく変化していることは分からない。これは，凸凹の山肌も，遠くから眺めると滑らかに見えるのと似ている。普通のマクロスケールの測定の場合，原子スケールで激しい変化は観測されず，平均化された磁場が観測される。等価コイルが内部に作る磁場は，磁石内部のミクロ磁場をマクロなスケールで平均化したものと考えられる。磁石内を貫く磁束と，等価コイル内を貫く磁束は等しい。

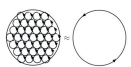

図 6.33 磁石と等価コイル

電流の大きさが i で面積 s を囲でいるミクロな環状電流を考えよう。ミクロな環状電流の磁気モーメントの大きさは $\mu = is$ である。断面積 S，長さ L の円筒内に，このミクロな環状電流が同じ方向を向いてぎっしりと N 個つまっているとしよう。断面内には S/s 個の環状電流が敷き詰められているから，長さ方向には Ns/S 段積み重なっている。したがって，円筒の側面には $I = iNs/S$ の大きさの磁化電流が流れている。この電流による磁気モーメントの大きさは $m = IS = Nis = N\mu$ で，ミクロの環状電流の磁気モーメントの大

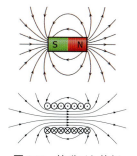

図 6.34 棒磁石と等価コイル*

きさ μ を全て足し合わせたものと等しい。円筒表面の磁化電流の大きさは，単位長さあたり $j = I/L = N\mu/SL$ であり，これは単位体積あたりの磁気モーメントの大きさ $M = m/SL = N\mu/SL$ と等しい。

[例題 6.7] 直径が 0.01 m，長さが 0.01 m，表面中心近くの磁束密度が 100 mT の棒磁石の体積あたりの磁気モーメントの大きさ，側面に流れている磁化電流の大きさ，および表面磁荷の大きさを求めよ。

解： 式(6.42)より

$$B_z(D) = \frac{1}{2}\mu_0 M \frac{2D}{\sqrt{(2D)^2 + a^2}} \tag{6.51}$$

したがって，

$$M = \frac{2B_z(D)}{\mu_0} \frac{\sqrt{(2D)^2 + a^2}}{2D} \tag{6.52}$$

$D = 0.005$ m, $a = 0.005$ m として，

$$M = \frac{2 \times 0.1\,\text{T}}{4\pi \times 10^{-7}\,\text{N/A}^2} \frac{\sqrt{(2 \times 0.005\,m)^2 + (0.005\,\text{m})^2}}{2 \times 0.005\,\text{m}}$$

$$= \frac{\sqrt{5}}{4\pi} 10^6 \frac{\text{T}}{\text{N/A}^2} \approx 0.17794 \times 10^6 \frac{\text{N/Am}}{\text{N/A}^2} \approx 200000\,\text{A/m}$$

よって単位体積あたりの磁気モーメントの大きさは約 2.0×10^5 A/m。これは，側面に流れている単位長さあたりの磁化電流の大きさでもある。磁石の側面の磁化電流は磁石の長さ 0.01 m を乗じて約 2000 A であることがわかる。表面磁荷の大きさを $\pm q_m$ とすれば，単位体積あたりの磁気モーメントの大きさは

$$M = \frac{\text{全磁気モーメントの大きさ}}{\text{体積}} = \frac{\frac{1}{\mu_0} 2D q_m}{2D\pi R^2} \tag{6.53}$$

なので，

$$q_m = \mu_0 M \pi R^2 = 4\pi \times 10^{-7} \frac{\text{N}}{\text{A}^2} 200000 \frac{\text{A}}{\text{m}} \pi (0.005\,\text{m})^2$$

$$= 2\pi^2 \times 10^{-6} \frac{\text{Nm}}{\text{A}} \approx 2 \times 10^{-5}\,\text{Wb}$$

である。

永久磁石と同じ大きさのコイルで，永久磁石と同じ強さの磁場を作るには，とんでもなく大きな電流を要する。実際の電磁石は，鉄心の周りにコイルが巻かれており，鉄心に生じる磁化電流の助けを借りて強い磁場を得ている。

[例題 6.8] 一様な磁極面密度 σ_m の半径 a の円板の中心軸上の磁場の強さを求めよ。

解： 図 6.35 で示すように，半径 r，幅 dr のリング上の長さ ds の微小部分が，z 軸上につくる磁場の大きさ $d\vec{H}$ の大きさは，

$$dH = \frac{1}{4\pi\mu_0} \frac{\sigma_m\,ds\,dr}{z^2 + r^2} \tag{6.54}$$

である。リング上の全ての微小部分が作る磁場を加え合わせれば，リング部分が z 軸上につくる磁場となる。水平成分は打ち消し合うから，z 成分

$$dH' = dH \times \frac{z}{\sqrt{z^2 + r^2}} = \frac{1}{4\pi\mu_0} \frac{\sigma_m\,ds\,dr}{z^2 + r^2} \frac{z}{\sqrt{z^2 + r^2}} \tag{6.55}$$

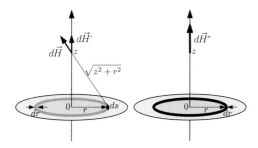

図 6.35 面磁荷分布が中心軸上につくる磁場を求める。

だけを加えればよい。リングにそって長さ ds の部分は $2\pi r/ds$ 個分ある。幅 dr のリングがつくる磁場 $d\vec{H}''$ は z 軸に平行でその大きさは，$dH' \times 2\pi r/ds$ であるから，

$$dH'' = \frac{1}{4\pi\mu_0} \sigma_\mathrm{m} \frac{2\pi z r\, dr}{(z^2 + r^2)^{3/2}} \tag{6.56}$$

となる。半径 r，幅 dr のリングがつくる磁場 $d\vec{H}''$ を全ての半径 r のリングについて加えれば，磁極面が中心軸上につくる磁場が求まる。

$$H_z' = \frac{1}{4\pi\mu_0}\sigma_\mathrm{m} 2\pi \int_0^a \frac{zr\, dr}{(z^2+r^2)^{3/2}} = \frac{1}{2\mu_0}\sigma_\mathrm{m}\left(\mathrm{sgn}(z) - \frac{z}{\sqrt{z^2+a^2}}\right) \tag{6.57}$$

$\mathrm{sgn}(z)$ は符号関数 p.136 を見よ。

[例題 6.9] 棒磁石の N 極の表面に単位面積あたり σ_m の磁荷が，S 極の表面に単位面積あたり $-\sigma_\mathrm{m}$ の磁荷が，分布しているとしよう。棒磁石は半径 a の円筒で，長さは $2D$ とする。棒磁石の中心軸を z 軸，$z=-D$ から $z=D$ の範囲に棒磁石があるとする。図 6.36 のように一様な磁極面密度 $\pm\sigma_\mathrm{m}$ の半径 a の円板が $z=\pm D$ にあるとして，中心軸上の磁場の強さを求めよ。

解: 2 枚の磁極面が中心軸上につくるの磁場は，それぞれが作る磁場を加え合わせればよいから，

$$H_z(z) = \frac{\sigma_m}{2\mu_0}\left(\mathrm{sgn}(z-D) - \mathrm{sgn}(z+D) + \frac{z+D}{\sqrt{(z+D)^2+a^2}} - \frac{z-D}{\sqrt{(z-D)^2+a^2}}\right) \tag{6.58}$$

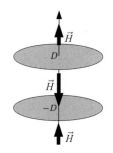

図 6.36 2 枚の面磁荷分布が中心軸上につくる磁場を求める。

となる。

磁石全体の磁気モーメントの大きさは

$$\text{磁極間の距離} \times \frac{1}{\mu_0}\text{磁極の強さ} = 2D \times \frac{1}{\mu_0}\sigma_\mathrm{m}\pi a^2$$

である。また，磁石の体積は $2D \times \pi a^2$ なので，単位体積あたりの磁気モーメントは $M=\sigma_\mathrm{m}/\mu_0$ である。M を用いて，磁場の強さを表すと，$z<-D$, $D<z$ のとき

$$H_z(z) = \frac{M}{2}\left(\frac{z+D}{\sqrt{(z+D)^2+a^2}} - \frac{z-D}{\sqrt{(z-D)^2+a^2}}\right) \tag{6.59}$$

$-D<z<D$ のとき

$$H_z(z) = \frac{M}{2}\left(\frac{z+D}{\sqrt{(z+D)^2+a^2}} - \frac{z-D}{\sqrt{(z-D)^2+a^2}}\right) - M \tag{6.60}$$

と書ける。

$z = 0$ の磁場は

$$H_z(0) = M\left(\frac{D}{\sqrt{D^2 + a^2}} - 1\right) \tag{6.61}$$

で，$z = D$ の直上 $(Z = D+)$ では

$$H_z(D) = \frac{M}{2}\frac{2D}{\sqrt{(2D)^2 + a^2}} \tag{6.62}$$

となる。磁石が極めて長いとき，$|z| \ll D$ での磁場は，z に依存せず，$H_z(z) = 0$ となる。

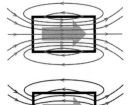

図 6.37 棒磁石のまわりの磁束密度ベクトル $\vec{B}$ の磁力線（上図）と磁場の強さベクトル $\vec{H}$ の磁力線（下図）の様子。矢印は磁石の磁気モーメントを表している。

[注意] 磁場 $\vec{B}$ は等価コイルが作るものと等しいので，中心軸上では

$$B_z(z) = \frac{\mu_0 M}{2}\left[\frac{z + D}{\sqrt{(z + D)^2 + a^2}} - \frac{z - D}{\sqrt{(z - D)^2 + a^2}}\right] \tag{6.63}$$

となる。磁場 $\vec{H}$ の結果を比較すると，中心軸上で，

$$B_z = \begin{cases} \mu_0 H_z, & \text{磁石の外部} \\ \mu_0 (H_z + M), & \text{磁石の内部} \end{cases} \tag{6.64}$$

となっている。中心軸上に限らず，等価コイルが与える磁場ベクトル $\vec{B}$ と磁極モデルが与える磁場の強さベクトル $\vec{H}$ は，磁石の外側では

$$\vec{B} = \mu_0 \vec{H} \tag{6.65}$$

磁石の内部では，単位体積あたりの磁気モーメントを $\vec{M}$ として，

$$\vec{B} = \mu_0 (\vec{H} + \vec{M}) \tag{6.66}$$

となることが詳しい計算をしてみるとわかる。実は，関係式(6.66)から，

$$\vec{H} = \frac{1}{\mu_0}\vec{B} - \vec{M} \tag{6.67}$$

として磁場の強さベクトル $\vec{H}$ は定義される。したがって，関係式(6.66)は，磁石以外の物質中でもそのまま成り立つ。

6.4 アンペールの法則

電荷分布がわかっていれば，クーロンの法則を使って静電場を求めることができた。同様に電流の分布がわかっていれば，ビオ・サバールの法則を使って，静磁場を求めることができる。しかし，対称性のよい電荷分布がつくる電場はガウスの法則を利用すると，容易に求めることができた。磁場の場合は，アンペールの法則を利用すると，対称性のよい電流分布がつくる磁場を容易に求めることができる。

図 6.38 のような直線電流がつくる磁場を考えよう。電流に垂直で電流を中心とした半径 r の円周 C_0 を考えよう。円周 C_0 上の磁場 $\vec{B}$ は円周方向を向いていて，その大きさは $\mu_0 I / 2\pi r$ である。「磁場の大きさ×円周の長さ」を求めてみると，

$$\frac{\mu_0 I}{2\pi r} \times 2\pi r = \mu_0 I \tag{6.68}$$

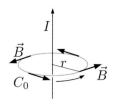

図 6.38 アンペールの法則。C_0 は電流を中心とする半径 r の円周。

となりこの値は半径 r によらない。

円周でない任意の閉曲線についても同様な結果が成り立つ。直線電流 I を 1

周回囲む任意の閉曲線を考えよう。ここで，閉曲線の正の向きを電流に対して右ネジの関係になるように決める。次に各線分が，直線と見なせるほど，そして，その線分上では磁場が一定と見なせるほど小さくなるように閉曲線を分割する。i 番目の線分の長さを ds_i，その上の磁場の線分方向成分を B_i とする。各線分についての $B_i ds_i$ を全ての線分について足し合わせると，その結果が $\mu_0 I$ となる。式で書けば，

$$\sum_{i=1} B_i ds_i = \mu_0 I \tag{6.69}$$

がどんな形状の曲線でも成り立つのである。正確を期すなら，分割数をどんどん大きくして，線分の長さをどんどん短くすればよい。その極限の式は線積分を使って

$$\oint_C B_t(\vec{r}(s)) ds = \mu_0 I \tag{6.70}$$

と表される。$\vec{r}(s)$ は，曲線上の適当な点から曲線に沿って道のり s だけ行ったところの位置を表しており，$B_t(\vec{r}(s))$ はその位置における磁場の曲線の接線方向成分である。

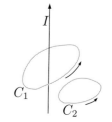

図 6.39 アンペールの法則。C_1 は電流を囲んでいる。C_2 は電流を囲んでいない。

図 6.39 の閉曲線 C_1 に沿って電流に対して右ねじを回す方向に磁場を線積分すると，

$$\oint_{C_1} B_t(\vec{r}(s)) ds = \mu_0 I \tag{6.71}$$

である。一方，C_2 のように閉曲線が直線電流を囲まない場合は，C_2 上に電流 I が作る磁場は存在するが，C_2 を貫く電流はゼロなので

$$\oint_{C_2} B_t(\vec{r}(s)) ds = 0 \tag{6.72}$$

となる。

直線電流が多数ある場合も同様である。図 6.40 に示すような経路 C_4 のところにできる磁場は，電流 I_1, I_2, I_3, I_4 が作る磁場の重ね合わせになる。この場合，例えば C_4 に沿った線積分は，

$$\oint_{C_4} B_t(\vec{r}(s)) ds = \mu_0 (I_1 - I_2 + I_3) \tag{6.73}$$

となる。以上の結論は，直線電流が作る磁場（例題6.3）と重ね合せの原理から容易に導くことができる。

直線電流でない場合でも，

$$\oint_C B_t(\vec{r}(s)) ds = \mu_0 I_{\text{enc}} \tag{6.74}$$

が成り立つ。ここで，I_{enc} は閉曲線 C に囲まれた面を通過する全電流である。電流の正の向きは，閉曲線の向きと右ネジの関係になるように定める。式 (6.74) を積分形のアンペールの法則という。

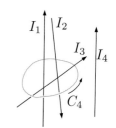

図 6.40 アンペールの法則。電流 I_1, I_2 は C_4 で囲まれた面を正の方向に貫き，I_2 は負の方向に貫いている。I_4 は C_4 で囲まれた面を貫いていない。

アンペールの法則が成り立つのは，定常電流，静磁場の場合に限られている。アンペールの法則を使うと，対称性が良い電流が作る磁場を容易に求めることができる。

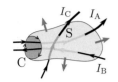

図 6.41 向きが決められている閉曲線 C とそれを縁とする曲面 S。閉曲線 C 上に示した矢印の方向が C の正の向きとすれば、曲面 S 上に描かれている短い矢印が示す方向が表の方向となる。線積分 $\oint_C B_t(\vec{r}(s))ds$ は C の正の方向に行う。図のように電流 I_A, I_B, I_C が流れている場合、$I_{enc} = I_A - I_B$ となる。

[注意] 閉曲線 C を縁とする曲面 S は平らでなくてもよく、ごみ袋のような形状をしていてもよい。その場合でも曲面 S の表方向と閉曲線 C の正方向は、右ねじの関係になるようにとる。図 6.41 の例では、閉曲線 C を縁とする曲線 S を貫く全電流は、$I_{enc} = I_A - I_B$ となり、線積分は

$$\oint_C B_t(\vec{r}(s))ds = \mu_0(I_A - I_B) \tag{6.75}$$

となる。

[例題 6.10] 無限に長い円柱導線に電流が長さ方向に一様に流れている。導線の半径を a とする。導線内外の磁場を求めよ。

解: 磁場ベクトルの向きは、電流に垂直な面内にあって、磁力線が電流を取り囲む向きと電流の向きは右ねじの関係になっている。磁場の大きさは電流からの距離 r だけで決まる。

導線の内部 ($r \leq a$) の磁場を求めるために、半径 r の閉曲線 C_1 を考えよう (図 6.42)。C_1 内を通り抜ける電流は $I \times (r^2/a^2)$ なので、

$$B(r) \times 2\pi r = \mu_0 \frac{r^2}{a^2} I \tag{6.76}$$

したがって、

$$B(r) = \frac{\mu_0 I r}{2\pi a^2} \quad (r \leq a) \tag{6.77}$$

導線の外部 ($a \leq r$) の磁場を求める場合も同様にして、半径 r の閉曲線 C_2 を考えると、

$$B(r) \times 2\pi r = \mu_0 I \tag{6.78}$$

したがって、

$$B(r) = \frac{\mu_0 I}{2\pi r} \quad (a \leq r) \tag{6.79}$$

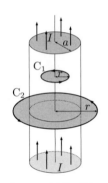

図 6.42 円柱電流が作る磁場を求める。

[例題 6.11] 無限に長いソレノイドコイルによる磁場を求めよ。

解: 図 6.43 のように電流が流れている長いコイルを考えよう。対称性から、磁場の向きはソレノイドコイルの長さ方向であり、その大きさは中心からの距離 r だけの関数として $B = B(r)$ と書けることがわかる。コイルの内部の磁場の向きは下向きなので、下向きを正の向きとしよう。中心軸上の磁場は、$B = \mu_0 n I$ である。図 6.43 のような経路 C1 を考える。磁場 $\vec{B}$ に垂直な経路 $\overline{ab}$, $\overline{a'b'}$ 上の線積分はゼロであることに注意すると、

$$\int_{C1} B_t(\vec{r}(s))ds = L(B(r_b) - B(r_a)) \tag{6.80}$$

であることがわかる。C1 で囲まれた面を貫く電流はゼロなので、積分の結果もゼロでなくてはならない。したがって、

$$L(B(r_b) - B(r_a)) = 0 \tag{6.81}$$

つまり、磁場は r によらず一定である。$B(0) = \mu_0 n I$ なので、

$$B(内部) = \mu_0 n I \tag{6.82}$$

である。C2 に沿った磁場の線積分も、磁場 B に垂直な経路 $\overline{cd}$, $\overline{c'd'}$ 上の線積分はゼロであることに注意すると

$$\int_{C1} B_t(r(s))ds = L(B(r_c) - B(r_d)) \tag{6.83}$$

である。C2 で囲まれた面を表方向へ貫く電流量は nLI なので、

$$L(B(r_c) - B(r_d)) = \mu_0 n L I \tag{6.84}$$

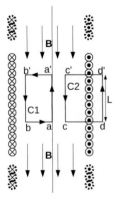

図 6.43 ソレノイドコイルが作る磁場を求める。経路 C1, C2 はソレノイドの直径と軸を含む平面の上にある。

となる。$B(r_c) = \mu_0 nI$ なので，$B(r_d) = 0$，つまり，ソレノイドの外部では磁場はゼロである。

$$B(外部) = 0 \tag{6.85}$$

6.5 電磁誘導

6.5.1 磁 束

面積 A の平面 S を貫く磁力線の本数は，磁場 $\vec{B}$ が一様なら，平面の表方向の単位法線ベクトルを $\vec{n}$ として

$$\Phi = \vec{B} \cdot \vec{n} A = B_n A \tag{6.86}$$

に比例する。B_n は磁場の法線成分である。この Φ を面 S を貫く**磁束**という。

考えている面が曲面の場合や，磁場が一様でない場合でも，各面が平面とみなせ，かつ，その面内で磁場が一定とみなせるまで，曲面を細かく分割し，各面を貫く磁束を上の式で求めて，全部を合わせれば磁束を求めることができる。式で表すと

$$\Phi = \sum_{i=1}^{N} B_n(\vec{r}_i) \Delta A_i \tag{6.87}$$

である。ここで，曲面を 1 番から N 番まで N 個に分割し，i 番目の面の面積を ΔA_i，面内の適当な点を r_i，そこでの磁場の法線成分を $B_n(\vec{r}_i)$ と表している。曲面の分割数 N を無限に増やし，$\Delta A_i \to 0$ としたものは

$$\Phi = \lim_{N \to \infty} \sum_{i=1}^{N} B_n(\vec{r}_i) \Delta A_i = \int B_n(\vec{r}) \, da \tag{6.88}$$

と面積分で表される。

6.5.2 運動起電力

静磁場中で導体を動かすと起電力が生じる。この起電力を**運動起電力**という。

図 6.44 のように紙面の裏方向へ向いた一様磁場中に，長さ ℓ の導線を紙面内に置き，長さ方向と垂直方向に大きさ v の速度で運動させる。導線内の自由電子はローレンツ力を受けて導線の下端へ移動する。電子が受けるローレンツ力の大きさは

$$F = evB \tag{6.89}$$

で，向きは下向きである。電子が下の端の集まると導線の上端から下端に向けて電場が生じる。この電場によって電子は上向きのクーロン力を受ける。クーロン力とローレンツ力がつり合うところで定常状態になる。このとき電場の強さは

$$E = vB \tag{6.90}$$

で，向きは下向きである。上端の電位は下端に電位より

$$V = E\ell = vB\ell \tag{6.91}$$

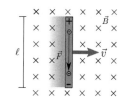

図 6.44 ローレンツ力による起電力。

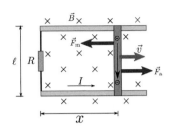

図 6.45 ローレンツ力による起電力。

だけ高くなっている。

図 6.45 のように，回路をつなぐと電流

$$I = \frac{V}{R} = \frac{vB\ell}{R} \tag{6.92}$$

が反時計まわりに流れる。

回路内の貫く磁束の時間変化は，

$$\frac{d\Phi}{dt} = -B\ell v \tag{6.93}$$

なので，この運動起電力は，

$$V = -\frac{d\Phi}{dt} \tag{6.94}$$

と表すこともできる。

[注意] 回路に電流が流れるため，運動している導線には，

$$F_\mathrm{m} = IB\ell = \frac{vB^2\ell^2}{R} \tag{6.95}$$

の大きさのローレンツ力が導線に左向きに働く。一定の速度 $\vec{v}$ を保って導線を運動させるには，

$$F_\mathrm{a} = \frac{vB^2\ell^2}{R} \tag{6.96}$$

の力を右向きに働かせる必要がある。この力が単位時間あたりにする仕事は，

$$P = F_\mathrm{a} v = \frac{v^2 B^2 \ell^2}{R} \tag{6.97}$$

であり，抵抗で消費される電力

$$P_\mathrm{R} = IV = \frac{v^2 B^2 \ell^2}{R} \tag{6.98}$$

と等しい。

6.5.3 誘導起電力

今度は，回路は静止したままで，回路のまわりの磁場が時刻とともに変化する場合を考えよう。

検流計をつないだコイルに棒磁石を近づけると，検流計の針が振れる。磁石を遠ざけると検流計の針の振れは逆になる（図 6.46）。閉じた回路に囲まれた面を貫く磁束が時間変化すると，磁束の変化を妨げるように回路に電流が生じる（レンツの法則）。この電流を**誘導電流**という。電気抵抗 R の回路に，大きさ I の誘導電流が流れているとき，回路には $V_\mathrm{emf} = RI$ の大きさの起電力が生じていることになる。この起電力を**誘導起電力**（induced electromotive

レンツ (Lenz, H. F. E., 1804 年-1865 年，ロシア）

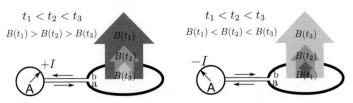

図 6.46 レンツの法則。磁束の変化を妨げるように電流が生じる。

図 6.47 ファラデーの電磁誘導の演示実験 (1831 年)。右側の電池によってコイル A に電流が流れ、磁場を作る。コイル A をコイル B に出し入れすると、コイル B を貫く磁束が変化する。コイル B を貫く磁束が時間変化している間コイル B には誘導起電力が生じ、左側の電位計の針が振れる。*

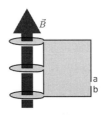

図 6.48 3 重コイルに囲まれた曲面 (灰色部分が表側とする)。回路に囲まれた曲面がどのようなものかわかりやすいようにコイル部分のリングを離して描いてある。コイル内部の磁力線は曲面を裏から表へ 3 回貫いている。矢印の方向に $\vec{B}$ が増大していくと、端子 a の側が＋、端子 b の側が－になるように起電力が生じる。

force) という。誘導電流および起電力の符号は、磁場の正の向きと電流の正の向きが右ねじの規則に従うように決められている。

詳しい実験によると、誘導起電力の大きさは閉回路で囲まれた面を貫く磁束の時間変化率に比例し、SI 単位系では、

$$V_{\text{emf}} = -\frac{d\Phi}{dt} \tag{6.99}$$

となる。これをファラデーの**電磁誘導の法則**という (図 6.47)。運動起電力 (6.98) も誘導起電力 (6.99) のどちらも磁束の時間微分で表すことができる。

ファラデー (Faraday, M., 1791 年–1867 年、イギリス)

6.6 インダクタンス

6.6.1 相互インダクタンス

図 6.49 のように、回路 C1 を流れる電流 I_1 が作る磁場が回路 C2 を貫く場合を考えよう。電流 I_1 が時刻とともに変化すると、回路 C2 に誘導起電力が生じる。電流 I_1 による回路 C2 で囲まれた曲面を貫く磁束 Φ_2 は、電流 I_1 に比例する。その比例定数を L_{21} と書こう ($\Phi_2 = L_{21} I_1$)。I_1 が時間変化すると Φ_2 も時間変化するので、電磁誘導によりコイル C2 には誘導起電力が生じる。起電力 $\mathcal{E}_2$ は

$$\mathcal{E}_2 = -\frac{d\Phi_2}{dt} = -L_{21}\frac{dI_1}{dt} \tag{6.100}$$

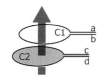

図 6.49 相互インダクタンス。回路 C1 の端子 a から端子 b へ向かう電流 I_1 を流す。I_1 が時間とともに増大すると、回路 C1, C2 を貫く磁束が矢印の向きに増大する。回路 C2 には、この磁束の変化を打ち消すように端子 c が＋端子 d が－となる起電力が生じる。

となる。反対に、回路 C2 を電流 I_2 を流すと、電流 I_2 が磁場を作り、回路 C1 を貫く磁束が生じる。電流 I_2 が時間変化すると、回路 C1 に誘導起電力が生じる。電流 I_1 による回路 C1 で囲まれた曲面を貫く磁束 Φ_1 は、電流 I_2 に比例する。その比例定数を L_{12} と書こう。I_2 が時間変化すると Φ_1 も時間変化するので、電磁誘導により回路 C2 には、

$$\mathcal{E}_1 = -\frac{d\Phi_1}{dt} = -L_{12}\frac{dI_2}{dt} \tag{6.101}$$

の大きさの誘導起電力 $\mathcal{E}_1$ が生じる。係数 L_{12}, L_{21} は**相互インダクタンス**と呼ばれている。それらの値は回路 C1，C2 の形状および配置で決まり，$L_{12} = L_{21}$ であることが知られている。毎秒 1 A の電流変化によって，1 V の起電力が生じる相互インダクタンスの大きさを 1 H（ヘンリー）と定義する。この定義から H は VS/A と書くこともできる。

ヘンリー (Henry, J., 1797 年-1878 年，アメリカ合衆国)

6.6.2　自己インダクタンス

図 6.49 において，コイル C1 に流れる電流 I_1 が作る磁場はコイル C1 自身をも貫く。コイル C1 自身が作る磁場によるコイル C1 を貫く磁束の時間変化もコイル C1 に起電力を生じさせる。コイル C1 を流れる電流 I_1 の時間変化とコイル C1 に生じる起電力 $\mathcal{E}_1$ の間には

$$\mathcal{E}_1 = -L_{11}\frac{d}{dt}I_1 \tag{6.102}$$

が成り立つ。L_{11} は**自己インダクタンス**と呼ばれる。この起電力は逆起電力とも呼ばれ，電流 I_1 を増やすには，この逆起電力に逆らわなければならないので，電源はその分の仕事をしなければならない（図 6.50 参照）。

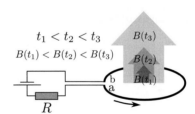

図 6.50　自己誘導。矢印の方向へ電流を増やすと磁場は上向きに増えていく。コイルには逆起電力が発生し，端子 a の電位が端子 b より高くなる。

6.6.3　磁場に蓄えられるエネルギー

コイルに流れる電流をゼロから徐々に増やして大きさ I の電流が流れている状態にする。電流を増やしている間，回路には逆起電力

$$\mathcal{E}(t) = -L\frac{dI}{dt}(t) \tag{6.103}$$

が生じる。電源はこの逆起電力に逆らって電流を流すので，電源は単位時間あたり，

$$w(t) = -I(t)\mathcal{E}(t) = LI(t)\frac{dI}{dt}(t) \tag{6.104}$$

だけ仕事をする。$I(t_{始}) = 0$, $I(t_{終}) = I$ とすると，電源がする仕事は，

$$W = \int_{t_{始}}^{t_{終}} w(t)\,dt = \int_{t_{始}}^{t_{終}} LI(t)\frac{dI}{dt}(t)\,dt = \int_0^I LI\,dI = \frac{1}{2}LI^2 \tag{6.105}$$

である。一方，電流 I が流れている状態から，電源を取り除いて，コイルと抵抗だけからなる回路にすると，電流は

$$I(t) = Ie^{-\frac{R}{L}t} \tag{6.106}$$

のように減少する。その際に抵抗器で消費されるエネルギーは，

$$\int_0^\infty RI(t)I(t)\,dt = RI^2 \int_0^\infty e^{-\frac{2R}{L}t}\,dt = RI^2 \left[-\frac{L}{2R} e^{-\frac{2R}{L}t} \right]_0^\infty = \frac{1}{2}LI^2 \tag{6.107}$$

と，ちょうど $LI^2/2$ である。従って電流 I が流れている自己インダクタンスが L の回路には，$U_B = LI^2/2$ だけエネルギーが蓄えられていると考えられる。このエネルギーは，回路内を運動する電荷の運動エネルギーとしてではなく，回路が作る磁場のエネルギーとして蓄えられており，

$$U_B = \frac{1}{2\mu_0} \int B^2 \, dV \tag{6.108}$$

と表すこともできる。

永久磁石

物質と磁場のかかわりについての詳細は，電磁気学や物性物理学（磁性）で学ぶ。ここでは，物質の磁場に対する反応から大まかな分類を紹介しておこう。

全ての物質は，強磁性，常磁性，反磁性のいずれかの反応を示す。強磁性は，鉄などの永久磁石になれる物質が示す性質で，磁石に強く引かれる。常磁性は，永久磁石にはなれないが，強い磁石にわずかながら引かれる。酸素，アルミニウムなどがそのような性質を示す。反磁性は，強い磁石を近づけると斥力を受ける性質で，銅や黒鉛がそのような性質を示す。

常磁性や反磁性が示す磁力は大変弱く普段はその存在に気づくことは少ない。鉛筆の芯は主に黒鉛でできているので，シャープペンシルの芯にネオジウム磁石を近づけると反発するようすを観察できることがある。黒鉛以外の成分の影響で磁石に引かれるものもある。いろいろな種類の芯で試してみるとよい。ペットボトルのキャップの上に置くなどして，芯が比較的自由に回転できるようにするとうまく観察できる。

"稀土類元素（レア・アース）とともに息して来し父はモジリアーニの女を愛す"
"ひところは「世界で一番強かった」父の磁石でうずくまる棚"

　　　　　　　　　　俵万智「サラダ記念日」より

上の二句は，歌人の俵万智の短歌である。ここで詠われている磁石はサマリウムコバルト通称サマコバと呼ばれる希土類磁石であり，1974 年に俵好夫によって発明された。当時は，世界最強の永久磁石として注目された。その後，1982 年に佐川眞人によってネオジウム磁石が発明され，世界最強の座を明け渡すこととなった。永久磁石の発明には，日本人の貢献が大きい。1917 年に本多光太郎が KS 鋼，1931 年に三島徳七が MK 鋼を発明している。よく見かけるフェライト磁石も加藤与五郎，武井武により 1937 年に発明されている。

今や磁石は我々の生活の必需品になっている。現在も，より強い，より扱いやすい，より安価な永久磁石を求めて世界中で研究開発が進められている。どのような永久磁石が，どのようなところで，どのように使われているか調べてみよう。

演習問題

1. 磁極の強さが $\pm q_\mathrm{m}$ で長さが ℓ の太さが無視できる棒磁石が2本ある。

   (1) N極どうしを向かい合わせに d だけ離して，2本の棒磁石を直線上に置いたとき，それぞれの磁石に働く磁場の大きさを求めよ。

   (2) 2本の棒磁石を横へ距離 d だけ離して，向きをそろえて平行に置いた場合はどうか。

   (3) 一様な磁場 $\vec{B} = B\vec{z}$（$\vec{z}$ は z 方向の単位ベクトル）中に，この磁石を1本だけ置く。S極からN極へ向かうベクトルが $(1,1,1)$ 方向を向いているとして，この磁石に働くトルクを求めよ。

2. 十分に長い4本の直線導線 A, B, C, D がそれぞれ $(a,a,0)$, $(-a,-a,0)$, $(a,-a,0)$, $(-a,a,0)$ を通るようにして z 軸に平行に配置されている。導線 A, B には z 正方向に大きさ I の電流を流し，導線 C, D には z 負方向に大きさ I の電流を流す。それぞれの導線の単位長さあたりに働く力を求めよ。

3. 1回まきのコイルがある。このコイルが囲む平面の面積は S で，軸はコイルが囲む面と同一平面内にある。軸が磁場に垂直になるようにして毎秒 f 回転させるとどれだけの起電力が生じるか。（ヒント：コイルを貫く磁束を考えよう。回転軸がフリップコイルが囲む面と同一平面内のどこにあっても同じ結果になる。）

4. xy 平面上に平らで十分に広い導体板がある。この導体板に一様に電流を流す。電流の向きは x 方向で，y 方向の単位長さあたりの電流量は j である。導体板の中央付近の磁場を求めよ。

5. 半径 a の円筒導体と半径 b の円筒導体からなる長さ ℓ の同軸ケーブルがある。円筒導体の厚みは無視できるとする。2つの円筒導体に大きさ I で一様な電流を長さ方向に互いに逆向きに流したときの磁場を求めよ。また，自己インダクタンスを求めよ。ただし，$a < b$ であり，ケーブルの端の効果は無視できるとする。

6. y 軸上に沿って置かれた直線導線と，4点 $(d,0)\,(d,\ell)\,(d+w,\ell)\,(d+w,0)$ を通る長方形の1回まきのコイルがある。d, ℓ, w は正として，直線導線と長方形コイルの相互インダクタンスを求めよ。

7. 多数の短い棒磁石を集めて，N極どうし，S極どうし，をぴたりとくっつけて，片面がN極，反対の面がS極の平坦な板状磁石にする。このようにして作った十分に広い板状磁石の中央付近の極面直上の磁場を求めよ。

8. 一円玉をテーブルの上にそっと立てる。ネオジム磁石を一円玉に素早く近づけると一円玉は磁石から遠ざかるように動き，磁石を一円玉から素早く遠ざけると磁石に近づくように動く。このようなことが起こる理由を説明せよ。

7
電流回路

本章では，主に第2章（力学），第4章（振動と波動），第5章（電場）および6章（磁場）の理解にもとづいて，電流回路のしくみを理解するために必要な考え方や諸概念について学ぶ．同時に，これらの章の内容を，次の第8章（電磁波）につなげる役目を含んでいる．

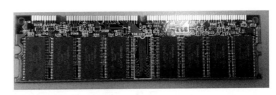

図 7.1 パーソナルコンピューター（PC）などに搭載されている，ダイナックランダムアクセスメモリー（DRAM）の外観写真．DRAMでは1ビットの情報に対して，1個のキャパシターを対応させて，それに電荷を蓄積して，デジタル情報を記憶させている．

7.1 はじめに

大学入学以前に学習する，電流に関する主な内容は，オームの法則，キルヒホッフの法則第1・第2，それらの理解にもとづく，抵抗，コンデンサー（本章ではキャパシターと呼ぶ）およびコイル（本章ではリアクターと呼ぶ）から構成する電気回路のしくみであろう．本章もほとんど同じ順番・内容で構成したので，到達する結論は全く同じである．強調したいことは，しかし，実用上重要な各種表式が，どのような考え方で導かれ，その結果が物理的に何を意味するのか，そして適用限界はどこまでかについて，基本的法則を拠り所にして理解してほしいという点である．

本論に入る前に，大学入学以前の既修得内容のうち，特に重要と思われる事項をまとめておく．

オームの法則： 導体に流れる電流の大きさ I は，導体に加える電圧 V に比例する：$I = V/R$．ここで，R を**電気抵抗**あるいは単に**抵抗**といい，電流の流れにくさを表す．抵抗に電流が流れている間にはジュール熱が発生し，それは単位時間あたりでは RI^2 である（ジュールの法則）．この熱は電流が単位時間あたりにする仕事である電力に等しい．

キルヒホッフの法則第1： 回路中の交点では，流れ込む電流の和は流出する電流の和に等しい．

キルヒホッフの法則第2： 回路中の一回りの閉じた経路では，起電力の和

が各抵抗での電圧降下の和に等しい。

起電力: ポンプが水面の高低差をつくりだすのと同様に、電池などの電源は電極間に電位差をつくりだす。乾電池では化学反応によって電荷を移動させ、一定の電位差が発生する。これを起電力という。

直流・交流: 一定の向きに流れる電流を直流といい、向きが時間的に反転する場合を交流という。

コンデンサーやコイルの性質: コンデンサーにおける充放電やコイルへの電流供給は瞬間的には行えず、ある時間を要する。コンデンサー（電気容量 C）とコイル（インダクタンス L）からなる回路では周波数 $1/(2\pi\sqrt{LC})$ の電気的単振動が発生し、それに伴って、コンデンサーが蓄えるエネルギー値 $(1/2)CV^2$ とコイルが蓄えるエネルギー値 $(1/2)LI^2$ が全体のエネルギーを一定に保ちながら、それぞれ振動する。

7.2 電流とその性質

本節の目的は、キルヒホッフの法則第1がどのような条件下で成立するのかを理解することである。この法則は、同法則第2と共に電気回路の設計・解析に威力を発揮する、とても実用的な法則である。

外部電源に繋がっていない、孤立した金属は、理想気体が容器に閉じ込められた状況と類似している。電子という理想気体成分（その数はアボガドロ定数程度）は、微視的スケール（尺度）では、激しく運動しており、その速さは約 10^6 m/s にも達する。これは光速の 300 分の 1 という速さである。しかしながら、巨視的なスケールでは電流は発生しない。その理由は、ある瞬間時刻における個々の電子の運動向きが互いに相殺して、正味の電荷移動量が消失しているからである。金属中に正味の電荷移動をもたらすしくみは、容器中に気体の流れを作る際に、容器内に圧力勾配（圧力差）や成分粒子の濃度勾配（濃度差）を導入することに似ている。その役目を担うのが**起電力**である。起電力の下で、正味の電荷移動が発生している状況を**電流**という。このとき、電子は相変わらず、あらゆる方向に向けて激しく運動しているものの、若干、空間的偏り移動（ドリフト運動あるいは拡散運動）が生じている。金属線の断面を単位時間（1 s）に単位電荷（1 C）が通過する場合を 1 A の電流という。これを金属線の断面積で除算した単位面積（1 m^2）あたりの量を**電流密度**という。電流密度の単位は A/m^2 である（図 7.2）。

電流密度では、その大きさのみならず、実空間内でどの方向を向いているかを問題にする。これは、天気図でいえば、風速の他に風向を問題にすることに相当する。風速、風向ともに場所と時刻に依存するのと同様、電流密度も観測地点（空間座標 x, y, z）と観測時刻（t）に依存するベクトル量である。すなわち、大きさを表す j と向きを表す単位ベクトル $\hat{j}$ の両方がそれぞれ場所と時刻

> 微視的スケールとは、概ね、原子レヴェルの大きさを意味し、巨視的スケールとは、原子の大きさに比べると充分大きいが、肉眼では識別できない小さな領域のことである。

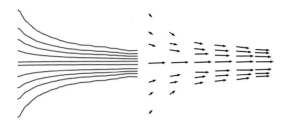
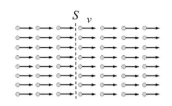

図 7.2 導体内での電流のようすを流線で描いたもの（左），電流密度というベクトル量で表したもの（右）。

図 7.3 導体中の荷電粒子が，一様な濃度を保ちつつ，同じ速度で運動しているようすを模式的に表す。これは，図 7.2 の一部を拡大したもので，近似的に成立する。

に依存することに留意すれば，電流密度 $\vec{j}$ は，
$$\vec{j}(x,y,z,t) = j(x,y,z,t)\hat{j}(x,y,z,t)$$
と表記できる。

以降のために，電流密度を荷電粒子のドリフト速度で表現する。導体中の荷電粒子（電荷 q）の数密度（単位体積あたりの個数）を n として，それが空間的に一様であるとする。電流が流れて，個々の粒子が全て同じ速度 $\vec{v}$ をもって移動しているとする（図 7.3）。このとき，速度に垂直な断面（面積 S）を単位時間あたりに横切る総粒子数は Snv だから，総電荷量，すなわち，電流 I は $I = qSnv$ なので，電流密度 $\vec{j}$ は

$$\vec{j} = qn\vec{v} \tag{7.1}$$

である。したがって，同一地点で観測しつづけるとき，ドリフト速度が時間的に一定な場合は，電流密度も時間的に一定である。このような電流を**定常電流**という。つまり，電流密度の大きさと向きは場所によって異なっていてもよいが，その分布のようすに時間的変化がないのが，定常電流の特徴である。これは，高速道路において，渋滞区間とそうでない区間がいつも同じ場所になっている状況に対応する。車両の流れが定常状態にあると，車両密度が場所によって異なっていても，それが時間的に変化しないのと同様，定常電流では，どの地点の電荷密度も時間的に一定である。

$\vec{v}$ の代わりに，全粒子集団の平均値で置き換えてもよい。

電荷密度が時間的に変化するようであれば，その地点ではもはや定常電流でないといえる。たとえば，分岐点をもたない一本の導線中を電流が流れているとしよう。地点 A の断面を横切る電流値 I_A と地点 B の断面を横切る電流値 I_B とを比較してみよう。定常電流ならば，

$$I_B - I_A = 0 \tag{7.2}$$

である（図 7.4）。なぜなら，式 (7.2) が成立しない場合には，たとえば，地点 A に流入する単位時間あたりの電荷量の方が，地点 B から流出するそれより大きい場合（$|I_A| > |I_B|$），区間 AB 間の総電荷量が時間とともに増加するから，この区間の電荷密度が増加し，この区間では定常電流にならない。したがって，定常電流ならば少なくとも式 (7.2) が成立する。

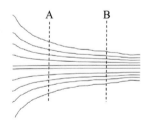

図 7.4 定常的流れとは，単位時間あたりに通過する粒子数が，断面 A と断面 B とで等しい状態のことである。地点 A と B の断面積は異なっていてもよい。

一本の導線が地点 P で複数の導線に分岐しているとしよう。このような分

岐点を含む回路全体に定常電流があるとき，上の説明から，キルヒホッフの法則第1を導出できる．分岐点Pに複数の導線が集まっていると見なせるが，地点Pから見てi番目の導線に向けて流出する電流をI_iと書くと，式(7.2)を拡張することによって，

$$\sum_{i=1}^{N} I_i = 0 \tag{7.3}$$

が得られる（図7.5）．式(7.3)を電流密度の3成分を用いて表現すると

$$\frac{\partial j_x}{\partial x} + \frac{\partial j_y}{\partial y} + \frac{\partial j_z}{\partial z} = 0 \tag{7.4}$$

となることがベクトル解析の公式（ガウスの定理）を使って証明できる．式(7.3)を**キルヒホッフの法則第1**といい，その微分表現が式(7.4)である．

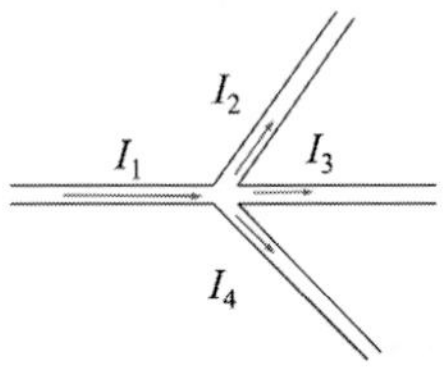

図7.5 たとえば，図の分岐点では，$I_1=I_2+I_3+I_4$が成り立つ．

流出量を正値とすれば，流入量は負値にしなければいけない．

式(7.4)の導出は，章末の演習問題で行う．

［例題7.1］ 電子集団の運動によって電流が発生しているとする．ある断面領域に1Aの電流をもたらすには，毎秒，およそ何個の電子がその断面を通過すればよいか．ただし，電子電荷を約1.6×10^{-19}Cとせよ．
解： 約6×10^{18}個

7.3 オームの法則と起電力

本節では，オームの法則が成り立つ理由や，起電力とはどういうしくみかについて，電流に対するモデルを仮定して説明しよう．あわせて，これらの考え方にもとづいて，キルヒホッフの法則第2を導いてみよう．

7.3.1 オームの法則

ある場所(x,y,z)，ある時刻tの電流密度$\vec{j}$が，同じ場所，同じ時刻における電場$\vec{E}$に比例する：

$$\vec{j}(x,y,z,t) = \sigma \vec{E}(x,y,z,t) \tag{7.5}$$

これを**オームの法則**という．ここで，σは**電気伝導度**と呼ばれる定数である．式(7.5)にもとづくと，二つのベクトル量$\vec{j}$と$\vec{E}$は互いに平行であることがわかるので，電流密度のようすがもし観測できれば，式(7.5)から，直ちに，電場のようすが判明する．

電流密度が式(7.1)で与えられることに留意して，これを式(7.5)に代入すると，ドリフト速度$\vec{v}$が電場$\vec{E}$に比例することがわかる：

$$\vec{v} = \mu \vec{E} \tag{7.6}$$

ここで，比例係数μを**易動度（移動度）**という．荷電粒子は電場から力を受けるので，式(7.6)は，オームの法則が力学の問題に関連することを意味する．以下のようにニュートン運動方程式を利用することによって，比例係数である易動度の成因を理解することができる．

易動度の代わりに移動度と書く場合もある．

[例題 7.2] ニュートン運動方程式にもとづいて，式(7.6)を導出し，易動度を決定する要因を明らかにせよ。

解： 荷電粒子（質量 m，電荷 q）には，電場による力の他に，速度に比例する摩擦力が作用する。起電力のない区間では，ニュートン運動方程式は，

$$m\frac{d\vec{v}}{dt} = q\vec{E} - m\gamma\vec{v} \tag{7.7}$$

ただし，γ は単位質量あたりの係数因子で正値である。

定常電流下では，

$$\frac{d\vec{v}}{dt} = 0 \tag{7.8}$$

が成り立つので，これを式(7.7)に代入すれば，

$$\vec{v} = \frac{q\vec{E}}{m\gamma} \tag{7.9}$$

が得られる。したがって，式(7.6)が成り立ち，易動度が

$$\mu = \frac{q}{m\gamma} \tag{7.10}$$

であることがわかる。

> 摩擦力の向きは，速度と逆である。

> 章末の演習問題 5 によれば，γ の逆数は速度が一定値に達する時間目安を与えることがわかる。この時間を緩和時間 τ と呼んで，$\gamma = 1/\tau$ と書く。

> 第 4 章（振動と波動）では，$m\gamma$ を摩擦量の比例定数と呼んだ。

[例題 7.3] 電気伝導度 σ を，荷電粒子の質量 m，電荷 q，数密度 n，及び γ を用いて表現せよ。また，結晶シリコンにおける典型的な値，$n = 1 \times 10^{22}\,\text{m}^{-3}$，$\mu = 0.15\,\text{m}^2/(\text{Vs})$ を用いて，電気伝導度を算出せよ。ただし，電流に寄与する荷電粒子は電子である。

解： 式(7.6)を式(7.1)に代入すると，電気伝導度 σ が

$$\sigma = nq\mu \tag{7.11}$$

によって与えられることがわかるので，これに易動度の式(7.10)を代入すると，

$$\sigma = \frac{nq^2}{m\gamma} \tag{7.12}$$

が得られる。また，$\sigma = 2.4 \times 10^2\,\Omega^{-1}\,\text{m}^{-1}$。

電流密度と電場との関係で表したオームの法則，式(7.5)，にもとづいて，電流と電位差との関係を導いてみよう。定常状態中，起電力のない区間 AB（長さ L，断面積 S）では，電流に寄与する荷電粒子（以下キャリヤと呼ぶ）に作用する力（式(7.7)の右辺）のする仕事はゼロであるので，

$$\int_A^B \vec{F}_\text{total} \cdot d\vec{r} = \int_A^B (q\vec{E} - m\gamma\vec{v}) \cdot d\vec{r} = 0 \tag{7.13}$$

が成り立つ（図 7.6）。上式に式(7.1)を代入して計算すると，

$$\int_A^B \vec{E} \cdot d\vec{r} = \int_A^B \frac{m\gamma}{nq^2}\vec{j} \cdot d\vec{r} = \frac{1}{\sigma}\int_A^B \vec{j} \cdot d\vec{r} \tag{7.14}$$

を得る。この節では静電場を扱っているので，電位 ϕ を使えば，式(7.14)は，

$$\phi_A - \phi_B = \frac{1}{\sigma}\int_A^B \vec{j} \cdot d\vec{r} \tag{7.15}$$

と書ける。特に，区間 AB の断面積と電流密度が共に一定な場合には，その断面を通過する電流 I を用いれば，式(7.15) は

> オームの法則を，電場という原因によって，電流密度が発生すると解釈するのは必ずしも適切でない。定常電流が発生している地点では，それに平行な電場も存在していて，両者が比例関係にあると読むのがよい。

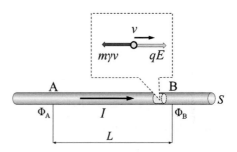

図 7.6 起電力のない区間では，荷電粒子に作用する力は，電場からの力と摩擦力である。定常電流では，それらの力がつり合っている。

$$\phi_A - \phi_B = RI \tag{7.16}$$

と書ける。ただし，

$$R = \frac{L}{\sigma S} \tag{7.17}$$

である。このようにして，導線（電気伝導度 σ，長さ L，断面積 S）に流れる電流値 I が，両端の電位差 $\phi_A - \phi_B$ に比例し，抵抗 R に反比例することがわかる。これをオームの法則と呼ぶこともあるが，上の説明からわかるように，導線の断面積と電流密度が一様である区間で成立する性質，あるいは，区間での平均として成立する性質であることに注意しよう。したがって，電流密度や電場が空間的に一様でない場合に対しては，オームの法則を本節冒頭の式 (7.5) のように，空間のある地点で局所的に成立する式として表現する必要がある。そうすることによって，また，法則の適用範囲も拡がる。

> これは，区間 AB で表現したオームの法則である。これに対して，式 (7.5) は，ある地点で表現したオームの法則である。正確にはオームの法則とは，後者，式 (7.5) をさす。

> 章末の演習問題では，逆に，式 (7.16) から式 (7.5) を導出する。

[例題 7.4] 抵抗 R の単位を国際単位系では Ω と定める。$1\,\Omega$ を，電位差（電圧）の単位 V と電流の単位 A によって表せ。また，電気伝導度 σ の単位を Ω などを用いて表せ。
解：$1\,\Omega = 1\,\mathrm{V/A}$，電気伝導度の単位は $1/(\Omega\,\mathrm{m})$。なお，電気伝導度の逆数を比抵抗という。その単位は $\Omega\,\mathrm{m}$ である。

7.3.2 起 電 力

今度は，起電力のある区間 CD（長さ L，断面積 S）に注目する（図 7.7）。ただし，この区間の物質は区間 AB と同じであるとする。この区間における運動方程式は，

$$m\frac{d\vec{v}}{dt} = q\vec{E} - m\gamma\vec{v} + \vec{F}_{\mathrm{emf}} \tag{7.18}$$

> emf : electro-motive force

である。ここで，$\vec{F}_{\mathrm{emf}}$ は起電力をもたらす，実効的に力に等価な影響を表す。定常状態では，先と同様，キャリヤに作用する力（式 (7.18) の右辺）のする仕事はゼロなので，

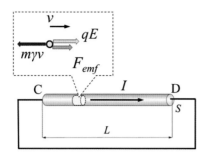

図 7.7 起電力のある区間では，荷電粒子に作用する力は，電場からの力と抵抗力の他に，起電力をもたらす，実効的に力に等価な影響が加わる．定常電流では，これらの力がつり合っている．

$$\int_C^D \vec{F}_{\text{total}} \cdot d\vec{r} = \int_C^D (q\vec{E} - m\gamma\vec{v} + \vec{F}_{\text{emf}}) \cdot d\vec{r} = 0 \quad (7.19)$$

が成り立つ．上式に式(7.1)を代入して計算すると，

$$\int_C^D \vec{E} \cdot d\vec{r} = \int_C^D \frac{m\gamma}{nq^2}\vec{j} \cdot d\vec{r} - \frac{1}{q}\int_C^D \vec{F}_{\text{emf}} \cdot d\vec{r} \quad (7.20)$$

を得るが，電位を用いれば，

$$\phi_C - \phi_D = \frac{1}{\sigma}\int_C^D \vec{j} \cdot d\vec{r} - \frac{1}{q}\int_C^D \vec{F}_{\text{emf}} \cdot d\vec{r} \quad (7.21)$$

と変形できる．上式にもとづけば，起電力の実体を明らかにできる．区間 CD を切り出して両端を短絡させると，あるいは，点 C と D を抵抗ゼロの導線で短絡すると，$\phi_C = \phi_D$ なので，上式から，

$$\frac{1}{q}\int_C^D \vec{F}_{\text{emf}} \cdot d\vec{r} = \frac{1}{\sigma}\int_C^D \vec{j} \cdot d\vec{r} \quad (7.22)$$

を得る．式(7.22)の左辺は，実効的に力に等価な量 $\vec{F}_{\text{emf}}$ がする仕事を単位電荷あたりに換算した量であり，これを**起電力**という．すなわち，区間 CD の起電力 ϕ_{emf} は $\vec{F}_{\text{emf}}$ を用いて，次式によって定義する：

$$\phi_{\text{emf}} = \frac{1}{q}\int_C^D \vec{F}_{\text{emf}} \cdot d\vec{r} \quad (7.23)$$

したがって，導線に流れる定常電流 I は，起電力に比例し，その抵抗 R に反比例するという関係：

$$\phi_{\text{emf}} = RI \quad (7.24)$$

が得られる．ただし，区間 CD の断面積と電流密度が共に一定とした．さらに，式(7.24) の両辺に I を乗じると，

$$I\phi_{\text{emf}} = RI^2 \quad (7.25)$$

が得られる．式(7.25)の左辺は，区間 CD において実効的に力に等価な量 F_{emf} が単位時間 (1 sec) あたりにする仕事量であり，これを**電力**という．

[例題 7.5] 起電力および電力の単位をエネルギーの単位 J で表せ。
解: それぞれの定義にもとづけば，起電力は J/C，電力は J/s である。なお，1 J/C の起電力を 1 V という。

7.3.3 キルヒホッフの法則第 2

起電力と電力の区別がついたので，次は，式 (7.24) の右辺および式 (7.25) の右辺がそれぞれ何を意味するかに注目しよう。これらを理解するには，実効的に力に等価な量 F_{emf} が仕事をするにもかかわらず，キャリヤのドリフト速度は一定，つまり，キャリヤの運動エネルギーに変化がない点に留意すればよい。

式 (7.7) と式 (7.18) の運動方程式で考慮したようにキャリヤは，導体を構成する正イオンから摩擦力 $-\gamma m\vec{v}$ を受けるが，その反作用として，キャリヤは導体中の正イオンに対して力 $\gamma m\vec{v}$ を作用して仕事をするので，正イオンの運動エネルギーが増加する。起電力がキャリヤに対して行った仕事は，全て，キャリヤが正イオンに対して行う仕事に変換されるので，キャリヤの運動エネルギーに変化がないのである。このときの正イオン運動エネルギーの増分が，ジュール熱の実体である。力 $\gamma m\vec{v}$ が正イオンにする仕事を単位電荷あたりで計算すると，たとえば，区間 CD では，

$$\int_C^D \frac{m\gamma}{q}\vec{v}\cdot d\vec{r} = \int_C^D \frac{m\gamma}{nq^2}\vec{j}\cdot d\vec{r} = RI \tag{7.26}$$

となり，式 (7.24) の右辺が，区間 CD において発生するジュール熱の単位電荷あたりの換算値であること，また，式 (7.24) の右辺に電流 I を乗じた量である式 (7.25) の右辺は，単位時間あたりに抵抗で発生するジュール熱を意味することがわかる。したがって，式 (7.24) および (7.25) はともに，起電力がする仕事量と抵抗で発生するジュール熱が等しいことを述べる点では同じであるが，単位電荷あたりで考えるか，単位時間あたりで考えるかの違いがある。

ひとつの閉回路中に，M 個の起電力と，N 個の抵抗をそれぞれ直列に配置する場合には，式 (7.24) を拡張できて，以下の式が得られる：

$$\sum_{i=1}^{M}\phi_{\text{emf},i} = \sum_{i=1}^{N}R_iI_i \tag{7.27}$$

これを**キルヒホッフの法則第 2** という。定常電流では，抵抗と起電力が与えられれば，どんなに複雑な回路に対しても，キルヒホッフの法則第 1 および第 2 を用いることによって，各導線を流れる電流値を計算できる。具体的には，未知量 (電流値) の数に等しい数の**回路方程式** (7.3) と (7.27) から構成した連立方程式を解けばよい。個々の回路方程式を得るには，回路網から適当な閉回路を過不足なく選んで，それに，キルヒホッフの法則第 1 および第 2 を適用すればよい。

[例題 7.6] 図 7.8 のような 4 個の抵抗 R_1, R_2, R_3, R_4 と 1 個の電源 V から構成される回路がある。4 個の抵抗間にある関係が成立するとき，対角線方向に電流が流れ

ジュール熱は，そのまま放置する限り起電力として再利用できないというのが，熱力学の第 2 法則 (第 3 章) である。ジュール熱の逃げ場がなければ，導線は，その融点に達して，断線するだろう。これを利用しているのが，ヒューズであり，各種電気機器に過電流が流れるのを防いでいる。

図 7.8 例題 7.6 の図

ない．その関係式を求めよ．

解： 抵抗 R_1, R_2, R_3, R_4, および対角線方向に流れる電流をそれぞれ，I_1, I_2, I_3, I_4, および I_0 とする．キルヒホッフの法則から，次の 3 式が得られる．

$$R_1 I_1 + (I_1 - I_0) R_4 = V$$
$$R_1 I_1 - R_2 I_2 = 0$$
$$R_4 (I_1 - I_0) - R_3 (I_0 + I_2) = 0$$

これらを I_0 について解くと，

$$I_0 = \frac{R_2 R_4 - R_3 R_4}{R_2 R_3 (R_1 + R_4) + R_1 R_4 (R_2 + R_3)} V$$

したがって，$R_2 R_4 - R_1 R_3 = 0$ のときに，$I_0 = 0$ にすることができる．

7.4 定常電流中の電場と電荷密度

本節の前半では，オームの法則に従っている定常電流中の電荷密度と電場のようすをやや詳しく調べる．後半では，導体中に起電力が発生する例として，ホール効果に注目する．

7.4.1 起電力の原因

孤立した金属性導体中では電場が消滅することは，既に第 5 章で説明した（静電誘導）．一方，同じ金属性導体中に電流がある場合には，オームの法則が示すように金属中の電場はゼロでない．この電場の原因について考えてみよう．導体回路中の何処かに電場発生原因となる電荷密度が存在するはずである．その電荷密度 $\rho(x, y, z)$ がオームの法則中の電場 $\vec{E}$ の原因ならば，それらはガウスの法則：

$$\frac{\partial E_x}{\partial x} + \frac{\partial E_y}{\partial y} + \frac{\partial E_z}{\partial z} = \frac{\rho}{\varepsilon_0} \tag{7.28}$$

を満足する（第 5 章）．これに，起電力のない地点で成立するオームの法則（式(7.5)）を代入すると，

$$\frac{\partial j_x}{\partial x} + \frac{\partial j_y}{\partial y} + \frac{\partial j_z}{\partial z} = \frac{\sigma \rho}{\varepsilon_0} \tag{7.29}$$

となる．一方，定常電流では式(7.4)が成り立つので，結局，オームの法則が成立する，起電力のない定常電流地点 (x_0, y_0, z_0) では，

$$\rho(x_0, y_0, z_0) = 0 \tag{7.30}$$

である．起電力のない，定常電流が流れている地点には，電場の原因は存在し得ない．電荷密度がゼロでない地点（電場の湧き出し点と吸い込み点）が別にあるということである．

電荷密度がゼロでない地点を起電力のある場所で探すのは自然であろう．たとえば，微視的スケール（尺度）で，電気的に中性だった原子・分子がイオン化して，電荷密度が時間的に変化する場所があれば，その点が電流の湧き出し点になる．そのような場所では，式(7.4)の代わりに，**電荷保存則**：

> 運動する荷電粒子（キャリヤ）が存在するのに，電荷密度がゼロというのは一瞬奇妙に感じるかと思うが，或る地点におけるオーム法則中の電場の原因となる電荷密度がその地点ではゼロであるという意味である．キャリヤ自身が作る電場はこの電場には寄与しない．

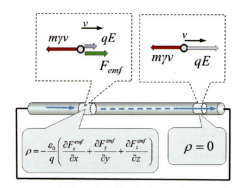

図 7.9 起電力のない区間では，電荷密度はゼロであるのに対して，起電力のある区間では，有限な電荷密度がある。これが導体内部に電場をもたらす。

$$\frac{\partial j_x}{\partial x} + \frac{\partial j_y}{\partial y} + \frac{\partial j_z}{\partial z} = -\frac{\partial \rho}{\partial t} \tag{7.31}$$

が成り立つ。もし，この地点で，起電力をもたらす，実効的に力に等価な量 $\vec{F}_{\text{emf}}$ があるならば，電流密度は，式(7.18)から計算できて，

$$\vec{j} = \sigma \vec{E} + \frac{\sigma}{q} \vec{F}_{\text{emf}} \tag{7.32}$$

となり，これを式(7.31) に代入すれば，

$$\frac{\partial E_x}{\partial x} + \frac{\partial E_y}{\partial y} + \frac{\partial E_z}{\partial z} = -\frac{1}{\sigma}\frac{\partial \rho}{\partial t} - \frac{1}{q}\left(\frac{\partial F_x^{\text{emf}}}{\partial x} + \frac{\partial F_y^{\text{emf}}}{\partial y} + \frac{\partial F_z^{\text{emf}}}{\partial z}\right) \tag{7.33}$$

を得る。この左辺に式(7.28) を代入すると，

$$\frac{\partial \rho}{\partial t} = -\frac{\sigma}{\varepsilon_0}\rho - \frac{\sigma}{q}\left(\frac{\partial F_x^{\text{emf}}}{\partial x} + \frac{\partial F_y^{\text{emf}}}{\partial y} + \frac{\partial F_z^{\text{emf}}}{\partial z}\right) \tag{7.34}$$

が得られ，定常状態では，電荷密度：

$$\rho(x,y,z) = -\frac{\varepsilon_0}{q}\left(\frac{\partial F_x^{\text{emf}}}{\partial x} + \frac{\partial F_y^{\text{emf}}}{\partial y} + \frac{\partial F_z^{\text{emf}}}{\partial z}\right) \tag{7.35}$$

が，ガウスの法則に従って，オームの法則にかかわる電場 $\vec{E}$ を形成する。このような仕掛けを提供するのが，**電源**である。電源のしくみには，電磁誘導の法則を利用する誘導起電力，化学的起電力を利用する乾電池，光起電力を利用する太陽電池，導体中の温度差によってもたらされる熱起電力を利用する熱電発電などがある。

> 電荷保存則は，マクスウェルの方程式よりも上位に位置する法則であり，マクスウェルの方程式は，電荷保存則と矛盾しないように構成されている。

[例題 7.7] 定常電流を得るにあたって，起電力に要求される条件は何か。
解： 式(7.34) によれば，起電力をもたらす，実効的に力に等価な量 $\vec{F}_{\text{emf}}$ が時間変動するときは，電荷密度が時間的に一定になる状況が決して実現しない。したがって，式(7.31)の右辺がゼロにならず，定常電流の条件である式(7.4)が成立しない。したがって，$\vec{F}_{\text{emf}}$ が時間的に一定であることが，定常電流の必要条件である。

7.4.2 ホール効果

外部磁場を印加することによって，起電力を生み出せる場合がある。たとえば，ホール効果は，導体中の定常電流方向に対して，垂直に外部磁場を印加するとき，電流と磁場の両方に対して垂直方向に電場（ホール電場）が発生する現象である。また，外部に電流（ホール電流）を供給することも可能であるから，起電力が発生しているといえる。これをホール起電力という（図7.10）。

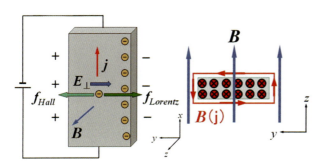

図7.10 ホール効果を模式的に表した（左）。バイアス電流の向きをx軸，磁場の向きをz軸にとる。y軸方向にホール電場$E_\perp$が発生する。定常状態では，荷電粒子（図中では電子）に作用する電気力f_{Hall}と磁気力$f_{Lorentz}$とがつりあい，荷電粒子の軌道は偏向しない（左）。左図をyz平面で描いた（右）。左右の側面に電荷が誘導され，それがy方向にホール電場$E_\perp$をもたらす（右）。

ホール電場の発生原因となる電荷密度が何処かにあるはずである。これを調べるには，式(7.7)の右辺に，外部磁場による力，ローレンツ力$f_{Lorentz}$，を加えて，計算をすればよい。

$$m\frac{d\vec{v}}{dt} = q\vec{E} - m\gamma\vec{v} + q\vec{v}\times\vec{B} \tag{7.36}$$

定常電流の条件式(7.8)を考慮すれば，

$$0 = q\vec{E} - m\gamma\vec{v} + q\vec{v}\times\vec{B} \tag{7.37}$$

が得られる。$\vec{E}$を$\vec{v}$に平行な成分$\vec{E_\parallel}$と垂直な成分$\vec{E_\perp}$に分けると，上式から，

$$\vec{E_\parallel} = \frac{m\gamma}{q}\vec{v} \tag{7.38}$$

$$\vec{E_\perp} = -\vec{v}\times\vec{B} \tag{7.39}$$

を得る。$\vec{v}$の代わりに電流密度で書けば，

$$\vec{E_\parallel} = \frac{m\gamma}{q^2 n}\vec{j} \tag{7.40}$$

$$\vec{E_\perp} = -\frac{1}{qn}\vec{j}\times\vec{B} \tag{7.41}$$

となり，電流と磁場に対して垂直方向に電場が出現することがわかる。この電場による力が図7.10中のf_{Hall}である。平行成分については，式(7.4)を考慮

> ホール効果を利用した素子をホール素子といい，加速度計，各種ドアや蓋の開閉状態の検出，ハードディスクドライブ，DVD，輸送機器車輪における各種回転部分の回転数検出，架線電流計での電流測定，ブラシレスモータでの位置検出，自動車エンジンでの点火時期把握などに使用されており，現代技術では欠かせない部品となっている。

すると，
$$\frac{\partial E_{\parallel,x}}{\partial x} + \frac{\partial E_{\parallel,y}}{\partial y} + \frac{\partial E_{\parallel,z}}{\partial z} = 0 \tag{7.42}$$
が成り立つのに対して，垂直成分については，
$$\frac{\partial E_{\perp,x}}{\partial x} + \frac{\partial E_{\perp,y}}{\partial y} + \frac{\partial E_{\perp,z}}{\partial z} = \frac{1}{\mu_0 q n}\vec{B}\cdot\left(\frac{\partial^2}{\partial x^2} + \frac{\partial^2}{\partial y^2} + \frac{\partial^2}{\partial z^2}\right)\vec{B}(j) \tag{7.43}$$

式(7.43)の導出は，章末の演習問題で行う。

となり，右辺にはゼロでない地点が残る。ただし，$\vec{B}(j)$は導体中の定常電流自身が作る磁場である。上式はガウスの法則（第5章）によれば，大きさが
$$\rho(x,y,z) = \frac{\varepsilon_0}{\mu_0 q n}\vec{B}\cdot\left(\frac{\partial^2}{\partial x^2} + \frac{\partial^2}{\partial y^2} + \frac{\partial^2}{\partial z^2}\right)\vec{B}(j) \tag{7.44}$$
に等しい電荷密度が発生していることを意味している。これがホール電場の原因である。$\vec{j}$と$\vec{E}$の関係は，代数的に計算できて，例えば，定常電流の向きをx軸，外部磁場の向きをz軸にとれば，その関係として
$$\vec{j} = \frac{qn\mu}{1+\mu^2 B^2}\begin{pmatrix} 1 & \mu B & 0 \\ -\mu B & 1 & 0 \\ 0 & 0 & 1+\mu^2 B^2 \end{pmatrix}\vec{E} \tag{7.45}$$

式(7.45)の導出は，章末の演習問題で行う。

が得られ，電流密度と電場がもはや平行でないことがわかる。

[例題7.8] ホール起電力をもたらす，実効的に力に等価な量$\vec{F}_{\text{emf}}$の表式を求めよ。
解： 式(7.37)から$\vec{v}$を求めて，電流密度$\vec{j}$を計算して得られる
$$\vec{j} = \frac{nq^2}{m\gamma}\vec{E} + \frac{q}{m\gamma}\vec{j}\times\vec{B} \tag{7.46}$$
を式(7.32)と比較することによって，実効的に力に等価な量$\vec{F}_{\text{emf}}$が，
$$\vec{F}_{\text{emf}} = \frac{1}{n}\vec{j}\times\vec{B} \tag{7.47}$$
であることがわかる。

7.5 準定常電流

本節では，現実には頻繁に生じる，起電力が時間的に変動する場合に注目し，これまでに得られた知見の適用範囲を振り返り，次節（交流回路）に備える。

キルヒホッフの法則第1，すなわち，回路方程式(7.3)の導出にあたっては，起電力をもたらす，実効的に力に等価な量$\vec{F}_{\text{emf}}$が時間に依存しないことを前提にしていることに留意しよう（例題7.7）。この前提は，しかし，常に保障されているとは限らないことは，太陽光発電や風力発電をはじめとする自然エネルギーをみれば明らかであろう。電力の安定供給が問題になるゆえんである。したがって，$\vec{F}_{\text{emf}}$が時間に依存して，式(7.23)を通じて起電力も時間に依存する場合には，キルヒホッフの法則第1，式(7.3)，は成立しない，といえる。

起電力が時間に依存することによる影響はこれだけにとどまらない。起電力の時間変化によって引き起こされた電流密度の時間変動は、マクスウェル方程式を通じて、回路の外部に電磁波の放射をもたらす（第8章）。このため、電源のエネルギーは、回路内のジュール熱の他に電磁波のエネルギーにも使われる。このことは、キルヒホッフの法則第2、式(7.27)、が成立しないことを意味する。

起電力が厳密に時間的に一定であることが現実にないのだから、それを前提にしたキルヒホッフの法則第1も第2とともに、実用性の低い法則になり下がってしまうと結論するのは実は早計である。以下で説明するように、あるひとつの条件を設定すると、近似的に、しかし、実用的には問題なく、キルヒホッフの法則第1および第2が成立する。その条件とは、**電気変位**（$=\varepsilon_0\vec{E}$）の時間変化率が伝導電流 $\vec{j}_c\,(=\sigma\vec{E})$ に比べて、十分小さい、すなわち、

$$\left|\varepsilon_0 \frac{\partial \vec{E}}{\partial t}\right| \ll |\sigma \vec{E}| \tag{7.48}$$

という条件である。実際に、変位電流を無視すると、アンペールの法則によって、キルヒホッフの法則第1の微分表現である式(7.4)が成立することが証明できる。

> 磁場の時間変動が、電場を誘導するという表現は形式的なものである。電場を作るのは電荷だけであり、磁場を作るのは電流だけである。その電場と磁場が電磁誘導の法則を満たすということである。

> 電気変位（$=\varepsilon_0\vec{E}$）の時間変化率を変位電流という。詳しくは第8章で述べる。

> アンペールの法則から直接、キルヒホッフの法則第1の微分表現（式(7.4)）を導出するのは、章末の演習問題で行う。

[例題 7.9] 変位電流が、伝導電流と比較して十分小さい場合に、真空誘電率 ε_0、電気伝導度 σ、および変位電流の周期 T の間に課せられる条件式を求めよ。

解： この条件式は式(7.48)から計算することができる。角周波数 $\omega\,(=2\pi/T)$ で時間変動する電場 $\vec{E}$ を

$$\vec{E} = \vec{a}\sin\omega t + \vec{b}\cos\omega t \tag{7.49}$$

として、式(7.48)に代入すれば、

$$\frac{\varepsilon_0}{\sigma} \ll T \tag{7.50}$$

が得られる。

変位電流の存在は電磁波発生の原因である（第8章）。電磁波はエネルギーを運ぶので、変位電流を無視できるというのは、電磁波に奪われるエネルギーを無視できることを意味する。つまり、式(7.50)は、**誘電緩和時間**（ε_0/σ）に比べて、電荷や電場の時間変化が十分遅く、キャリヤが誘電緩和する間は、電磁波放射によるエネルギー流出がほとんど無視できることを意味する。通常の導体の誘電緩和時間は、10^{-18} s 程度である。この時間は紫外線に対応する電磁波の周期である。半導体では、これが 10^{-13} s 程度である。したがって、概ね 10^{-9} s 以下の周期で変動する起電力に対しては、良い近似で

$$\phi_{\text{emf}}(t) = RI(t) \tag{7.51}$$

が成り立つ。上式の両辺が同一時刻 t であることが重要である。このように、起電力に時間変動があっても、条件(7.48)下で、近似的にキルヒホッフの法

> 誘電緩和時間とは、1箇所に集合していた電荷集団が、周りに散逸して、その量が初期量の約37%まで減少する時間である。式(7.34)において、$\vec{F}_{\text{emf}}$ をゼロとして、微分方程式を解けば、電荷密度の時間依存性がわかる。

則第1と第2を適用できる伝導電流を準定常電流という。それは，次節の交流回路の主役である。

7.6 交流回路

本節では，起電力，抵抗に加えて，キャパシター，インダクターを含む電気回路における電流の特徴と回路方程式の成り立ちを説明して，交流回路理論の基礎を与える。

7.6.1 RC回路

キャパシター（コンデンサー）を使用しない電気回路などはまずないといってよい。その原理については，平板キャパシターを例にして説明した（第5章）。この節では，まず，抵抗RとキャパンシターCからなる電気回路に，どのような電流が流れるのかについて考える（図7.11）。キャパシターに仕事をして，電荷Qを蓄積したら，それは$Q(t)/C$の起電力をもっている（第5章）。したがって，式(7.51)より，

$$\frac{Q(t)}{C} = RI(t) \tag{7.52}$$

図7.11 抵抗RとキャパシターCから構成する回路。

を得る。そのまま放置すると，キャパシターの電荷量が時間と共に減少することによって，抵抗に電流が供給されるので，QとIの関係は，

$$-\frac{dQ(t)}{dt} = I \tag{7.53}$$

であるから，

$$\frac{dQ(t)}{dt} = -\frac{1}{RC}Q(t) \tag{7.54}$$

が得られる。式(7.52) と (7.54) から直ちにわかることは，キャパシター電極の電荷密度が時間的に変化する，すなわち，電流も時間変化するという点である。電荷密度が時間的に変化するので，式(7.4)が成立しない，すなわち，定常電流でなくなると思いたくなるがそれは誤解である。キャパシターの正極で電荷が増加するときは，同時に負極ではそれが減少し，電荷の総量は時間的に一定であるので，キャパシターを回路中の局所的点と見なせば，その点では式(7.4)が成立する。回路に流れる電流が時間変化しても定常電流なのである。回路中の全ての地点で，電流が一斉に同じように時間変化するという現象が起きているのである。波動の言葉でいえば，電流の位相が回路の全ての地点で揃っていると表現できる。この特徴は以下の複数の電気回路でも成り立つ。

これは，街中のすべての道路で，一斉に渋滞が発生したり，緩和するという現象に対応するが，実際の交通機関であり得ないことである。電子という荷電粒子の特徴といえる。

メモリー

パーソナルコンピューター (PC) には，情報記憶装置 (メモリー) として，ハードディスク (HD) の他に，ダイナミックランダムアクセスメモリー (DRAM) が組み込まれている。DRAM が HD と大きく異なる点は，電源が切れると記憶情報が瞬時に消えてしまうことである。DRAM では 1 ビットの情報に対して，1 個のキャパシターを対応させて，それに電荷を蓄積して，デジタル情報を記憶させている。1 G ($= 10^9$) ビットの容量ならば，10^9 個のキャパシターが必要である。上述したようにキャパシターの電荷は誘電緩和時間で消失する。したがって，消失してゼロにならないうちに，外部電源から電荷を頻繁に補う必要がある。DRAM のような情報記憶に電源が必要なメモリーを揮発メモリー，一方，HD やフラッシュメモリー (USB メモリーや SSD) を不揮発メモリーと呼ぶ。情報の書込みおよび読出しに要する時間は，一般に，揮発メモリーの方が短い。

[例題 7.10] RC 回路を構成する抵抗が，長さ L，断面積 S の材料から作られていて，また，キャパシターの電極間距離が L，断面積が S であり，抵抗と同じ材料が電極間に挿入されている。RC をこの材料固有の伝導度 σ と誘電率 ε で表せ。また，σ と ε として，それぞれ，結晶シリコンの典型的な値 $\sigma = 2.4 \times 10^2\,\Omega^{-1}\,\mathrm{m}^{-1}$，$\varepsilon = 12\varepsilon_0$ を用いて，RC 値を求めよ。ただし，ε_0 は真空誘電率である。

解：
$$RC = \frac{1}{\sigma}\frac{L}{S}\frac{\varepsilon S}{L} = \frac{\varepsilon}{\sigma} = 4.4 \times 10^{-13}\,\mathrm{s}$$

7.6.2 LCR 回路

キャパシターの他に，インダクターも電気回路の構成部品として使われる。インダクターとはインダクタンス (第 6 章) を有する部品である。インダクタンスは，電磁誘導が原因であるから，直流電流に対しては，インダクターは，ただの抵抗としか機能しない。インダクタンスを考慮する必要があるのは，回路中の電流が時間的に変化する場合である。時間変動があっても，式 (7.50) の条件下では，変位電流が無視できるので，キャパシターとインダクターを含む回路に対してキルヒホッフの法則第 2 (式 (7.27)) が適用できる。

[例題 7.11] 抵抗 R，インダクター L，および起電力 ϕ_{emf} からなる閉回路について，回路方程式を示せ。

解：
$$\phi_{\mathrm{emf}}(t) - L\frac{dI(t)}{dt} = RI(t) \tag{7.55}$$

式 (7.55) の左辺第 2 項は，インダクターに流れる電流が増加するとき，その電流のつくる磁場が増大し，それに伴って，インダクターの電流を減少させるという，電磁誘導 (第 6 章) による**逆起電力**である。この LR 回路にキャパシターを直列に組み込む場合には，キャパシターによる起電力を加えて，

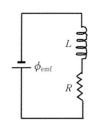

図 7.12 抵抗 R，インダクター L，および起電力 ϕ_{emf} から構成する回路。

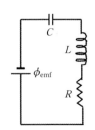

図 7.13 抵抗 R, キャパシター C, インダクター L, および起電力 ϕ_{emf} から構成する回路。

$$\phi_{\mathrm{emf}}(t) - L\frac{dI(t)}{dt} + \frac{Q(t)}{C} = RI(t) \tag{7.56}$$

とすればよい。

以上の回路例に現れたキャパシターによる起電力や電磁誘導による逆起電力は，化学電池や光起電力のような能動的起電力とは異なり，回路自身の電荷・電流の時間変化に応じて発生する。このような受身的な起電力を，能動的起電力と同等に扱って，キルヒホッフ法則第1および第2を適用すれば，回路中の電流挙動を予測することができる。実際，上述の回路方程式の導出ではこの考え方を用いた。このような考え方を電気工学では**集中定数回路の交流理論**という。

LCR 回路のしくみを理解するには，式(7.53) を考慮して，式(7.56) を，

$$L\frac{d^2Q(t)}{dt^2} + R\frac{dQ(t)}{dt} + \frac{Q(t)}{C} = -\phi_{\mathrm{emf}}(t) \tag{7.57}$$

と変形しておくとよい。まず，起電力がなく，抵抗もない場合からはじめる。この場合の回路方程式：

$$L\frac{d^2Q(t)}{dt^2} = -\frac{Q(t)}{C} \tag{7.58}$$

は，対応関係：

$$Q \to x(変位), \quad L \to M(質量), \quad \frac{1}{C} \to K(ばね定数) \tag{7.59}$$

に注意すると，質量 M, ばね定数 K から構成される**調和振動子**（第2章）に対する運動方程式と同じであることがわかる。したがって，この LC 回路中のキャパシター電荷 $Q(t)$ は調和振動子と同様に単振動し，その**固有角周波数** ω_0 は，上記の対応関係から，

$$\omega_0 = \frac{1}{\sqrt{LC}} \tag{7.60}$$

であることがわかる。さらに，対応関係：

$$-\phi_{\mathrm{emf}}(t) \to f(t)(外力) \tag{7.61}$$

に注意すれば，LC 回路に起電力を加えたものは，その方程式の形が調和振動子に外力を与えた場合（第4章の強制振動）と形式的に同じになることも理解できる。したがって，調和振動子が，角振動数 ω_0 で正弦的に振動する力 $f(t)$ に対して，共振（共鳴）現象を示すのと同様の現象が，LC-起電力回路にも観測される。最後に，対応関係：

$$R \to \gamma M \tag{7.62}$$

を導入すると，LCR 回路は，摩擦のある振動子に対応することがわかる。ただし，γ は式(7.7) で使用した γ と同じものである。このような対応関係を頼りにすれば，LCR 回路のしくみが理解しやすくなる。

エネルギーの観点から比較する。調和振動子のエネルギーは，粒子のもつ運動エネルギーとばねに蓄積する弾性エネルギーから構成され，それぞれは時間

図 7.14 LC 回路における磁気エネルギーと静電エネルギーは，それぞれ調和振動子における運動エネルギーと弾性エネルギーに対応する。

的に変化するものの，総和は時間的に一定であった．LC 回路では，上記の対応関係から，

$$\frac{1}{2}L\left(\frac{dQ}{dt}\right)^2 = \frac{1}{2}LI^2 \to \frac{1}{2}M\left(\frac{dx}{dt}\right)^2 \quad (運動エネルギー), \quad (7.63)$$

$$\frac{1}{2C}Q^2 = \frac{1}{2}CV^2 \to \frac{1}{2}Kx^2 \quad (弾性エネルギー) \quad (7.64)$$

である．前者がインダクターに蓄積される**磁気的エネルギー**（第 6 章），後者がキャパシターに蓄積される**静電エネルギー**（第 5 章）である．前者と後者とが時間的に入れ替わり，両者の和が一定であることは，調和振動子の場合と同じである．

これに抵抗を加えた LCR 回路で，外力がない場合は，減衰振動と同じであるから，電磁気的エネルギーは時間と共に減少する．エネルギーの一部が抵抗でのジュール熱として散逸し，決して戻ってこないからである．力学振動では，定常的な振動を保持するには，外力の助けが必要となるのと同様，LCR 回路では交流起電力 $\phi_{\mathrm{emf}}(t)$ が必要である．実際に，定常電流における電力とジュール熱の関係式(7.25)に対応する式は，LCR 回路では，

$$I(t)\phi_{\mathrm{emf}}(t) = RI^2(t) + \frac{d}{dt}\left(\frac{1}{2}LI^2(t) + \frac{1}{2C}Q^2(t)\right) \quad (7.65)$$

である．

式 (7.65) の導出は，章末の演習問題で行う．

上式の左辺は，電源が提供する電力であり，右辺第 1 項は，回路内で発生する単位時間あたりのジュール熱，同第 2 項は，磁気的エネルギーと静電エネルギーの和の時間変化率（単位時間あたりの増加量）である．この交流起電力の角周波数が LCR 回路の固有角振動数 ω_0 に等しい場合には，共鳴（共振）が起こり，インダクターに蓄積されるエネルギーとキャパシターに蓄積されるエネルギーの和（1 周期の平均値）が最大になる．蓄積エネルギーが各素子の許容量を超えると，回路の破壊に至る．

キャパシターの電荷変化の時間スケール（尺度）が，誘電緩和時間と同程度になると，変位電流によって発生する電磁波の影響が無視出来なくなる．電磁波はエネルギーを運ぶので，電気回路側にすればジュール熱と同様にエネルギーの損失である．電磁波による系からのエネルギー流出を防ぐには，通常の導線に代わり，導波管，同軸ケーブル，光ファイバーという伝送路を使用する．このような伝送路では，抵抗値，電気容量値，およびインダクタンス値が，伝送路に沿って場所的に変化する．この場合は，集中定数回路理論に代わって，**分布定数回路理論**や**分散関係**という考え方が必要になり，電波・通信工学，マイクロ波工学，および光通信工学の領域につながる．

演習問題

1. 多くの金属中のキャリヤ密度は 10^{28} m^{-3} 程度である。半径 1 mm の金属性導線に 10 A の電流を流している。このとき，キャリヤ集団の平均ドリフト速度を計算せよ。
2. 一本の道路がある。区間 A では，平均車間距離が 2 m で渋滞しているが，それより前方の区間 B では，平均車間距離が 20 m である。区間 A の平均速度が 2 m/s で，区間 B のそれが 20 m/s であった。この場合，しばらくすると，区間 A の渋滞は緩和するだろうか，それともひどくなるだろうか。また，区間 B の平均速度が 40 m/s の場合はどうか。
3. 定常電流の場合，式 (7.4) が成り立つことを数学的に証明せよ。
4. オームの法則を表現する式 (7.5) を時間反転したらどのような表式になるか。その結果は何を意味するか。
5. 式 (7.7) を適当な初期条件下で解け。
6. 式 (7.16) から出発して，オームの法則式 (7.5) を導出せよ。
7. 式 (7.43) を導出せよ。
8. ホール素子中の全電場 (式 (7.40) と式 (7.41) の和) を求め，この全電場と電流密度とがなす角度を θ とするとき，$\tan\theta$ を求めよ。
9. 式 (7.45) を導出せよ。
10. アンペールの法則にベクトル解析公式 $(\mathrm{div}(\mathrm{rot}\,\vec{a}) = 0)$ を適用することによって，式 (7.4) を導出せよ。
11. キャパシターに蓄えられる静電エネルギーと，インダクターに蓄えられる磁気的エネルギーとの和が一定であることを用いて，式 (7.58) を導出せよ。
12. 式 (7.57) にもとづいて，式 (7.65) を導出せよ。

8
電 磁 波

光とはどんなもの？ 光があるから美しい花も見える。もし，光がなかったなら，この世はどんなに寂しいことか。光がほとんどとどかない深海の暗闇では魚も暗色になる。太陽の光もストーブの光もプリズムを通すと幾色かに分かれることから，自然の法則は天界も地上にも同じようにはたらくと考え，万有引力の法則を発見したニュートンは，光は小さな粒子集団から成り立つと主張した。確かに，光が粒子であれば遠い星からやってくる光も考えやすいのだが。しかし，光も波動であり，電磁波の一種であることを示す者が現れた。それが，ジェームズ・クラーク・マクスウェルである。彼は，電場と磁場の諸法則を統合して4つの基本式にまとめ上げた。これらは，**電磁場のマクスウェル方程式**と呼ばれる。これにより，はじめて電磁波が真空中や物質中で伝播するしくみがわかるようになった。現在，私たちの生活に欠かせない，携帯電話やスマートフォン，テレビやラジオ，電子レンジやレントゲン，CT，MRI など数々の電磁波を用いた機器の誕生や開発にもこのマクスウェル方程式は欠かせないものである。この章では，マクスウェル方程式の理解とこれから導かれる電磁波の伝播，電磁波が運ぶエネルギーや運動量，電磁波の圧力について学習する。

ジェームズ・クラーク・マクスウェル (James Clerk Maxwell, 1831年〜1879年, イギリス)

図 8.1 ネモフィラが咲きほこる "見晴らしの丘"（国営ひたち海浜公園）

8.1 変位電流

マクスウェルは，それまでに知られていた電場と磁場についての諸法則をまとめ上げる過程で，未発見の法則が存在することを明かにした。磁束が変動するときに現れる電場を表現するファラデーの電磁誘導の法則と，電流のまわりに磁場が生ずるアンペールの法則を並べて以下に示す。

$$\oint_C \vec{E} \cdot d\vec{s} = -\frac{d\phi_B}{dt} \tag{8.1}$$

$$\oint_C \vec{B} \cdot d\vec{s} = \mu_0 I \tag{8.2}$$

式(8.1) は電場と磁場が時間変動するときにも適用できる。ところが，式(8.2) は電流が定常的に流れている状態には適用できるが，電流と磁場が時間変動するときには適用できない。マクスウェルは，電磁場が時間変動するとき，式(8.2) の右辺に時間変動する新たな項が現れることを発見した。それは，左辺の積分で想定するループ C の内側を通る**電場束** (ϕ_E) についての時間変動である。電場束とは，ループで囲まれた面 S を通過する電気力線の総数であり，以下の式で定義される。

$$\phi_E = \int_S \vec{E} \cdot d\vec{A} \tag{8.3}$$

アンペールの法則は拡張され，一般的に時間変動する場合にも適用できる関係式；**一般化されたアンペールの法則**（または，アンペール-マクスウェルの法則）

$$\oint_C \vec{B} \cdot d\vec{s} = \mu_0 I + \mu_0 \varepsilon_0 \frac{d\phi_E}{dt} \tag{8.4}$$

ホファイトヘッド (J. B. Whitehead)

が与えられた。時間的に変動する電場束の項，

$$\varepsilon_0 \frac{d\phi_E}{dt}$$

を**変位電流**と呼ぶ。このことにより，変動磁場が電場を生成すると共に，変動電場も磁場を生成することが明かになり，電場と磁場がよく似た形の振る舞いをする（これを電場と磁場の対称性と呼ぶ）ことと，電磁波が発生し伝播するしくみが知られることとなった。

この法則の実験的検証はホファイトヘッド (1902年) によってなされた。彼は，キャパシターの周囲をコイルで被い，コイルに発生する電流を検出することに成功した（図8.2）。キャパシターに交流電源をつなぐと，キャパシター間に変動電場 $\vec{E}(t)$ が発生する。マクスウェルはこの変動電場により周囲のループに沿って磁場 $\vec{B}(t)$ が誘導されることを指摘した。コイルを貫く磁場 $\vec{B}(t)$ が変動すると，ファラデーの電磁誘導の法則に従ってコイルに電流が流れることとなる。

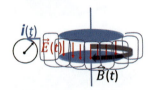

図 8.2 ホファイトヘッドによる変位電流の検証実験 (1902年) 模式図

図 8.3 キャパシター内の電場

[例題 8.1] 半径が R の円盤極板からなるキャパシターがある（図8.3）。極板間内にある一様な電場 $\vec{E}$ が最大振幅 $\vec{E}_0$ をもち振動数 ω で変動するとき，誘起される磁場 $\vec{B}$ を求めよ。

解： 電場の大きさを

$$E = E_0 \sin \omega t$$

と表す。極板の中心軸の周りに半径 r のループを考える。ループ内の電場束は，

$$\phi_E = \pi r^2 E_0 \sin \omega t.$$

式(8.4) の左辺と右辺の大きさは

$$2\pi r B = \mu_0 \varepsilon_0 \pi r^2 E_0 \omega \cos \omega t.$$

よって，磁場の大きさは，$0 < r < R$ では，

$$B = \frac{1}{2} r \mu_0 \varepsilon_0 \omega E_0 \cos \omega t$$

と中心から離れるにつれて磁場 B の振幅は大きくなる。

$R < r$ では，
$$B = \frac{R^2}{2r}\mu_0\varepsilon_0\omega E_0\cos\omega t$$
とキャパシターから離れるにつれて磁場 B の振幅は小さくなる。磁場の向きを図 8.4 に示す。

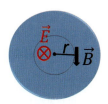

図 8.4 電場 $\vec{E}$ が増大するとき，キャパシターを上部からみた電場 $\vec{E}$ と磁場 $\vec{B}$ の向き

[例題 8.2] 図 8.5 の CR 回路のスイッチを接続したとき，回路に流れる電流 $I(t)$ とキャパシター極板間の変位電流の大きさと向きを比較せよ。

解: CR 回路では，キャパシターの極板に帯電する電荷は，$Q(t) = Q_0(1 - e^{-t/CR})$ と表される。回路に流れる電流は，大きさ
$$I(t) = \frac{dQ}{dt} = \frac{Q_0}{CR}e^{-t/CR},$$
で，回路を時計回り方向に流れる。キャパシター極板の面積を A とすると，キャパシター極板間の電場の大きさは，$E(t) = Q(t)/\varepsilon_0 A$ であるので，変位電流は
$$\varepsilon_0\frac{d\phi_E}{dt} = \varepsilon_0\frac{d(EA)}{dt} = \frac{dQ}{dt} = \frac{Q_0}{CR}e^{-t/CR}$$
となり，回路を流れる電流 $I(t)$ と一致する。変位電流の向きは，キャパシター極板の正極板から負極板に向かう方向となり，回路電流の向きに一致する。

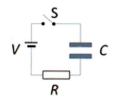

図 8.5 CR 回路

8.2　マクスウェル方程式

マクスウェルは，1865 年に電場と磁場の基本法則が次の 4 つの方程式に集約されることを発表した。

$$\oint_S \vec{E}\cdot d\vec{A} = \frac{1}{\varepsilon_0}Q$$

$$\oint_S \vec{B}\cdot d\vec{A} = 0$$

$$\oint_C \vec{B}\cdot d\vec{s} = \mu_0 I + \mu_0\varepsilon_0\frac{d\phi_E}{dt}$$

$$\oint_C \vec{E}\cdot d\vec{s} = -\frac{d\phi_B}{dt} \tag{8.5}$$

第 1 式はガウスの法則であり，第 2 式は閉曲面を通過する磁力線 $\vec{B}$ は連続し消滅と発生がないことを表し，第 3 式は一般化されたアンペールの法則であり，第 4 式はファラデーの電磁誘導の法則である。これら 4 つの方程式はまとめて，マクスウェル方程式と呼ばれる。

これらによって，それまでに知られていなかった電場 $\vec{E}$ と磁場 $\vec{B}$ の相互関係が明かとなった。電荷と磁石が静止した状態ではそれらから発生する電場 $\vec{E}$ と磁場 $\vec{B}$ は何の関りのない別々の静電場 $\vec{E}$ と静磁場 $\vec{B}$ であった。ところが，電荷または磁石が動きはじめると周囲の電場または磁場が変動し，これらにより新たに変動磁場 $\vec{B}(t)$ または変動電場 $\vec{E}(t)$ が誘起され，電場 $\vec{E}$ と磁場 $\vec{B}$ は相互に連関しあうものであることが明らかとなった。そのため，電場 $\vec{E}$

変位電流の存在

ジェームズ・クラーク・マクスウェルはどのようにして変位電流の存在を発見したのかをたどってみよう。マクスウェルは当時発展していた流体力学の概念とその表現形式（微分表現）を電磁気学の法則に適用し考察した。まず，アンペールの法則の積分表現(8.2)を微分表現に書き換えた。式(8.2)の左辺を図8.6にある微小な矩形ループ(A–B–C–D–A)に沿って表す。

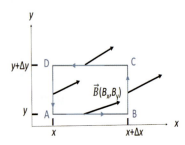

図 8.6 微小な矩形 ABCDA に沿った磁場 $\vec{B}$ のループ積分を行う

$$
\begin{aligned}
\oint_C \vec{B} \cdot d\vec{s} &= B_x(x,y)\Delta x + B_y(x+\Delta x, y)\Delta y \\
&\quad - B_x(x, y+\Delta y)\Delta x - B_y(x,y)\Delta y \\
&= (B_y(x+\Delta x, y) - B_y(x,y))\Delta y \\
&\quad - (B_x(x, y+\Delta y) - B_x(x,y))\Delta x \\
&= \left(\frac{\partial B_y}{\partial x} - \frac{\partial B_x}{\partial y}\right)\Delta x \Delta y
\end{aligned}
$$

z方向に流れる電流密度がi_zであるとき，微小な矩形ループ面内を貫いて流れる電流は$\Delta I = i_z \Delta x \Delta y$と表される。この場合，アンペールの法則は，

$$
\frac{\partial B_y}{\partial x} - \frac{\partial B_x}{\partial y} = \mu_0 i_z
$$

と表されることとなる。同様に，y-z面，およびz-x面において微小なループに沿った積分を行うと，次の関係式を得る。

$$
\frac{\partial B_z}{\partial y} - \frac{\partial B_y}{\partial z} = \mu_0 i_x, \quad \frac{\partial B_x}{\partial z} - \frac{\partial B_z}{\partial x} = \mu_0 i_y
$$

ここで，微分の演算を表す記号；$\vec{\nabla}$（微分演算子ベクトル）を導入する。

$$
\vec{\nabla} = \left(\frac{\partial}{\partial x}, \frac{\partial}{\partial y}, \frac{\partial}{\partial z}\right)
$$

すると，上記の関係式はまとめて，次のように表現される。

$$
\vec{\nabla} \times \vec{B} = \left(\frac{\partial B_z}{\partial y} - \frac{\partial B_y}{\partial z}, \frac{\partial B_x}{\partial z} - \frac{\partial B_z}{\partial x}, \frac{\partial B_y}{\partial x} - \frac{\partial B_x}{\partial y}\right)
$$

これは，$\vec{B}$についての**回転**(rotation)と呼ばれる。電流密度ベクトルを$\vec{i} = (i_x, i_y, i_z)$とする。アンペールの法則の微分形は

$$
\vec{\nabla} \times \vec{B} = \mu_0 \vec{i} \tag{8.6}
$$

の表現となる。回転の演算($\vec{\nabla}\times$)は，回転成分を評価するときに使われる。例えば，流体の速度($\vec{v}$)についての回転($\vec{\nabla}\times\vec{v}$)は，流れに渦運動があるとき，その回転運動の大きさを評価するのに使われる。

ガウスの法則の微分形

次にガウスの法則の微分表現を導出する。
ガウスの法則

$$
\oint_S \vec{E} \cdot d\vec{A} = \frac{1}{\varepsilon_0} Q
$$

を図8.7の微小な立方体領域に適用する。

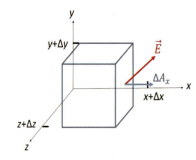

図 8.7 ガウスの面積積分

$$
\begin{aligned}
\oint_S \vec{E} \cdot d\vec{A} &= E_x(x+\Delta x, y, z)\Delta A_x \\
&\quad + E_y(x, y+\Delta y, z)\Delta A_y \\
&\quad + E_z(x, y, z+\Delta z)\Delta A_z \\
&\quad - E_x(x,y,z)\Delta A_x - E_y(x,y,z)\Delta A_y \\
&\quad - E_z(x,y,z)\Delta A_z \\
&= \left(\frac{\partial E_x}{\partial x} + \frac{\partial E_y}{\partial y} + \frac{\partial E_z}{\partial z}\right)\Delta x \Delta y \Delta z
\end{aligned}
$$

電荷密度($\rho = Q/\Delta x \Delta y \Delta z$)を導入すると，ガウスの法則の微分形は

$$
\vec{\nabla} \cdot \vec{E} = \frac{\rho}{\varepsilon_0} \tag{8.7}
$$

と表される。これは，$\vec{E}$についての**発散**(divergence)と呼ばれる。発散の演算($\vec{\nabla}\cdot$)は，湧き出し量（噴き出し量）を評価するときに使われる。たとえば，気体の流速密度ベクトル，$\vec{j} = \rho\vec{v}$，についての発散($\vec{\nabla}\cdot\vec{j}$)は，その微小領域からの正味の噴き出し量を評価するのに使われる。噴き出しがあると，その微小領域の気体の密度(ρ)が小さくなるので，

$$
\vec{\nabla} \cdot \vec{j} = -\frac{\partial \rho}{\partial t} \tag{8.8}
$$

となる。この式は，流体の質量が保存することを表し，連続の式とも呼ばれる。

変位電流の表現

アンペールの法則の式(8.6)の両辺について発散を計算する。

左辺は

$$\vec{\nabla} \cdot (\vec{\nabla} \times \vec{B}) = \left(\frac{\partial}{\partial x}, \frac{\partial}{\partial y}, \frac{\partial}{\partial z}\right)$$

$$\cdot \left(\frac{\partial B_z}{\partial y} - \frac{\partial B_y}{\partial z}, \frac{\partial B_x}{\partial z} - \frac{\partial B_z}{\partial x}, \frac{\partial B_y}{\partial x} - \frac{\partial B_x}{\partial y}\right)$$

$$= \frac{\partial}{\partial x}\left(\frac{\partial B_z}{\partial y} - \frac{\partial B_y}{\partial z}\right) + \frac{\partial}{\partial y}\left(\frac{\partial B_x}{\partial z} - \frac{\partial B_z}{\partial x}\right)$$

$$+ \frac{\partial}{\partial z}\left(\frac{\partial B_y}{\partial x} - \frac{\partial B_x}{\partial y}\right) = 0$$

となり，一般的に左辺はゼロとなる。ところが，右辺の電流密度ベクトルは $\vec{i} = \rho\vec{v}$（ρ は電荷密度，$\vec{v}$ は電荷の流れの速度）であるので，式(8.8)の関係により，

$$\vec{\nabla} \cdot (\mu_0 \vec{i}) = \mu_0 \vec{\nabla} \cdot \vec{i} = -\mu_0 \frac{\partial \rho}{\partial t}$$

となり，一般的にはゼロとはならない。この矛盾をマクスウェルが指摘し，アンペールの法則の式の右辺に新たな項が入ることを告げた。電荷密度 ρ は電場 $\vec{E}$ についてのガウスの法則(8.7)と結びついていることから，

$$\frac{\partial \rho}{\partial t} = \varepsilon_0 \vec{\nabla} \cdot \frac{\partial \vec{E}}{\partial t}$$

と表されるので，マクスウェルはアンペールの法則の式の右辺に $\mu_0\varepsilon_0(\partial \vec{E}/\partial t)$ の項（変位電流）が新たに入ることを指摘した。一般化したアンペールの法則の微分形は以下の表現となる。

$$\vec{\nabla} \times \vec{B} = \mu_0 \vec{i} + \mu_0 \varepsilon_0 \frac{\partial \vec{E}}{\partial t} \tag{8.9}$$

と磁場 $\vec{B}$ はまとめて電磁場と呼ばれることとなった。

一端，変動電場 $\vec{E}(t)$ または変動磁場 $\vec{B}(t)$ が発生すると，電場と磁場の誘導法則により周囲に新たな変動磁場 $\vec{B}(t)$ または変動電場 $\vec{E}(t)$ が生まれ，これらが次々と繰り返されることがわかった。すなわち，電場や磁場の発生源である電荷と磁石が無くとも変動する電磁場自身が新たな電磁場を周囲に産み出すのである。このことから，電場 $\vec{E}$ や磁場 $\vec{B}$ が電荷や磁石と同じ磁場や電場の発生を担う実体であることが認識されるようになった。

これら変動する電磁場は波のように周囲に広がる。電磁場の波である電磁波の解明はマクスウェル方程式が確立したことにより可能となったのである。電磁波の伝播速度が光速と一致することから，当時，光の実体が粒子なのか波動なのかの論争のまっただ中にあったが，これに決着をつけ光も波長の短い電磁波であることを証明したのもマクスウェルである。

物体の運動を記述する基本方程式はニュートンの運動方程式である。自然界の様々な状況で物体がどのように動くかは，この方程式を解くことによってわかる。同様にして種々の自然界で電荷や電流によってつくられる電場や磁場の構造分布と時間変化はマクスウェル方程式を解くことによってわかる。しかし，両方程式は，物体の原子や分子のミクロの世界を記述するときには，量子論の効果を取り入れなければならない。また，ニュートンの運動方程式は，物体の速さが光速に近くなったときには成り立たなくなり，相対性理論に取って代えられる。このことから，ニュートンの運動方程式が古典力学の基本式であるに対し，マクスウェル方程式は古典電磁気学の基本式である。

8.3 電磁波の伝播

マクスウェル方程式が，電磁波の伝播するしくみを解き明かすことを見てみよう。電磁波は，時間変動する電流によって発生する。たとえば棒状の金属に交流電源を接続すると，金属棒内の電子が動き時間変動する電流が発生する。電流の周囲には磁場が形成され，電流の時間変動に応じて磁場も変動する。すると電流の周囲の磁束が時間変動することからファラデーの電磁誘導の法則によりその場に電場が誘起される（図 8.8(a)）。

これら金属棒の周囲に形成された電場と磁場は，時間とともに周囲の広い範囲に広がっていく。金属棒内の電流の向きが逆転するとこれに応じて，周囲に形成される磁場の向きが逆転し，誘導電場の向きも逆転する。これらの電場と磁場の強さは金属棒を中心とする軸対称の分布となる。

次に，交流電源を平板状の金属に接続し，図 8.8(b) にあるように y 軸方向に電流を流す。このとき形成される磁場は電流の向きに垂直で平板に平行となる。この磁場が時間変動するので誘導電場が発生し，電場と磁場の変動は平板に対し垂直方向に広がる。平板の大きさが伝播する電磁波の波長に比べ十分に大きいとき，電磁場の強さの最大振幅は一定に保たれる。この波は平面波である。

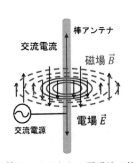
(a) 棒アンテナからの電磁波の放射

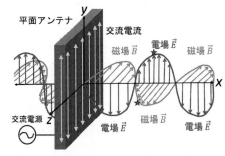
(b) 平面アンテナからの電磁波の放射

図 8.8

電磁場の平面波が伝播するときの電場 $\vec{E}$ と磁場 $\vec{B}$ の変化を考える。電磁波の伝播速度を v とする。電磁波が発生してから時間 t が経過すると，電磁波の最先端の波面は $x = vt$ の位置にある（図 8.9）。ここから，微小時間 dt の間に波面が微小距離 $dx = v\,dt$ だけ進む間に起きる電場 $\vec{E}$ と磁場 $\vec{B}$ の変化を考える。

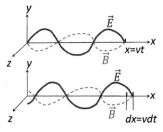

図 8.9　電磁波の伝播

x-y 面に接して，幅 dx，高さ h の矩形を $x = vt$ の前方に想定する（図 8.10(a)）。時間 dt の間に，矩形内の磁束はゼロから，$d\phi_B = \overline{B}h\,dx$ になる。ここで，$\overline{B}$ は，時刻 $t + dt$ における矩形内磁場の強度分布における平均値である。同じ位置に，矩形を x-z 面に接して想定する（図 8.10(b)）。この矩形を貫く電場束は，dt 間にゼロから $d\phi_E = \overline{E}h\,dx$ になる。$\overline{E}$ は，

矩形内の電場強度の平均値である。これら磁束と電場束の時間変動，$d\phi_B/dt$ と $d\phi_E/dt$，は周囲に誘導電場と誘導磁場を発生させる。電磁場の発生源である交流電流から遠く離れた場所では電流がなくとも，変位電流 $\varepsilon_0(d\phi_E/dt)$ によって周囲に磁場が励起されるのである。電磁波の最先端にある微小領域ではこのように磁束と電場束の時間変動が起き，新たな電場と磁場が周囲に発生することによって電磁場の存在する領域が拡大していくのである。

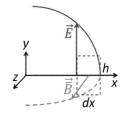
(a) 電磁波先端での磁気誘導

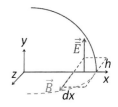
(b) 電磁場先端での電場誘導

図 8.10

電磁波の最先端領域での電場 $\vec{E}$ と磁場 $\vec{B}$ の強さの関係について考える。図 8.10(a) の矩形に沿って反時計回りに線積分を行うと，

$$\oint_C \vec{E} \cdot d\vec{s} = -Eh$$

となる。ここで，E は $x = vt$ での電場の強さである。同様に，図 8.10(b) の矩形に沿って反時計回りに線積分を行うと，

$$\oint_C \vec{B} \cdot d\vec{s} = Bh$$

となる。ここで，B は $x = vt$ での磁場の強さである。ファラデーの電磁誘導の法則と一般化されたアンペールの法則は以下の関係式を与える。

$$-Eh = -\frac{d\phi_B}{dt} = -\overline{B}h\frac{dx}{dt} = -\overline{B}hv,$$

$$Bh = \mu_0\varepsilon_0\frac{d\phi_E}{dt} = \mu_0\varepsilon_0\overline{E}h\frac{dx}{dt} = \mu_0\varepsilon_0\overline{E}hv$$

簡単にすると，

$$E = \overline{B}v, \quad B = \mu_0\varepsilon_0\overline{E}v \qquad (8.10)$$

の関係が得られる。

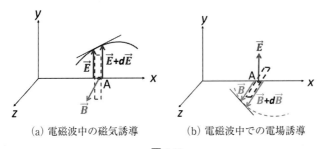

(a) 電磁波中の磁気誘導　　(b) 電磁波中での電場誘導

図 8.11

式 (8.10) で得られた矩形内の電場と磁場の強さの平均値と矩形境界の値との関係を明確にするために，幅 dx を極端に狭めた矩形を電流源から十分に離れた地点 A に置く（図 8.11）。伝播する平面電磁波がこの矩形を通過するときの電場と磁場の強さ (E, B) を考える。図 8.8(b) にある☆印が付いた波がこれらの矩形を通過することを想定する。このとき，磁束と電場束の時間変化は以下となる。

$$\frac{d\phi_B}{dt} = hdx\frac{dB}{dt},$$

$$\frac{d\phi_E}{dt} = hdx\frac{dE}{dt}$$

矩形に沿った線積分は

$$\oint_C \vec{E}\cdot d\vec{s} = (E+dE)h - Eh = hdE,$$

$$\oint_C \vec{B}\cdot d\vec{s} = -(B+dB)h + Bh = -hdB$$

となる。ファラデーの電磁誘導の法則と一般化されたアンペールの法則は以下の関係式を与える。

$$hdE = -hdx\frac{dB}{dt}, \quad -hdB = \mu_0\varepsilon_0 hdx\frac{dE}{dt}$$

これらは,つぎの関係式に変形される。

$$\frac{dE}{dx} = -\frac{dB}{dt}, \quad \frac{dB}{dx} = -\mu_0\varepsilon_0\frac{dE}{dt}$$

矩形の幅 dx を無限に小さくすると時間間隔 dt も無限小となる。このとき,dE/dx は,ある瞬間に点 A の位置での電場強度分布の x 方向の傾き(伝播する電磁波を,ある瞬間にスナップショットして得られた電場強度曲線で,点 A の位置における接線)となり,これを $\partial E/\partial x$ と表し,電場 E の x 方向の偏微分と呼ぶ。また,このとき,dB/dt は,点 A の位置での磁場強度 B の時間変化率となり,これを $\partial B/\partial t$ と表す。偏微分記号を使って書き直すと,

$$\frac{\partial E}{\partial x} = -\frac{\partial B}{\partial t}, \quad \frac{\partial B}{\partial x} = -\mu_0\varepsilon_0\frac{\partial E}{\partial t} \tag{8.11}$$

と表される。第1式を x について,第2式を t について偏微分すると

$$\frac{\partial^2 E}{\partial^2 x} = -\frac{\partial^2 B}{\partial x \partial t}, \quad \frac{\partial^2 B}{\partial t \partial x} = -\mu_0\varepsilon_0\frac{\partial^2 E}{\partial^2 t}$$

となる。磁場強度 B は,x と t についての微分の順序を交換しても同じ値となることから,次の関係式が導かれる。

$$\frac{\partial^2 E}{\partial^2 x} - \mu_0\varepsilon_0\frac{\partial^2 E}{\partial^2 t} = 0 \tag{8.12}$$

この式は,波の伝播を表す解

$$E = E_0 \sin(kx - \omega t) \tag{8.13}$$

をもつことから,式(8.12)は,電場の**波動方程式**と呼ばれる。実際にこの解を式(8.12)に当てはめると

$$(-k^2 + \mu_0\varepsilon_0\omega^2)E_0\sin(kx-\omega t) = 0$$

となり,左辺が常にゼロとなるためには,

$$-k^2 + \mu_0\varepsilon_0\omega^2 = 0 \tag{8.14}$$

となる関係が要求される。波の伝播を表す式(8.13)は,たとえば,sin の値がゼロとなる波面の位置 x は時刻 t と関係 $x = (\omega/k)t$ をもつ。このことから,ω/k は波面の伝播速度 v を表し,

$$v = \frac{\omega}{k} = \pm \frac{1}{\sqrt{\mu_0 \varepsilon_0}} \tag{8.15}$$

となる。真空の誘電率，$\varepsilon_0 = 8.854188 \times 10^{-12}$ F/m と真空の透磁率，$\mu_0 = 4\pi \times 10^{-7}$ H/m を代入すると，電磁波が伝播する速さは次の値となる。

$$v = 2.997925 \times 10^8 \text{ m/sec} \tag{8.16}$$

この値は，真空中の光の伝播速度 c である。大気やガラスなどの物質中での電磁波の速さは，伝播速度の式(8.15)にその物質の誘電率 ε と透磁率 μ を入れることによって得られる。

[例題 8.3] 空気中と水中での光の速さを求めよ。
ただし，空気と水の誘電率 ε と透磁率 μ は次の値である。

	誘電率 $\varepsilon [10^{-12}$ F/m$]$ (光の波長：589.3 nm：黄色)	透磁率 $\mu [10^{-6}$ H/m$]$
空気	8.859091(15℃, 1 atm)	1.25663753
水	15.733 (20℃)	1.256627

解： 光の伝播式：$v = 1/\sqrt{\varepsilon\mu}$，に代入すると以下となる。
$$c_{空気} = 2.997094 \times 10^8 \text{ m/sec}, \quad c_{水} = 2.2490 \times 10^8 \text{ m/sec}$$

8.4 電磁波のエネルギーと運動量

8.4.1 電磁波のエネルギー

携帯電話から発する電磁波は，街中に多くあるアンテナ受信機に信号を届け，その受信機に新たな高周波の交流電流を発生させる。太陽から発せられる光は地上を暖め，植物の光合成を促進させる。このように，電磁波はエネルギーをもち遠方に運ぶことができる。では，電磁波のエネルギーはどのように表されるのであろうか。

電磁波は電場 $\vec{E}$ と磁場 $\vec{B}$ から構成されていることから，電磁波がもつエネルギーはそれらの強さに依存する。5章（電場）と6章（磁場）での電場のエネルギー密度(5.69)と磁場のエネルギー密度(6.108)の表現を使うと，真空中に電磁波が存在するとき，単位体積当たりの電磁波のエネルギーは，

$$u = \frac{1}{2}\varepsilon_0 E^2 + \frac{1}{2\mu_0}B^2 \tag{8.17}$$

と表される。これを**電磁波のエネルギー密度**と呼ぶ。

電磁波は真空中を光速 c で伝播するので，そのエネルギーも光速で運ばれる。電磁波のエネルギー流速密度 S は

$$S = uc = c\left(\frac{1}{2}\varepsilon_0 E^2 + \frac{1}{2\mu_0}B^2\right)$$

となる。電磁波の電場 E と磁場 B の間には式(8.11)の関係があり，$E = Bc$ となることから，これは次のようにも表される。

$$S = \varepsilon_0 E^2 c = \frac{B^2}{\mu_0}c = \frac{1}{\mu_0}EB$$

最右辺はベクトル $\vec{E}$ と $\vec{B}$ を使って

$$\vec{S} = \frac{1}{\mu_0}\vec{E} \times \vec{B} \tag{8.18}$$

とも表され，$\vec{S}$ をポインティング・ベクトルと呼ぶ．電場 $\vec{E}$ と磁場 $\vec{B}$ のベクトル積の向きは電磁波の伝播する方向であり電磁波エネルギーが流れる向きでもある．

8.4.2 電磁波の運動量と圧力

電磁波は運動量をもち，電磁波を吸収または反射する物体は電磁波から圧力（輻射圧）を受ける．

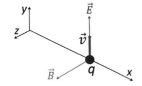

図 8.12 荷電粒子に働く電磁波の力

電荷 q の粒子が静止しているとき，電磁波がやってくるとどのような運動をするか考えてみよう（図 8.12）．先ず電場 $\vec{E}$ からの力を受けて電場の向きに速度 $\vec{v}$ で動きはじめる．次いで磁場 $\vec{B}$ からのローレンツ力 $q\vec{v} \times \vec{B}$ がはたらき，粒子は電磁波の伝播する方向に移動する．電場 $\vec{E}$ は電場の向きに振動する力を作用するに対し，磁場 $\vec{B}$ は電磁波の伝播する方向の運動をつくり出すのである．静止していた荷電粒子集団は，電磁波が伝播すると振動しながら電磁波の伝播する方向に運動する．粒子が得たこの運動量は，電磁波が有する運動量の一部が粒子に与えられたものである．電磁波には運動量があり，その向きは伝播方向と同じである．ポインティング・ベクトル $\vec{S}$ を使って，**電磁波の運動量密度 $\vec{p}_w$** は，

$$\vec{p}_w = \frac{\vec{S}}{c^2} \tag{8.19}$$

と表される．粒子集団は電磁波の伝播方向に押され，電磁波集団から圧力（輻射圧）を受けるのである．

電磁波は，振動数が大きくなるとガンマ線と呼ばれ，直進性が強くなる．他方，振動数が小さいと電磁波の波長が数十キロメートルにもなり超長波と呼ばれ，水中でも伝播する．電磁波は周波数により分類され，使われる用途も異なる（表 8.1 参照）．

[例題 8.4] **太陽からの光エネルギー量の測定**

発泡スチロールの容器に水を入れ，墨汁をたらすと太陽光の吸収率は高くなる（図 8.13）．このとき，水の温度は時間とともに上昇するので，単位時間当たりの太陽から地球表面への光エネルギー量を求めることができる．発泡スチロールの容器（深さ 5 cm，横 20 cm，縦 30 cm）に墨汁が入った水を容器一杯に満たし，水の温度上昇を測定する．太陽高度が 60 度であるとき，10 分間に 2℃ の温度上昇があった．水には光は全て吸収され，発泡スチロール容器や空気への熱輸送を無視できるものとする．地上に降注ぐ，太陽光放射 [W/m²] はどれほどか．

図 8.13 太陽光のエネルギー測定

表 8.1 電磁波の分類と特徴

電磁波の名称		周波数(Hz)	波長	特徴
	ガンマ線	～0.3 E	～1 pm	電磁波粒子のエネルギーが大きい。ガンマ線治療
	X線	30 P～300 E	1 pm～10 nm	透過力が高い。レントゲン, CTスキャナー
	紫外線	0.75～30 P	10～400 nm	生体に対する破壊性が強い。日焼け
	可視光	380～750 T	400～800 nm	目が感じる電磁波
	赤外線	3～380 T	0.8～100 μm	熱的作用が大きい。赤外線ヒータ
電波	サブミリ波	0.3～3 T	0.1～1 mm	水蒸気により減衰される。光通信, 天文観測
	ミリ波	30～300 G	1～10 mm	雨滴に吸収される。自動車衝突防止レーダー
	マイクロ波	3～30 G	1～10 cm	直進性が強い。無線LAN, 衛星放送
	極超短波	0.3～3 G	0.1～1 m	携帯電話, 地上波デジタルTV, 電子レンジ
	超短波	30～300 M	1～10 m	建物の影にも回りこむ。FMラジオ, 防災無線
	短波	3～30 M	10～100 m	200～400 km 高度のF電離層に反射。アマチュア無線
	中波	0.3～3 M	0.1～1 km	約100 km 高度のE電離層に反射。AMラジオ
	長波	30～300 k	1～10 km	遠方まで伝わる。電波時計
	超長波	3～30 k	10～100 km	低い山も越える。水中でも伝わる。海底探査

解: 水への熱吸収率は

$$\frac{dQ}{dt} = \frac{4.2 \times 2 \times 3000}{10 \times 60} = 42 \text{ W}$$

太陽光の単位断面積当たりのエネルギー放射率は

$$S = \frac{dQ}{dtdA} = 42 \frac{1}{0.06 \times A (断面積)/A} = 808 \text{ W/m}^2$$

となる。

演習問題

1. 音波と光の伝播について共通点と相違点をあげよ。
2. 電子レンジで使われる電磁波の振動数は 2.45 GHz である。
   (a) この電磁波の波長はいくらか。
   (b) 電子レンジは, ご飯やおかずなどの食品を温めるのはなぜか。
3. 図 8.3 のコンデンサーを含む回路において, 導線を流れる電流と変位電流とによって発生する磁場が周囲に漏れ出ない装置をつくることはできるだろうか。
4. 光速の測定に最初に成功したのはデンマークの天文学者レーマー (1675年) である。彼は木星の衛星が木星の裏側に回り見えなくなる周期 (食の周期) が規則的に変化することから光速が有限なことを知った。なぜ, この周期の変化によって光速が有限であるとわかるか。
5. 半径 5 cm の円盤状のキャパシターに 0.1 A の電流が流れ充電される。キャパシターの極板間には空気があり, 両極板は 3 mm 離れている。
   (a) 極板間の電場 $\vec{E}$ の時間変化率を求めよ。
   (b) 極板の中心から 3 cm の位置での磁場 $\vec{B}$ の強さと向きを求めよ。
6. 電磁波が z 軸の正方向に伝播する。電磁波の磁場 $\vec{B}$ が x 軸の正方向を向く位置にある電場 $\vec{E}$ はどの方向を向いているか。
7. 電場 $\vec{E}$ と磁場 $\vec{B}$ の強さが以下に表されるとき, 真空中を伝播する電磁波のエ

ネルギー密度の時間平均はどのように表されるか。
$$E = E_0\sin(kx - \omega t), \quad B = B_0\sin(kx - \omega t)$$

8. 太陽は光のエネルギー（輻射エネルギー）を単位時間あたり
$$L = 3.84 \times 10^{26}\,\text{W}$$
放射する。太陽と地球間の平均距離は 1.50×10^{11} m である。地球の大気圏外で太陽に垂直な面が受ける太陽エネルギー流速密度 [W/m²] はどれほどか。

9. 人間の目の感度が最も高い光の波長は 555 nm で，黄緑色に対応する。目の感度曲線は，長波長側でも短波長側でも徐々に下がってゼロに近づく。感度が最大感度の 1% になる波長を可視限界とすると，その値は約 430 nm と 690 nm である。人間が見える可視光の振動数範囲を示せ。

10. ドイツの物理学者ヘルツは，1887 年にマクスウェルが提唱した電磁波の存在を実証する実験に成功した。ヘルツは誘導コイルを使って 2 つの端子間に火花放電させ（図 8.14），これを円環状のループアンテナで受信するとこのループ端子間にも火花が発生すること発見した。受信用ループをどのように置くと，ループの端子間に強い火花放電が発生するか。

ヘルツ (Heinrich Rudolf Hertz, 1857-1894, ドイツ)

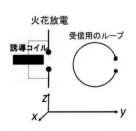

図 8.14　ヘルツの実験

演習問題解答

1章 演習問題

1. 加速度 a を無次元の定数 k を用いて次のように表す。
$$a = kr^m v^n$$
左辺と右辺の次元は
$[a] = [L][T]^{-2}$,
$[kr^m v^n] = [L]^m [L]^n [T]^{-n} = [L]^{m+n} [T]^{-n}$
である。両辺の次元が等しいことから，$n = 2$, $m = -1$ である。よって，
$$a = k\frac{v^2}{r}$$
と表される。

2. 有効数字は 3 桁であるので，直方体の体積は，
$(32.2 \pm 0.1) \times (37.7 \pm 0.1) \times (78.4 \pm 0.2)$
$\doteqdot 32.2 \times 37.7 \times 78.4 \pm 0.1 \times 37.7 \times 78.4$
$\pm 0.1 \times 32.2 \times 78.4 \pm 0.2 \times 32.2 \times 37.7$
$\therefore (9.52 \pm 0.08) \times 10^4 \, \mathrm{cm}^3$

2.1 演習問題

1. 図 A.1：最初，ウサギ $x_R(t)$ の傾きがカメ $x_T(t)$ にくらべて大きいが，そのあとゴール近くで昼寝するので $x_R(t)$ は一定。その間に $x_T(t)$ はゴールに到達する。

2. ブレーキをかけ始めた時刻を t_0，踏切を通過する時刻を t_1，駅に停車した時刻を t_2 とすれば，図 A.2 のように速度は変化する。$[t_0, t_2]$ 間の走行距離 500 m は，この区間でグラフの囲む面積に等しいから，$20 \times (t_2 - t_0)/2 = 500$，よって $t_2 - t_0 = 50$ s，また $[t_1, t_2]$ の間の走行距離 50 m は，やはりこの区間で囲む面積に等しいから $\frac{20}{50} \times (t_2 - t_1)^2/2 = 50$，よって $t_2 - t_1 = 5\sqrt{10}$ s，これらから t_2 を消去して $t_1 - t_0 = 34.2$ s。

3. 1) $x(t)$, $v(t)$ および $a(t)$ のグラフは図 A.3 のようになる。

2) 上昇しているのは $v > 0$，速さが増えているのは $a > 0$，これらを同時に満たすのは $[0.5 \,\mathrm{s}, 0.75 \,\mathrm{s}]$ の範囲。また，下降しているのは $v < 0$，減速しているのは $a > 0$，これらを同時に満たすのは $[0.25 \,\mathrm{s}, 0.5 \,\mathrm{s}]$ の範囲。

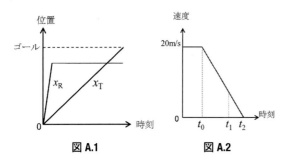

図 A.1 図 A.2

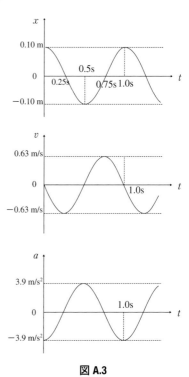

図 A.3

4. 速度ベクトルは軌道の接線方向を向いていて，長さは一定である．最初の位置，1/8 周期および 1/4 周期経過したあとの速度ベクトルを描くと図 A.4 の左図のようになる．これらの始点を一致させて描くと右図のようになる．

左図で円軌道の半径は $r = 36000 \text{ km} + 6400 \text{ km} = 42400 \text{ km}$，また角速度は $\omega = 2\pi/(24 \times 3600 \text{ s}) = 7.3 \times 10^{-5} \text{ s}^{-1}$．よって静止衛星の速さは $v = r\omega = 3.1 \times 10^3 \text{ m/s}$ で，これは速度ベクトルの終点が描く円軌道の半径である．衛星が軌道上を一周すると，速度ベクトルももとの向きになるから，衛星が円運動を描く周期と同じで 24 時間である．

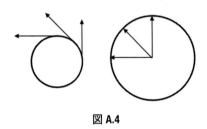

図 A.4

2.2 演習問題

1. 張力を T，垂直抗力を N，摩擦力を F，重力を W とする．重力は斜面に沿った方向と垂直な方向の成分に分けると，それぞれ $W\sin\theta$, $W\cos\theta$ である．一定の速度で動いているので合力は 0 でつりあう．
斜面にそった方向のつりあい：$W\sin\theta + F - T = 0$
斜面に垂直な方向のつりあい：$W\cos\theta - N = 0$
W を基準にして描けば図 A.5 のようになる．

2. 自動車が急ブレーキをかけると，乗っている人は前方に放り出される．これは，それまで自動車とともに動いていた人は，自動車がとまっても運動の第 1 法則によりそれまでと同じ速度で動き続けるためである．シートベルトは自動車に固定されているので，乗っている人は自動車と同じように止まることになる．

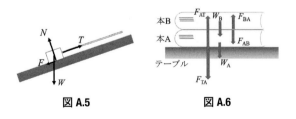

図 A.5　　　図 A.6

3. 下になった本を A，上に積んだ本を B とする．図 A.6 に示した力の矢印は
A に作用する重力　W_A
B に作用する重力　W_B
A が B から押される力　F_{AB}
B が A から押される力　F_{BA}
A がテーブルから押される力　F_{AT}
テーブルが A から押される力　F_{TA}
これらのうち，F_{AB} と F_{BA}, F_{AT} と F_{TA} が作用反作用の関係にある．重力 W_A, W_B の反作用は本が地球を引っ張る力であるが，この図には描いていない．

4. ボールが放された瞬間は気球と共に 3 m/s の速さで上昇していた．そのときの高さは 20 m である．これを初期条件にして，ボールが放された瞬間からの運動について調べよう．鉛直上向きを正として運動方程式は
$$m\frac{dv}{dt} = -m \times 9.8$$
両辺を m で約して t で不定積分し，積分定数を初期条件 $v(0) = 3$ m/s により決めると
$$v(t) = -9.8t + 3$$
が得られる．左辺を $v = dx/dt$ と置き換えると
$$\frac{dx}{dt} = -9.8t + 3$$
両辺を t で積分して，積分定数を初期条件 $x(0) = 20$ m で決めると
$$x(t) = -4.9\,t^2 + 3t + 20 \qquad (2.12)$$
地面に到達するのは，$x(t) = 0$ とおいて 2 次方程式を解くと $t = 2.3$ s．

5. 初期条件：$x(0) = 0$, $y(0) = 1$ m, $v_x(0) = 8$ m/s, $v_y(0) = 13.9$ m/s のもとで，運動方程式
$$\frac{dv_x}{dt} = 0, \quad \frac{dv_y}{dt} = -9.8$$
を解く．第 1 の式（x 方向成分）の両辺を不定積分し，積分定数を初期条件 $v_x(0) = 8$ m/s で決めると $v_x(t) = 8$ m/s，これを $dx/dt = 8$ と書いておいて両辺を不定積分し，積分定数を初期条件 $x(0) = 0$ で決めると $x(t) = 8t$．第 2 の式（y 方向成分）の両辺を不定積分し，積分定数を初期条件 $v_y(0) = 13.9$ m/s で決めると，$v_y(t) = 13.9 - 9.8t$，左辺を dy/dt と書いて不定積分し，積分定数を初期条件 $y(0) = 1$ m で決めると $y(t) = 1 + 13.9t - 4.9t^2$．ネットの位置まで到達するのは $x(t) = 23.77$ m/2 を解いて $t = 1.49$ s，このとき高さは $y = 10.8$ m なのでネットは超える．そのあと，ボールが地面に落下する時刻は $y(t) = 0$ を解いて $t = 2.9$ s で，そのとき $x = 8$ m/s $\times 2.9$ s $= 23.2$ m．テニスコートのベースライン間の距離は 23.7 m なのでかろうじてコート内に落下することがわかる．

2.3 演習問題

1. 終端速度より大きいと，抵抗力が重力を上回るので，物体の落下は徐々に遅くなる。そして，終端速度に近づくにつれて抵抗力と重力の差が小さくなり，最終的には終端速度で落下するようになる。グラフを描けば図 A.7 のようになる。

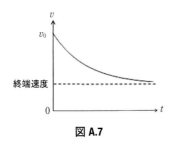

図 A.7

2. 単振動 $x(t) = A\cos\omega t + B\sin\omega t$ の両辺で $t = 0$ とおき，$x(0) = x_0$ とすると $x_0 = A\cos\omega 0 + B\sin\omega 0 = A$。したがって，$A = x_0$ となる。速度の式
$$v(t) = -A\omega\sin\omega t + B\omega\cos\omega t$$
の両辺で $t = 0$ とおき，$v(0) = v_0$ とすると
$$v_0 = -A\omega\sin\omega 0 + B\omega\cos\omega 0 = B\omega$$
したがって，$B = v_0/\omega$ となる。これらを代入すると
$$x(t) = x_0\cos\omega t + \frac{v_0}{\omega}\sin\omega t$$

3. 電車と共に動く座標系で観察すると，おもりに作用している力は，慣性力も含めて図 A.8 に示したとおりである。水平方向と鉛直方向のつりあいから，$F = T\sin 15°$，$W = T\cos 15°$，二つの式から T を消去すると $F = W\tan 15°$，ここで慣性力は $F = ma$ と書け，重力は $W = mg$ だから $a = g\tan 15° = 2.6\,\mathrm{m/s^2}$

減速するときはおもりは前方に放り出されてつりあう。糸が鉛直と角度 θ で傾くとすれば，$2a = g\tan\theta$，よって $\theta = \tan^{-1}(2a/g)$，ここに求めた a の値を代入すると，$\theta = 28°$

4. 宇宙ステーションは地球のまわりを円運動をしているので，宇宙ステーションに固定した座標系で観測したときには，慣性力である遠心力が作用するように観測される。宇宙ステーションや船内の物体（宇宙飛行士も含めて）は地球の万有引力とつりあうように遠心力が作用しており，重力がゼロであるように観測される。

2.4 演習問題

1. 1.6 m の高さから落とすと，床に到達するときの速さは
$$v_0 = \sqrt{2 \times 9.8 \times 1.6} = 5.6\,\mathrm{m/s}$$
1.1 m の高さまで跳ね返るとすれば，床から離れるときの速さは
$$v = \sqrt{2 \times 9.8 \times 1.1} = 4.6\,\mathrm{m/s}$$
運動量の変化は
$$0.06\,\mathrm{kg} \times 4.6\,\mathrm{m/s} - 0.06\,\mathrm{kg} \times (-5.6\,\mathrm{m/s})$$
$$= 0.61\,\mathrm{Ns}$$
これに等しい力積を与える力の大きさは
$$F = \frac{0.61\,\mathrm{Ns}}{0.01\,\mathrm{s}} = 61\,\mathrm{N}$$
で，これは重力の大きさ $0.06\,\mathrm{kg} \times 9.8\,\mathrm{m/s^2} = 0.59\,\mathrm{N}$ に比べて 100 倍ほどの大きさである。

2. 垂直抗力は重力とつりあっているので大きさは mg，摩擦力は $0.06mg$ である。ストーンの滑った距離を s とすると，摩擦力のした仕事は $W = -0.06 \times mgs$ となる。ここで，マイナスの符号は力の向きと反対に変位したことを表している。仕事・エネルギーの定理より
$$\frac{1}{2}m0^2 - \frac{1}{2}mv_0^2 = -0.06\,mgs$$
最初の速度 $v_0 = 5.5\,\mathrm{m/s}$ と重力加速度の値 $g = 9.8\,\mathrm{m/s^2}$ を代入して $s = 25.7\,\mathrm{m}$

3. 地球の位置（太陽から r_E）での力学的エネルギーは
$$\frac{1}{2}mv_0^2 - G\frac{Mm}{r_\mathrm{E}}$$
太陽から距離 R の惑星に到達するときの力学的エネルギーは
$$\frac{1}{2}mv^2 - G\frac{Mm}{R}$$

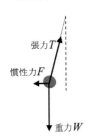

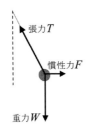

図 A.8

これらを等しいとおいて v^2 について解くと
$$v^2 = v_0{}^2 - G\frac{2M}{r_E} + G\frac{2M}{R}$$
左辺の値は負にならないから
$$v_0 > \sqrt{2GM}\sqrt{\frac{1}{r_E} - \frac{1}{R}}$$
このような初速度を与えればよい。

4. P を引っ張るひもの張力は中心力なので、O のまわりの角運動量は変化しない。最初は半径 $0.5\,\mathrm{m}$ の円周上を角速度 $6.0\,\mathrm{s^{-1}}$ で動いているので速さは $0.5\,\mathrm{m} \times 6.0\,\mathrm{s^{-1}} = 3.0\,\mathrm{m/s}$。角運動量は $L_0 = 0.5\,\mathrm{kg} \times 0.5\,\mathrm{m} \times 3.0\,\mathrm{m/s} = 0.75\,\mathrm{kg\,m^2/s}$。ひもが短くなって OP の長さが r になったとする。1 秒間に 3 回転なので角速度は $3 \times 2\pi = 6\pi\,\mathrm{s^{-1}}$ だから、速さは $6\pi r$、したがって角運動量は $L = 0.5\,\mathrm{kg} \times r \times 6\pi r = 3\pi r^2$ である。角運動量は変化していないので $L = L_0$ とおいて $3\pi r^2 = 0.75\,\mathrm{kg\,m^2/s}$、これを解いて $r = 0.28\,\mathrm{m}$。

2.5 演習問題

1. ボールと地球の系では、ボールが地球に近づくとき、地球もボールの重力に引かれてわずかながらボールに近づいてくる。このとき、
$$\vec{F}_{ボール\to地球} = -\vec{F}_{地球\toボール}$$
となることから、ボールと地球の系での運動量保存は成り立つ。

2. 自由空間では外力がないことから、ロケットと燃焼物から成る系の質量中心は加速を受けることはない。

ロケットの速さ (v) が燃料の噴射速度 (v_e) を超えることは可能である。

質量 M のロケットから質量 Δm の燃焼物を速度 v_e で噴出するとき、得られるロケットの速度の増加を Δv とすると、運動量保存から
$$M\Delta v = v_e \Delta m$$
となる。燃焼物の噴出は、ロケットの質量の減少であるから、$\Delta M = -\Delta m$ である。上式は無限小の変化として
$$M dv = -v_e dM$$
となる。ロケットと燃料を合わせた初期質量を M_i、最終質量を M_f として積分する。
$$\int_{v_i}^{v_f} dv = -v_e \int_{M_i}^{M_f} \frac{dM}{M}$$
$$v_f - v_i = v_e \ln\left(\frac{M_i}{M_f}\right)$$
$M_i/M_f > \exp[(v_e - v_i)/v_e]$ であれば $v_f > v_e$ となる。噴射前のロケットの速度 v_i が v_e にくらべて小さくて

0 と見なしてよければ、$M_i/M_f > e$ であればよい。燃料をたくさん積んでおけばこの条件を満たすことは難しくない。

3. 弾丸の非弾性衝突でも運動量保存則が成り立つので、衝突後の弾丸が入った木製ブロックの速さを V とすると
$$mv = (m + M)V$$
高さ h での重力ポテンシャルエネルギーは
$$(m + M)gh = \frac{1}{2}(m + M)V^2$$
$$= \frac{1}{2}\frac{m}{m + M}mv^2 < \frac{1}{2}mv^2$$
となり、衝突直前の弾丸の運動エネルギーより小さくなる。

2.6 演習問題

1. 3 粒子系の座標を m_1 を原点に図 A.9 のようにとる。質量中心の座標は
$$x_c = \frac{m_2 b}{m_1 + m_2 + m_3}, \quad y_c = \frac{m_3 a}{m_1 + m_2 + m_3}$$
$a = 2, b = 3, m_1 = m, m_2 = 2m, m_3 = 3m$ のとき、$x_c = 1, y_c = 1$。

2. 棒の単位長さ当たりの質量(線密度)は $\sigma = M/L$ である。慣性モーメントの定義より
$$I = \int_{-L/2}^{L/2} x^2 \sigma\,dx = \frac{1}{12}\sigma L^3 = \frac{M}{12}L^2$$

3. 図 A.10 のように、重りの質量中心を通り下向きに座標軸 y をとる。
$$Mv^2 + \frac{1}{2}I\omega^2 + \frac{1}{2}I\omega^2 - Mgy = -Mgy_0$$
物体が移動する速度は
$$v = \frac{dy}{dt} = R\omega$$
であり、エネルギー保存の式を時間微分すると
$$2\left(M + \frac{I}{R^2}\right)v\frac{dv}{dt} = Mg\frac{dy}{dt}$$
となる。円柱の慣性モーメントは $I = MR^2/2$ であるから、加速度は

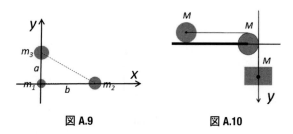

図 A.9　　　　図 A.10

$$\frac{dv}{dt} = \frac{g}{3}$$

3章　演習問題

1. (1) 一様で等方的な変化をする体積は $V = kL^3$ と書ける（k は定数）。
$$\begin{aligned}\beta &= V^{-1}(dV/dT) = d(\log V)/dT \\ &= d(\log k + 3\log L)/dT \\ &= 3L^{-1}(dL/dT) = 3\alpha\end{aligned}$$
(2) $\alpha = 1.2 \times 10^{-5}/\text{K}$
(3) $V = nRT/p$ より，$dV/dT = nR/p = V/T$

2. (1) 理想気体の断熱変化では $p \propto V^{-\gamma}$（比熱比 γ は定数）なので，$(dp/dV)_S = -\gamma p/V$。よって $B_S = \gamma p$
(2) 気体のモル質量を M とすると密度は $\rho = Mn/V$ である。(1) の結果を使うと音速は $v = \sqrt{B_S/\rho} = \sqrt{\gamma RT/M}$ となる。気体窒素を $M = 28.0$ g/mol の2原子分子理想気体とみなすので $\gamma = 7/5$ である。0℃（$T = 273$ K）の音速は $v = 337$ m/s

3. $W = \int_{V_0}^{V_1} p\,dV = \int_{V_0}^{V_1} \frac{RT}{V-b}\,dV$
$\quad = RT\log\left(\dfrac{V_1-b}{V_0-b}\right)$

4. 省略

5. (1) A → B の等温変化で吸収する熱を Q_H とすれば，$S_B = S_A + Q_H/T$ である。また B → C および D → A の可逆断熱変化ではエントロピー変化は 0 なので $S_C = S_B = S_A + Q_H/T$ および $S_D = S_A$ である。
(2) 図 A.11 の通り。

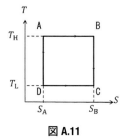

図 A.11

6. この問題では，消費電力を P とすれば，可逆ヒートポンプが単位時間になされる仕事 W および電気ヒータが単位時間に室内に放出する熱量はどちらも P に等しいと仮定している。ヒートポンプの成績係数を K_H とすると，単位時間に室内（高温熱源）に放出される熱量は $Q_H = K_H W = K_H P$ である。可逆機関では $K_H = T_H/(T_H - T_L)$ となるから，$T_H = 290$ K，$T_L = 280$ K とすれば，$K_H = 290/10 = 29$。したがって，可逆ヒートポンプが単位時間に室内に放出する熱量は電気ヒータの場合の 29 倍である。

7. 1 モルの理想気体のエントロピーは温度 T と体積 V の関数として
$$S(T, V) = C_V \log T + R\log V + 定数$$
である。$pV = RT$ を使って右辺から T を消去すると，エントロピーは圧力 p と体積 V の関数として
$$\begin{aligned}S(p, V) &= C_V \log(pV/R) + R\log V + 定数 \\ &= C_V \log p + (C_V + R)\log V + 定数\end{aligned}$$
となる。マイヤーの関係式（$C_p = C_V + R$）を用いれば
$$S(p, V) = C_V \log p + C_p \log V + 定数$$
を得る。同様にして，
$$\begin{aligned}S(T, p) &= C_V \log T + R\log(RT/p) + 定数 \\ &= (C_V + R)\log T - R\log p + 定数 \\ &= C_p \log T - R\log p + 定数\end{aligned}$$
を得る。

8. 一定温度 T の熱源に接する理想気体を準静的に等温膨張させると，気体は熱源からある熱量 Q を受け取ると同時に外部に対して Q に等しい仕事 W をする。すなわち，1つの熱源から受け取った熱をすべて仕事に変換する。もし，理想気体の断熱自由膨張が可逆変化であるとすれば，その逆変化によって等温膨張後の気体をもとの温度と体積に戻すことができる。これは，等温膨張と断熱自由膨張の逆変化からなる効率100%の熱機関が可能であることに他ならず，トムソンの原理に違反する。したがって，理想気体の断熱自由膨張は不可逆変化である。

4章　演習問題

1. グラフは図 A.12 のようになる。太い曲線が $x = \cos 2\pi t$，細い曲線が $x = \cos(2\pi t - 2\pi/5)$。グラフの山の部分に注目すると黒いグラフで $t = 0$ にある山が

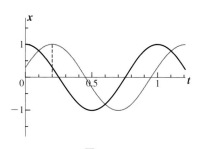

図 A.12

細いグラフでは縦の点線で示される $t = 0.2$ に移動している。細い曲線は $0.2 = 1/5$ だけ t 軸の正の方向に太い曲線を移動したものになっている。

2. 式 (4.5) より
$$\frac{dx}{dt} = \Omega(-A\sin\Omega t + B\cos\Omega t)$$
$$\frac{d^2x}{dt^2} = -\Omega^2(A\cos\Omega t + B\sin\Omega t)$$

式 (4.4) に代入して
$$(-\Omega^2 A + \gamma\Omega B + \omega^2 A)\cos\Omega t$$
$$+ (-\Omega^2 B - \gamma\Omega A + \omega^2 B)\sin\Omega t = f_0\cos\Omega t$$

この式が任意の t で成り立つことより A, B の連立方程式
$$\begin{cases} -\Omega^2 A + \gamma\Omega B + \omega^2 A = f_0 \\ -\Omega^2 B - \gamma\Omega A + \omega^2 B = 0 \end{cases}$$

を得る。これより,
$$A = \frac{\omega^2 - \Omega^2}{(\omega^2 - \Omega^2)^2 + \gamma^2\Omega^2} f_0$$
$$B = \frac{\gamma\Omega}{(\omega^2 - \Omega^2)^2 + \gamma^2\Omega^2} f_0$$

3. $W = \dfrac{mf_0^2\gamma}{2\omega^2} \dfrac{1}{\left(\dfrac{\omega}{\Omega} - \dfrac{\Omega}{\omega}\right)^2 + \dfrac{\gamma^2}{\omega^2}}$

と書き換えられる。この表式より W は
$$\frac{\omega}{\Omega} - \frac{\Omega}{\omega} = 0$$

を満たすときに最大となる。ゆえに, $\Omega = \omega$ のとき W は最大となる。また, 式(4.7) より $\cos\phi = 0$ であるから位相の遅れ ϕ は $\pi/2$ となる。

4. $u(x,t) = 4\sin 2\pi\left(\dfrac{t}{1/10} - \dfrac{1}{20}x\right)$

と書き換えられる。式 (4.19) と比較することより, 振幅 4 m, 周期 1/10 s, 波長 20 m, 振動数 10 Hz, 速さ 200 m/s であることがわかる。

5. (1) $a = 2.00$ cm, $\lambda = 3.00$ m
(2) $T = 0.60$ s, $f = 1.67$ Hz, $v = 5.00$ m/s
(3) 右向き
(4) $y = 2\cos\left(\dfrac{2\pi}{0.60}t - \dfrac{2\pi}{3.00}x + \dfrac{\pi}{3}\right)$

6. 振幅を a とすると題意の平面波は
$$u(x,y,z,t) = a\sin(\omega t - kx)$$
となる。x 軸上すなわち $y=0, z=0$ では,
$$u(x,0,0,t) = a\sin(\omega t - kx)$$
となる。これは角振動数 ω, 波数 k の正弦波の式であ

る。波面に垂直な波数ベクトル $\vec{k}$ が x 軸に平行なので, 波面は x 軸に垂直となる。

7. 物質中, 真空中の光の速度を, それぞれ, v, c とする。$c > v$ なので, 真空に対する物質の屈折率は
$$n = \frac{c}{v} > 1$$
となる。

8. 式 (4.55) より干渉縞の間隔は光の波長に比例することがわかる。赤い光の方が緑の光より波長が長いので, 赤い光の方が干渉縞の間隔は広い。

5 章 演習問題

1. (1) クーロンの法則より, $Q_1 = -0.67\ \mu$C。
(2) クーロン力に関する重ね合わせの原理より, $x_0 = -0.45$。

2. ガウスの法則を用いて, 電場を求める。112 ページの (A), (B) を同時に満たすような閉曲面 S としては, 半径 R の円柱と中心軸を共有する半径 r, 高さ L の円柱を考えればよい。この問題において, 電場の向きは円柱の軸と垂直な方向である。したがって, ガウスの法則における面積分に寄与するのは, 閉曲面 S における円柱の側面部分のみとなる。式 (5.25) より, $2\pi rLE(r) = \lambda L/\varepsilon_0$。ゆえに,
$$E(r) = \frac{\lambda}{2\pi\varepsilon_0 r}$$

3. (1) 中空導体と中心を共有する, 半径 c ($a < c < b$) の球を閉曲面 S としてガウスの法則を適用する。閉曲面 S 内部に存在する電荷は, 原点の点電荷 Q_1, および中空導体の内側表面における電荷 $4\pi a^2\sigma_1$ のみであり, この 2 つの和が式 (5.25) の右辺における Q に対応する。したがって,
$$\sigma_1 = -\frac{Q_1}{4\pi a^2}$$
となる. また導体の性質より, 電荷は導体表面に存在するので $4\pi a^2\sigma_1 + 4\pi b^2\sigma_2 = Q_2$ という関係式が成り立つ。よって,
$$\sigma_2 = \frac{Q_1 + Q_2}{4\pi b^2}$$
となる。

(2)
$$E(r) = \begin{cases} \dfrac{Q_1}{4\pi\varepsilon_0 r^2} & (r \leq a) \\ 0 & (a < r < b) \\ \dfrac{Q_1 + Q_2}{4\pi\varepsilon_0 r^2} & (r \geq b) \end{cases}$$

4. (1) コンデンサー X と Y は並列接続なので，$C_{XY} = 120\,\mu\text{F}$。
(2) コンデンサー XY と Z は直列接続なので，$C_{XYZ} = 30\,\mu\text{F}$。
(3) コンデンサー Z の極板における電荷 Q は $Q = C_{XYZ}V = 6.0 \times 10^{-4}\,\text{C}$。コンデンサー Z の電位差を V_Z，静電容量を C_Z とすると，$Q = C_Z V_Z$ より $V_Z = Q/C_Z = (6.0 \times 10^{-4})/(40 \times 10^{-6}) = 15\,\text{V}$。
(4) 導線で発生するエネルギー（ジュール熱）は，放電する前にコンデンサー X, Y, Z に蓄えられていたエネルギーの総量に等しい。コンデンサー X, Y の電位差をそれぞれ V_X, V_Y，静電容量を C_X, C_Y とすると，$V_X = V_Y = 20 - V_Z = 5\,\text{V}$ なので，3個のコンデンサーに蓄えられていたエネルギーの総量は
$$\tfrac{1}{2}C_X V_X^2 + \tfrac{1}{2}C_Y V_Y^2 + \tfrac{1}{2}C_Z V_Z^2 = 6.0 \times 10^{-3}\,\text{J}$$

5. 半径 a の（内側）導体球殻に電荷 Q，半径 b の（外側）導体球殻に電荷 $-Q$ が与えられている場合を考える。球殻の中心からの距離を r とする。2つの球殻の間（$a < r < b$）における電場 $E(r)$ は
$$E(r) = \frac{Q}{4\pi\varepsilon_0 r^2}$$
となる。したがって，2つの導体球殻間の電位差 $\Delta\phi$ は，5.3 節（図 5.14 など）より
$$\Delta\phi = -\int_b^a \frac{Q}{4\pi\varepsilon_0 r^2}\,dr = \frac{Q}{4\pi\varepsilon_0}\left(\frac{1}{a} - \frac{1}{b}\right)$$
となる。したがって，電気容量 C は
$$C = \frac{4\pi\varepsilon_0 ab}{b-a}$$

6章　演習問題

1. (1) 斥力を正とすると，
$$F = \frac{1}{4\pi\mu_0}q_{\text{m}}^2\left(\frac{1}{d^2} + \frac{1}{(d+2l)^2} - \frac{2}{(d+l)^2}\right)$$
(2) 斥力を正とすると，
$$F = \frac{1}{2\pi\mu_0}q_{\text{m}}^2\left(\frac{1}{d^2} - \frac{d}{(d^2+l^2)^{3/2}}\right)$$
(3) $\vec{\tau} = lq_{\text{m}}\frac{1}{\sqrt{3}}(1,1,1) \times B(0,0,1)$
$$= \frac{Blq_{\text{m}}}{\sqrt{3}}(1,-1,0)$$

2. 原点から遠ざかる方向で，大きさが
$$f = \frac{\mu_0 I^2}{\sqrt{2}\,\pi a}$$

3. コイルを貫く磁束は，適当に時刻ゼロを定めれば $\Phi(t) = BS\cos 2\pi ft$ と表せる。したがって，

$$V(t) = -\frac{d}{dt}\Phi(t) = 2\pi fBS\sin 2\pi ft$$
最大で $V_{\max} = 2\pi fBS$ の起電力が生じる。

4. $z > 0$ では $-y$ 方向，$z < 0$ では $+y$ 方向で，大きさは $B = \mu_0 j/2$

5. $r > b$ および $r < a$ では $B = 0$。$a < r < b$ では，内側の円筒導体を流れる電流だけが作る磁場と同じである。向きは，内側の円筒導体を流れる電流に対して右ねじの規則で定まる方向で，大きさは
$$B = \frac{\mu_0 I}{2\pi r}$$
円筒導体に挟まれたの磁束は
$$\Phi = \int_a^b B(r)l\,dr = \frac{\mu_0 I\ell}{2\pi}\log\frac{b}{a}$$
なので，
$$L = \frac{\mu_0 \ell}{2\pi}\log\frac{b}{a}$$

6. 直線導線に大きさ I の電流を流した際にできる磁場による，長方形回路を貫く磁束は
$$\Phi = \frac{\mu_0 I}{2\pi}l\int_d^{d+w}\frac{1}{r}\,dr = \frac{\mu_0 I\ell}{2\pi}\log\frac{d+w}{d}$$
なので，
$$L = \frac{\mu_0 \ell}{2\pi}\log\frac{d+w}{d}$$

7. ゼロ。（ヒント：磁荷モデルで考えれば平行平板コンデンサーの外側の電場の問題と同様。環状電流で考えれば半径無限大の円電流の中心付近の磁場と同様。）

8. ヒント：レンツの法則に従って 1 円玉内に生じる電流がつくる磁場の向きを考えればよい。

7章　演習問題

1. 約 $2 \times 10^{-3}\,\text{m/s}$

2. 区間 B の平均速度が 20 m/s の場合は，区間 A の渋滞状況は変化しないが，それが，40 m/s の場合では，区間 A では渋滞が緩和する。

3.
$$\sum_{i=1}^N I_i = 0$$
を電流密度を用いて表現すると，
$$\int \vec{j}\cdot\vec{n}\,dS = 0$$
ガウスの定理を用いると，

$$\int_S \vec{j} \cdot \vec{n}\, dS = \int_V \text{div}\, \vec{j}\, dV = 0$$

これが任意形状の空間 V に対して成立するので，

$$\text{div}\, \vec{j} = \frac{\partial j_x}{\partial x} + \frac{\partial j_y}{\partial y} + \frac{\partial j_z}{\partial z} = 0$$

4． 電流の向きは逆転するのに対して，電場の向きが変わらない．したがって，

$$-\vec{j} = \sigma \vec{E}$$

となり，時間反転対称性をもたないので，オームの法則はエントロピー増大法則と類似していることを意味する．

5． 速度の x 成分に関して解く．$E_{\parallel,x} = 0$ とした場合の解を求めておいて，それに定常解 $dv_x/dt = 0$ を加えると，一般解が得られる．$E_{\parallel,x} = 0$ とした場合の解は，C を定数として，$v_x = C\exp(-\gamma t)$．定常解は，$v_x = q/(m\gamma)E_{\parallel,x}$．したがって，一般解は，

$$v_x = C\exp(-\gamma t) + \frac{q}{m\gamma}E_{\parallel,x}$$

初期条件として，たとえば，$t = 0$ のとき $v_x = 0$ という条件を用いるとき，$C = -q/(m\gamma)E_{\parallel,x}$．したがって，解は

$$v_x = \frac{qE_{\parallel,x}}{m\gamma}[1 - \exp(-\gamma t)]$$

6． 簡単化のために，1 次元的に考える．式 (7.16) から

$$I_{\text{AB}} = \sigma \frac{S_{\text{AB}}}{L_{\text{AB}}}(\phi_{\text{A}} - \phi_{\text{B}})$$

平均電流密度は，

$$J_{\text{AB}} = \frac{I_{\text{AB}}}{S_{\text{AB}}} = \sigma \frac{\phi_{\text{A}} - \phi_{\text{B}}}{L_{\text{AB}}} = -\sigma \frac{\phi_{\text{B}} - \phi_{\text{A}}}{x_{\text{B}} - x_{\text{A}}}$$

地点 A での電流密度 J_{A} は，$x_{\text{B}} \to x_{\text{A}}$ の極限値である．したがって，

$$J_{\text{A}} = -\sigma \lim_{x_{\text{B}} \to x_{\text{A}}} \frac{\phi_{\text{B}} - \phi_{\text{A}}}{x_{\text{B}} - x_{\text{A}}} = -\sigma \left[\frac{\partial \phi(x)}{\partial x}\right]_{\text{A}} = \sigma E_{\text{A}}$$

7． 式 (7.41) $\vec{E_\perp} = -1/(qn)\vec{j} \times \vec{B}$ に基づく．ベクトル解析恒等式：

$$\text{div}(\vec{a} \times \vec{b}) = \vec{b} \cdot \text{rot}\,\vec{a} - \vec{a} \cdot \text{rot}\,\vec{b}$$
$$\text{rot}(\text{rot}\,\vec{a}) = -\Delta \vec{a} + \text{grad}(\text{div}\,\vec{a})$$

を利用する．今の場合，外部磁場は空間的に一様なので，$\text{rot}\,\vec{B} = 0$．また，アンペールの法則

$$\frac{1}{\mu_0}\text{rot}\,\vec{B}(j) = \vec{j}$$

と磁場に関するガウスの法則 $\text{div}\,\vec{B} = 0$ を用いると，式 (7.43) が得られる．

8． $$\tan\theta = \frac{qB}{m\gamma}$$

9． $\vec{j} = qn\vec{v}$ に留意すれば，式 (7.37) から

$$q^2 n\vec{E} - m\gamma \vec{j} + q\vec{j} \times \vec{B} = 0$$

行列を用いると，

$$\vec{j} = q^2 n \begin{pmatrix} \gamma m & -qB & 0 \\ qB & \gamma m & 0 \\ 0 & 0 & \gamma m \end{pmatrix}^{-1} \vec{E}$$

したがって，電気伝導度は，

$$\frac{qn\mu}{1 + \mu^2 B^2} \begin{pmatrix} 1 & \mu B & 0 \\ -\mu B & 1 & 0 \\ 0 & 0 & 1 + \mu^2 B^2 \end{pmatrix}$$

10． アンペールの法則

$$\frac{1}{\mu_0}\text{rot}\,\vec{B}(j) = \vec{j}$$

の両辺の発散 (div) を計算すると，$\text{div}\,\vec{j} = 0$

11． $$\frac{1}{2}LI^2(t) + \frac{1}{2C}Q^2(t) = \text{一定}$$

の両辺を時間について微分すると，

$$LI\frac{dI}{dt} + \frac{Q}{C}\frac{dQ}{dt} = 0$$

$I = -dQ/dt$ に留意すると，

$$L\frac{dQ}{dt}\frac{d^2 Q}{dt^2} + \frac{Q}{C}\frac{dQ}{dt} = 0$$

したがって，

$$L\frac{d^2 Q}{dt^2} = -\frac{Q}{C}$$

12． 式 (7.57) の両辺に I を乗じると，

$$LI\frac{d^2 Q(t)}{dt^2} + RI\frac{dQ(t)}{dt} + \frac{IQ(t)}{C} = -I\phi_{\text{emf}}(t)$$

$I = -dQ/dt$ に留意すると，

$$-LI\frac{dI}{dt} - RI^2 - \frac{Q}{C}\frac{dQ}{dt} = -I\phi_{\text{emf}}$$

したがって，

$$I\phi_{\text{emf}} = RI^2 + \frac{d}{dt}\left(\frac{1}{2}LI^2\right) + \frac{d}{dt}\left(\frac{1}{2C}Q^2\right)$$

8 章 演習問題

1． 音波と光の共通点
(1) 波（振動）によって伝播する．
相違点
(1) 音波は空気などの媒質を必要とする（媒質の反発力と慣性によって振動する）．
(2) 光は媒質を必要とせず，光を構成する電場と磁場の誘導法則により周囲に新しい磁場と電場を誘起させ

伝播する。
(3) 音波は縦波，光は横波
(4) 光は電気的または磁気的変動により発生するが，音波は力学的変動により発生する。

2. (a) 波長 = 電磁波の速度/振動数 であるから
$$\lambda = \frac{3.00 \times 10^8}{2.45 \times 10^9} = 1.22 \times 10^{-1} \text{ m} = 12.2 \text{ cm}$$
(b) 電子レンジから発する電磁波は水分子を振動させるので，水分を多く含む食品は分子振動が激しくなり熱を発生させる。水分子 (H_2O) は電荷分布に偏りがあり，電気双極子モーメントを有する。電磁波の電場はこの電気双極子モーメントに作用し，水分子を激しく振動させる。

3. 導線とキャパシターの周囲を金網で被い，導線の電流と同じ大きさで逆向きの電流をその金網に流す。

4. 地球の公転速度は木星より速く，この公転運動の違いから木星と地球間の距離は変化する。この距離間隔の変化に応じて木星衛星の食周期変化（時間間隔の変化）の観測結果が対応することは，光は有限の時間をかけて有限の距離を伝播することとなるので，光の速度は有限であることになる。

5. キャパシターに電荷が，$Q(t) = 0.1(A) \times t$ と蓄電される。このとき，極板の単位面積あたりの電荷密度は，$\sigma(t) = Q(t)/\pi(0.05)^2$ となる。
(a) $\frac{dE}{dt} = \frac{1}{\varepsilon_0}\frac{d\sigma(t)}{dt} = \frac{0.1}{\varepsilon_0 \pi (0.05)^2}$
$= 1.44 \times 10^{12} \text{ N/C·sec}$
(b) 一般化されたアンペールの法則，
$$\oint_C \vec{B} \cdot d\vec{s} = \mu_0 \varepsilon_0 \frac{d\phi_E}{dt}$$
より，
$$B = \frac{r}{2}\mu_0 \varepsilon_0 \frac{dE}{dt} = \frac{0.03}{2}\mu_0 \frac{d\sigma(t)}{dt}$$
$= 0.015 \times 4 \times 10^{-7} \times 0.1/(0.05)^2$
$= 2.40 \times 10^{-7} \text{ T}$

6. $\vec{S} = (1/\mu_0)\vec{E} \times \vec{B}$ であるから，電場 $\vec{E}$ は y 軸の負の方向を向いている。

7. $S(t) = \frac{1}{\mu_0}E(t)B(t) = \frac{1}{\mu_0}E_0 B_0 \sin^2(kx - \omega t)$
$\overline{S} = \frac{1}{2\mu_0}E_0 B_0$

8. $S = \frac{L}{4\pi R^2} = 1.36 \times 10^3 \text{ W/m}^2$

9. 4.35×10^{14} Hz $\sim 6.98 \times 10^{14}$ Hz

10. 火花放電する端子間に電流が流れることにより電磁波が生成される。受信用ループ内の磁場 $\vec{B}$ の時間変化によりループに起電力が発生し，ループの端子間に火花放電が起きる。よって，ループは，火花放電する両端子軸（z 軸）を含む平面に接して置く。

索　引

あ 行

圧力　59
アボガドロ数　62
RC 回路　162
アンペア(A：単位)　126
アンペール　126
　——の法則　141, 167
アンペール-マクスウェルの法則
　　168

位相　8, 92, 162
位置エネルギー　43
位置ベクトル　13
易動度(移動度)　152
一般解　27
一般化されたアンペールの法則
　　168
インダクター　163
インダクタンス　145, 163

ウェーバー(Wb：単位)　127
運動　6
　——の自由度　62, 65
　——の第 1 法則　21
　——の第 2 法則　22
　——の第 3 法則　23
　——を決める　26
運動エネルギー　39
運動起電力　143
運動量　22
　——の総和　46

エアコン　78
液相　64
液柱温度計　57
SI 単位系　4
エネルギー共振　89
エネルギー等分配則　62
エネルギー保存則　71

LCR 回路　163
エルステッド　126
遠心力　35
エントロピー　81
エントロピー増大の法則　82

オームの法則　152
温度　57
温度感覚　57
温度目盛　57

か 行

回転運動　63
回路方程式　156, 164
外積　17
外力　47
ガウス(Gauss：単位)　128
ガウスの法則　111
可逆変化　75
角運動量　37
角振動数　8, 91
角速度　15
重ね合わせの原理　94, 108
華氏温度目盛　57
加速度　10
加速度ベクトル　14
ガリレオ　2, 57
カルノーサイクル　77
カルノーの原理　75
カロリー(cal)　64
慣性　22
　——の法則　22
慣性座標系(慣性系)　34
慣性モーメント　50
慣性力　34
乾燥機　78
緩和時間　153
気相　64

気体定数　59
起電力　155
軌道　6
逆カルノーサイクル　78
逆起電力　163
キャパシター　119
キャパシタンス　119
キャリヤ　153
球面波　93
凝固熱　65
凝縮熱　65
強制振動　87, 164
共鳴(共振)　164
ギルバート　125
キルヒホッフの法則第 1　152
キルヒホッフの法則第 2　156

空気温度計　57
屈折　96
屈折の法則　97
屈折波　96
屈折率　96
クラウジウスの原理　80
クーロン　105
　——の法則　105
クーロン力　105

撃力　36
ケプラー　1
ケルビン温度目盛　59

向心力　24
剛体　50
　——の角運動量　50
交流回路　162
交流理論　164
合力　19
固相　64
固体のモル比熱　65
固定端　94

古典統計力学　62
固有角振動数　86, 164
固有振動数　86
コリオリの力　35
孤立系　82
コンデンサー　119, 162

さ 行

サイクル　74
歳差運動　52
作業物質　74
座標系　33
作用反作用の法則　23
三重点　65, 78

仕事　39, 70
仕事・運動エネルギーの定理　39
磁気双極子　131
磁気定数　126
磁気的エネルギー　165
次元　4
自己インダクタンス　146
磁束　143
磁束密度　127
実体振り子　52
質点　6
質点系　45
質量中心　47
磁場　21, 126
シャルルの法則　59
周期
　（円運動）　15
　（単振り子）　32
　（単振動）　8
　（波動）　91
重心　47
自由端　94
終端速度　30
集中定数回路　164
自由落下運動　26
重力の場　20
ジュール-トムソンの実験　73
ジュール熱　149, 156
ジュールの羽根車実験　70
準静的変化　75
準定常電流　162
蒸気機関　70
状態方程式　60

状態量　60
衝突　46
蒸発熱　65
初期条件　12, 27
初速度　10
初速度ベクトル　14
真空透磁率　126
振動　8
振動数　86, 91
振幅　8
　——の共振　88
垂直抗力　20
スターリングの公式　69

正規分布関数　68
正弦波　90
成績係数　79
静電エネルギー　165
静電遮蔽　119
静電場　21
静電誘導　118
絶縁体　105
摂氏温度目盛　57
絶対温度　59
セルシウス（摂氏）温度目盛　57
潜熱　65
線膨張率　84

相　64
相互インダクタンス　145
相図　65
相対加速度　33
相対速度　33
相転移　64
相平衡　65
相変化　64
速度　9
速度空間　66
速度分布関数　66
速度ベクトル　13
疎密波　90

た 行

第1種永久機関　79
第2種永久機関　80
体膨張率　58
多原子分子　66

縦波　89
タレス　125
単原子分子　65
単振動　8
　——の運動方程式　31
弾性衝突　46, 60
弾性力　20
断熱圧縮　77
断熱自由膨張　73
断熱体積弾性率　84
断熱変化　75
断熱膨張　77
単振り子　32
暖房　79

力
　——の合成　19
　——のつり合い　19
　——の分解　19
　——のモーメント（トルク）　37
　——の矢印　19
中心力　38
張力　20
調和振動　8
調和振動子　164

定圧熱容量　64, 72
抵抗　149
抵抗力　20
ティコ・ブラーエ　1
定常電流　151
定積熱容量　64, 72
テスラー（T：単位）　128
デュロン-プティの法則　65
電位　115
電荷　105
電界　107
電荷保存則　105, 157
電気双極子　108
電気双極子モーメント　108
電気抵抗　149
電気伝導度　152
電気変位　161
電気力線　110
電源　158
電磁波　167
　——の運動量密度　176
　——のエネルギー　175
　——のエネルギー密度　175

——の伝播　172
電磁誘導の法則　145
電場　107
電場束　168
電流密度　150
電力　155

等温圧縮　77
等温変化　76
等温膨張　59, 77
等確率の原理　69
等加速度運動　10, 14
等重率の原理　69
等速円運動　15, 25, 40
等速直線運動　10
等速度運動　10
導体　105
等電位線　117
等電位面　117
特解　27
トムソンの原理　80
ドリフト速度　151
トルク　50

な 行

内積　17
内部エネルギー　71
内力　47
波
——の干渉現象　99
——の伝わる速さ　91
——の反射　94
2原子分子　65
2乗平均速度　68
ニューコメン機関　3, 70
ニュートン　1, 20
ニュートン（N：単位）　23
ニュートン運動方程式　152

熱　63
——の仕事当量　71
熱運動　62
熱エネルギー　62
熱機関　74
——の効率　74
熱振動　65
熱伝導　63

熱平衡状態　58
熱容量　64
熱力学温度目盛　59, 78
熱力学の第0法則　58
熱力学の第1法則　71
熱力学の第2法則　80
熱量　64

は 行

媒質　89
薄膜による干渉　101
波数　91
波数ベクトル　93
波長　91
波動　89
波動方程式　174
ばね定数　31
波面　93
馬力　70
反射の法則　96
反射波　96
万有引力　20
——の法則　20
万有引力定数　20

ビオ・サバールの法則　134
非慣性系　34
微視的状態　69
非弾性衝突　46
比抵抗　154
比透磁率　130
ヒートポンプ　78
比熱　64
比熱比　66
比熱容量　64
氷熱量計　65

ファラッド　120
ファラデーの電磁誘導の法則　145
ファーレンハイト温度目盛　57
不可逆変化　75
フレミングの左手の法則　129
分極　122
分極電荷　122
分子間力　61
分布定数回路　165

並進運動　63
平面波　93
ベクトル積　128
変位　8
変位電流　168
変位ベクトル　8
偏微分係数　72
ヘンリー（H：単位）　146

ホイヘンスの原理　95
ボイル-シャルルの法則　59
ボイルの法則　59
ポインティング・ベクトル　176
保存則　43
保存力場　43
ポテンシャルエネルギー　41
ホフアイトヘッド　168
ホール起電力　159
ホール効果　159
ボルツマン因子　69
ボルツマン定数　62
ボルツマンの関係式　83
ホール電場　159
ボルト　115

ま 行

マイヤーの関係式　66, 73
マクスウェルの速度分布関数　68
マクスウェル方程式　169
マクロな見方　60
摩擦力　20, 40

右ねじ　128
——の規則　132
ミクロな見方　60

モル比熱　64

や 行

ヤングの実験　99

融解熱　65
有効数字　5
誘電緩和時間　161
誘電体　122
誘電分極　122
誘導起電力　144

誘導磁場　173
誘導電場　172

横波　89

ら行

ラグランジュの未定乗数法　69

力学的エネルギー　42
　　——の保存則　43
力積　36, 45
理想気体　60
　　——の状態方程式　60
　　——の全エネルギー　62
量子統計力学　62
量子力学　62, 66
臨界点　65

冷蔵庫　78
冷凍庫　78
冷房　78
レンツの法則　144

ローレンツ力　159
　（狭義）　127
　（広義）　128

編著者紹介

横沢 正芳（よこさわ まさよし）
- 1979 年　北海道大学大学院理学研究科物理学専攻博士課程修了
- 現　在　放送大学特任教授
- 専門分野　宇宙物理学

伊藤 郁夫（いとう いくお）
- 1981 年　東京工業大学大学院理工学研究科物理学専攻博士課程修了
- 現　在　成蹊大学理工学部教授
- 専門分野　素粒子物理学

酒井 政道（さかい まさみち）
- 1988 年　東北大学大学院工学研究科応用物理学専攻博士後期課程修了
- 現　在　埼玉大学大学院理工学研究科教授
- 専門分野　応用物性・結晶工学

著者紹介

青木 正人（あおき まさと）
- 1987 年　大阪大学大学院基礎工学研究科物理系専攻博士後期課程修了
- 現　在　岐阜大学工学部教授
- 専門分野　物性物理学

秋本 晃一（あきもと こういち）
- 1985 年　東京大学大学院工学系研究科物理工学専攻博士課程修了
- 現　在　日本女子大学理学部教授
- 専門分野　固体物理学

高橋 学（たかはし まなぶ）
- 1993 年　大阪大学大学院理学研究科物理学専攻博士課程修了
- 現　在　群馬大学大学院理工学府教授
- 専門分野　物性物理学

寺尾 貴道（てらお たかみち）
- 1995 年　北海道大学大学院工学研究科応用物理学専攻博士後期課程修了
- 現　在　岐阜大学工学部教授
- 専門分野　計算物理工学

山本 隆夫（やまもと たかお）
- 1987 年　東京大学大学院理学系研究科物理学専攻博士課程修了
- 現　在　群馬大学大学院理工学府教授
- 専門分野　統計物理学

Ⓒ 横沢・伊藤・酒井・青木・秋本・高橋・寺尾・山本　2016

2016年5月20日　初　版　発　行

理工系の基礎物理学

編著者	横　沢　正　芳
	伊　藤　郁　夫
	酒　井　政　道
著　者	青　木　正　人
	秋　本　晃　一
	高　橋　　　学
	寺　尾　貴　道
	山　本　隆　夫
発行者	山　本　　　格

発行所　株式会社　培風館

東京都千代田区九段南 4-3-12・郵便番号 102-8260
電　話(03)3262-5256(代表)・振　替 00140-7-44725

中央印刷・牧 製本

PRINTED IN JAPAN

ISBN 978-4-563-02508-3 C3042